KB173368

밑바닥부터 만드는
인터프리터 in Go

Writing An Interpreter In Go

Writing An Interpreter In Go

밑바닥부터 만드는 인터프리터 in Go

초판 1쇄 발행 2021년 08월 17일 **2쇄 발행** 2024년 03월 18일 **지은이** 토르슈텐 발 **옮긴이** 박재석 **펴낸이** 한기성 **펴낸곳** (주)도서출판인사이트 **편집** 신승준 **본문 디자인** 성은경 **제작·관리** 이유현 **용지** 월드페이퍼 **출력·인쇄** 예림인쇄 **후가공** 에이스코팅 **제본** 예림원색 **등록번호** 제 2002-000049호 **등록일자** 2002년 2월 19일 **주소** 서울특별시 마포구 연남로5길 19-5 **전화** 02-322-5143 **팩스** 02-3143-5579 **이메일** insight@insightbook.co.kr **ISBN** 978-89-6626-316-5 세트 978-89-6626-318-9 책값은 뒤표지에 있습니다. 잘못 만들어진 책은 바꾸어 드립니다. 이 책의 정오표는 https://blog.insightbook.co.kr에서 확인하실 수 있습니다.

밑바닥부터 만드는 **인터프리터**

in Go

INTERPRETER

토르슈텐 발 지음 | 박재석 옮김

인사이트

차 례

옮긴이의 말

저는 프로그래머 중에서도 인터프리터나 컴파일러가 어떻게 만들어졌는지 살펴본 사람은 많지 않으리라 생각합니다. 그럴 만한 이유가 있겠지요. 대단히 복잡하고 어려우니까요.

하지만, 동시에 분명히 궁금해하는 사람도 있을 겁니다. 프로그래밍 언어가 어떻게 만들어지고 어떻게 실행되는지, 그 구체적인 모습을 궁금해하는 사람들 말입니다. 이들은 궁금함을 참지 못해 기어코 뚜껑을 열어 보는 사람들이죠. 이 책은 그런 사람들을 위한 책입니다.

한편 이 책은 교과서적인 가르침을 주는 책은 아닙니다. 정규적인 컴퓨터과학 교과과정을 수료한 사람이라면 의문을 가질 수도 있는 부분이 있을지도 모릅니다. 그러나 그렇다고 해서 이 책이 가볍게 쓰였다는 뜻은 결코 아닙니다. 저자는 여러분을 위해 심사숙고해서 여러 문헌과 자료를 탐구하여 실전적인 코드로 정리했고, 테스트도 충분히 되어 있습니다. 만약 여러분이 직접 인터프리터나 컴파일러를 만든 적이 없다면 분명히 이 책에서 얻어갈 것이 있을 겁니다.

책을 읽으며 저자가 안내하는 대로 따라 해보기 바랍니다. 책에 수록된 코드를 보면서 천천히 따라 입력해 보고, 때로는 내 생각대로 먼저 작성한 다음 코드를 확인해도 좋습니다. 만약 Go 언어가 싫다면 자신이 원하는 언어로 만들어보세요. 내용을 이해했고, 당신이 그 언어에 충분히 숙달되어 있다면 아무 문제없이 만들 수 있을 테니까요.

이렇게 멋진 책을 번역할 기회를 주신 인사이트 출판사에 감사의 말을 전합니다. 그리고 부족한 저에게 늘 격려의 말과 용기를 주시는 송준이 선배님께도 감사드립니다. 시간을 내어 검토해준 내 오랜 친구 동훈이에게도 감사의 말을 전합니다. 마지막으로 늘 기다려주고 용기를 북돋아 준 제 아내 김희진에게 진심으로 고맙다는 말을 전합니다.

2021년 여름, 박재석

감사의 말

저를 위해 애써준 아내에게 감사의 마음을 담아 몇 줄을 남깁니다. 그녀는 여러분이 이 책을 읽게 된 이유입니다. 이 책은 그녀의 격려, 나에 대한 신뢰, 도움 그리고 그녀가 새벽 6시에도 딱딱거리는 기계식 키보드 소리를 기꺼이 들어줄 마음이 있었기에 세상에 나올 수 있었습니다.

이 책의 초기 버전을 검토해준 제 친구들, 크리스천, 펠릭스, 로빈에게도 감사의 말을 전합니다. 여러분의 피드백, 조언, 격려는 값을 매길 수 없을 정도입니다. 여러분은 여러분이 상상하는 것 이상으로 많은 도움을 주었습니다.

Introduction

나는 이 책을 이렇게 시작하고 싶었다.

"인터프리터는 마술 같다."

그런데 이 책을 초기에 검토한 사람 하나가(그는 이름을 밝히기를 꺼렸다) "정말 멍청한 소리"라고 했다. "크리스천, 그런데 말이야, 난 아직도 인터프리터가 마술 같다고 생각해!" 이제 왜 그렇게 생각하는지 이야기해보려 한다.

언뜻 보면 인터프리터는 믿을 수 없을 정도로 단순한 것 같다. 문자가 입력되면 무언가 튀어나온다. 인터프리터는 다른 프로그램을 입력으로 받아서 무언가를 만들어내는 프로그램이다. 무척 단순하지 않은가? 하지만, 단순하게 보이는 이 동작을 생각하면 할수록 점점 더 흥미롭다. 전혀 관련성이 없어 보이는 문자들(글자, 숫자, 특수문자)이 인터프리터에 전달되면 갑자기 의미 있는 무언가로 만들어진다. 인터프리터가 그것에 의미를 부여한다는 말이다! 인터프리터는 '말도 안 되는 것'을 '말이 되는 것'으로 만든다. 게다가 0과 1만 이해하도록 만들어진 기계인 컴퓨터가 이제는 우리가 입력한 이상한 언어를 이해하고 그에 따라 동작한다. 인터프리터가 언어를 읽고 동시에 해석해주는 덕분에 말이다.

나는 늘 자신에게 "이게 어떻게 동작하지?"라고 묻곤 했다. 처음 이 질문이 마음속에 생겼을 때 나는 질문에 대한 답을 이미 알고 있었다. 내가 직접 인터프리터를 작성해야 직성이 풀릴 거라는 것을 말이다. 그래서 이 생각을 실천에 옮기기로 했다.

인터프리터를 다룬 책, 글, 블로그 포스트, 튜토리얼 들은 엄청나게 많다. 이렇게 많음에도, 그것들은 대개 두 부류로 나뉜다. 하나의 부류는 이론적으로 매우 방대하고 무거운 내용을 담고 있으며, 이미 인터프리터를 잘 알고 있는 사람을 대상 독자로 삼고 있다. 또 다른 부류는 매우 짧게 인터프리터를 소개하면서, 외부 툴을 블랙박스처럼 사용해 '장난감 수준의 인터프리터'를 만드는 데 그친다.

후자에서 주로 느끼는 좌절감은, 만든 인터프리터가 정말 단순한 문법만으로 인터프리터 언어를 설명하기 때문이다. 나는 조금 느리더라도 정석대로 하고 싶었다! 진심으로 인터프리터가 어떻게 동작하는지 이해하고 싶었다. 렉서(lexer)와 파서(parser)의 동작 원리까지 포함해서 말이다. 특히, 나는 C 계열 언어에서, 중괄호({}), 세미콜론(;)의 파싱(parsing)을 어떻게 시작할지 엄두가 나지 않았다. 물론 시중의 대학 교과서에는 내가 찾는 답이 실려 있었다. 그런데도 나는 좀처럼 다가가기 어려웠는데, 장문의 이론 설명과 수학 표기 탓이었다.

내가 원한 것은 컴파일러에 대한 900쪽 분량의 책과 50행의 Ruby 코드로 Lisp 인터프리터 작성 방법을 다룬 블로그 포스트, 그 사이에 있는 무엇이었다.

그래서, 나는 나와 여러분을 위해 이 책을 썼다. 이 책이야말로 내가 갖고자 했던 책이다. 이 책은 궁금함을 참지 못해 기계를 뜯어보는 사람들을 위한 책이다. 내부가 어떻게 작동하는지 정말 알고 싶어 하는 그런 사람들 말이다.

이 책을 읽는 동안 우리만의 프로그래밍 언어를 위한, 우리만의 인터프리터를 '밑바닥부터' 작성할 것이다. 우리는 그 어떤 서드파티 툴이나 라이브러리도 사용하지 않을 것이다. 따라서 우리가 만들 인터프리터는 상용 프로그램 수준에는 못 미칠 것이다. 성숙한 인터프리터 수준의 성능을 갖출 수도 없을 것이고, 인터프리터의 대상이 되는 언어도 부족한 기능이 꽤 있을 것이다. 하지만, 정말 많은 것을 배울 것이다.

인터프리터의 종류가 매우 다양하고 공통점이 없어서 인터프리터를 일반화하는 것은 어려운 일이다. 대신 한 가지 말할 수 있는 것은 모든 인터프리터가 공유하는 근본 속성이다. 인터프리터는 소스코드를 입력

받아서 눈에 보이는 생성물(나중에 실행될 수 있는 중간 결과물)을 만들지 않은 채 코드를 평가한다. 이것이 컴파일러와 대비되는 점으로, 컴파일러는 소스코드를 입력으로 받아 기반 시스템이 이해할 수 있는 또 다른 언어로 결과물을 만든다.

일부 인터프리터는 매우 간단하여 파싱 단계조차 없는 경우도 있다. 이런 인터프리터는 입력하자마자 바로 번역한다. 수많은 Brainfuck[1] 인터프리터 가운데 하나를 살펴보면, 내 말의 의미를 쉽게 이해할 수 있다.

한편 스펙트럼의 다른 극단에는 매우 정교한 유형의 인터프리터가 있다. 고도로 최적화되어 있고 진일보한 파싱과 평가 기술을 사용한다. 이들 인터프리터의 일부는 입력을 단순히 평가하는 게 아니라, 바이트코드라는 내부 표현물로 컴파일한 다음 평가한다. 심지어 더 진일보한 JIT(Just-in-time) 인터프리터는 입력을 그 자리에서 네이티브 기계어로 컴파일한 다음 실행한다.

두 부류의 카테고리 사이 어디쯤, 소스코드를 파싱하고 나서 추상구문트리(AST, Abstract Syntax Tree)를 만들고, 이것을 평가하는 인터프리터가 있다. 이런 인터프리터를 '트리 탐색(tree-walking)' 인터프리터라고 부르는데, 추상구문트리를 '탐색하면서 번역'하기 때문이다.

이 책에서 우리가 만들어볼 것이 바로 트리 탐색 인터프리터이다.

우리는 직접 렉서(lexer), 파서(parser), 트리 표현법(tree representation), 평가기(evaluator)를 만들 것이다. 또한 '토큰'이 무엇인지, 추상구문트리가 무엇인지, 또 어떻게 추상구문트리를 만들지, 새로운 자료 구조와 내장 함수로 우리가 만들 언어를 어떻게 확장할지 살펴볼 것이다.

1 (옮긴이) 브레인퍽(Brainfuck)은 우어반 뮐러(Urban Müller)가 만든 최소주의 컴퓨터 프로그래밍 언어다. 최소한의 명령어로 만든 튜링 완전(turing-complete) 프로그래밍 언어다. 따라서 '브레인퍽'이라는 이름이 말해주듯이 머리로 이해하기 어렵다.

Monkey 프로그래밍 언어와 인터프리터

모든 인터프리터는 특정 프로그래밍 언어를 '해석(interpret)'하기 위해 만들어진다. 그것이 프로그래밍 언어를 '구현'하는 방법이다. 컴파일러나 인터프리터가 없는 프로그래밍 언어는 그저 실현되지 않은 생각이거나 구현 명세에 불과하다

우리는 Monkey라는 우리만의 언어를 파싱하고 평가해볼 것이다. Monkey는 이 책을 위해 특별히 설계되었다. 이 언어의 단 하나의 구현체가 바로 우리가 앞으로 이 책에서 만들어볼 인터프리터이다.

Monkey 언어는 아래 목록에 소개되는 기능을 가진다.

- C 계열의 문법 구조(C-like syntax)
- 변수 바인딩(variable bindings)
- 정수와 불(integers and booleans)
- 산술 표현식(arithmetic expressions)
- 내장 함수(built-in functions)
- 일급 함수와 고차 함수(first-class and higher-order functions)
- 클로저(closures)
- 문자열 자료구조
- 배열 자료구조
- 해시 자료구조

이후 장에서 위에 열거한 각각의 기능을 자세히 살펴보고 구현할 것이다. 그러나 지금은 먼저 Monkey가 어떤 모습인지 살펴보자.

아래는 Monkey에서 이름에 값을 바인딩하는 방식이다

```
let age = 1;
let name = "Monkey";
let result = 10 * (20 / 2);
```

정수, 불, 문자열 외에도 우리가 만들어볼 Monkey 인터프리터는 배열과 해시 타입도 지원할 것이다. 그리고 정수 배열을 이름에 바인딩하는 것은 아래와 같다.

```
let myArray = [1, 2, 3, 4, 5];
```

아래는 해시 타입이다. 각 값은 해당 키와 연결된다.

```
let thorsten = {"name": "Thorsten", "age": 28};
```

배열과 해시 요소는 인덱스 표현식으로 접근한다.

```
myArray[0]       // => 1
thorsten["name"] // => "Thorsten"
```

let 문은 함수를 이름에 바인딩할 때에도 사용할 수 있다. 아래는 두 수를 더하는 간단한 함수이다.

```
let add = fn(a, b) { return a + b; };
```

Monkey는 return 문을 지원할 뿐만 아니라 암묵적인 return 값 또한 허용하는데, 아래처럼 return을 지우면 된다.

```
let add = fn(a, b) { a + b; };
```

그리고 함수 호출은 예상대로 쉽다.

```
add(1, 2);
```

아래는 조금 더 복잡한 함수인 fibonacci 함수이다. fibonacci 함수는 N번째 피보나치 수를 반환하는 함수이다.

```
let fibonacci = fn(x) {
  if (x == 0) {
    0
  } else {
    if (x == 1) {
      1
    } else {
```

```
      fibonacci(x - 1) + fibonacci(x - 2);
    }
  }
};
```

fibonacci 함수가 재귀 호출을 한다는 점을 눈여겨보자!

Monkey는 또한 고차 함수라고 부르는 특별한 함수 타입도 지원한다. 고차 함수는 다른 함수를 함수의 인수(argument)로 하는 함수를 말한다. 예시는 아래와 같다.

```
let twice = fn(f, x) {
  return f(f(x));
};

let addTwo = fn(x) {
  return x + 2;
};

twice(addTwo, 2); // => 6
```

여기서 twice는 인수를 두 개 받는데, 함수 addTwo와 정수 2이다. twice 함수는 addTwo를 두 번 호출한다. 먼저 인수 2로 addTwo를 호출하고, 첫 번째 함수의 반환값으로 addTwo를 한 번 더 호출한다. 마지막 행은 6이라는 결과를 만든다.

그렇다. Monkey 언어는 함수 호출에서 다른 함수를 인수로 활용할 수 있다. Monkey 언어에서 함수는 정수나 문자열처럼 단지 '값'일 뿐이다. 이러한 기능을 '일급 함수'라고 부른다.

이 책에서 우리가 만들어볼 인터프리터에, 언급한 모든 기능을 구현해볼 것이다. 인터프리터는 REPL[2]에서 입력으로 받는 모든 소스코드를 토큰화하고 파싱하면서, 코드를 추상구문트리라고 부르는 내부 표현으로 만들고 그 트리를 평가할 것이다. 인터프리터는 다음과 같이 몇 개의 주요 부분으로 구성된다.

2 (옮긴이) REPL(Read-Eval-Print Loop)는 단일 사용자의 입력을 받아서 이를 평가하고, 그 결과를 사용자에게 다시 반환하는 단순한 컴퓨터 프로그래밍 환경이다.

- 렉서(lexer)
- 파서(parser)
- 추상구문트리(AST, the Abstract Syntax Tree)
- 내부 객체 시스템
- 평가기(evaluator)

우리는 정확하게 위의 순서대로 각각의 요소를 상향식으로 만들어볼 것이다. 멋있게 표현하면, 소스코드로 시작해서 출력으로 끝낸다는 말이다. 이런 접근의 단점은 첫 번째 장 이후에 바로 `"Hello World"`를 출력해볼 수 없다는 점이다. 반면에 이 방법의 장점은 어떻게 각각의 조각이 하나로 맞추어지는지, 데이터가 프로그램 안에서 어떻게 흘러가는지 그 원리를 쉽게 이해한다는 점이다.

그런데 언어의 이름은 왜 이럴까? 왜 'Monkey'라고 이름 지었을까? 글쎄, 원숭이가 정말 대단하고, 우아하고, 흥미롭고, 재밌는 피조물이라서 그런 것일까? 바로 우리 인터프리터처럼 말이다.

또한 왜 이 책의 제목은《밑바닥부터 만드는 인터프리터 in Go》일까?

Why Go?

아직까지 제목 뒤에 붙은 'Go'를 알아차리지 못하고 읽는 독자는 없으리라 생각한다. 그리고 제목 그대로 우리는 Go 언어로 인터프리터를 작성할 것이다. 그런데 왜 하필 Go일까?

나는 Go로 코드를 작성하는 게 좋다. 나는 Go를 즐겨 사용하는데, Go가 제공하는 표준 라이브러리와 툴 또한 마찬가지다. 하지만 다른 무엇보다도 Go가 이 책을 쓰는데, 아주 적합한 몇 가지 속성을 지녔다고 생각한다.

Go는 정말로 가독성이 뛰어나며, 따라서 이해하기 쉽다. 이 책에 나오는 Go 코드는 따로 해독할 필요가 없다. 심지어 Go를 경험하지 않은 프로그래머라도 말이다. 나는 여러분이 지금껏 단 한 줄의 Go 코드를 써본 일이 없더라도 이 책의 내용을 따라올 수 있다고 자신 있게 말할 수 있다.

Go를 선택한 또 다른 이유는 Go는 훌륭한 지원 툴을 제공하기 때문이다. 이 책은 우리가 직접 인터프리터를 작성하는 것에 초점을 맞추고 있다. 즉, 인터프리터의 구현과 구현에 숨어있는 개념과 생각을 이해하는 것에 초점이 있다. Go의 `gofmt`[3]가 제공하는 Go의 범용(universal) 포맷 스타일과 Go의 내장 테스트 프레임워크 덕택에, 우리가 만드는 인터프리터에 더 집중할 수 있고, 서드파티 라이브러리, 툴과 의존성 등에 대해 걱정하지 않아도 된다. 우리는 Go 언어가 제공하는 툴 외에 그 어떤 다른 툴도 사용하지 않을 것이다.

하지만 더 중요한 것은 이 책의 Go 코드는 C, C++, Rust 같은 저수준 언어에 가깝게 매핑된다는 점이다. 아마도 이것은 Go 언어가 단순함과 본질을 중시하고, 다른 언어에서는 잘 쓰지 않는 난해한 프로그래밍 언어 구조체(다른 언어로 바꾸기 어려운)를 사용하지 않기 때문일 것이다. 혹은 내가 이 책에서 Go로 코드를 작성하는 방식 때문일지도 모른다. 어느 쪽이든 간에, 더 빠르게 진행하기 위해 메타 프로그래밍[4] 기법을 쓰는 일도 없을 것이다. 어차피 몇 주 뒤에는 메타 프로그래밍으로 작성한 코드는 누구도 이해하지 못한다. 또한 설명을 위해 펜과 종이가 필요한 장황한 객체 지향 설계나 패턴도 없을 것이고, "사실 생각보다 쉬워!" 따위의 문장을 쓰는 일도 없을 것이다.

이런 모든 이유로 인해 이 책에 나오는 코드를 여러분은 쉽게 이해하고 재사용할 수 있다. 기술적으로나 개념적으로 모두 이해하기 쉽다. 이 책을 읽고 난 후, 다른 언어로 자신만의 인터프리터를 작성한다면 꽤 도움이 될 것이다. 나는 이 책이 여러분에게 인터프리터를 이해하고 구성하는 출발점이 되기를 바란다. 그리고 이 책에 나오는 코드가 나의 이런 생각을 반영하고 있다고 생각한다.

3 (옮긴이) `gofmt`는 Go 프로그램을 규격화(format)해준다. 들여쓰기(indentation)와 공백으로 코드 간 간격을 조정한다.

4 (옮긴이) 메타 프로그래밍(metaprogramming)은 프로그램이 코드를 수정하도록 하는 프로그래밍을 말한다.

이 책을 활용하는 방법

이 책은 참고서도 아니고 (함께 제공하는 코드처럼) 인터프리터 구현 개념을 설명하는 이론 논문도 아니다. 나는 이 책을 처음부터 끝까지 읽을 수 있도록 썼다. 여러분이 이 흐름을 따라오면서 제공된 코드를 읽고, 타자하며 수정해보기를 권한다.

각각의 장은 (코드와 텍스트 모두) 이전 장을 기반으로 한다. 그리고 각각의 장에서 인터프리터의 각 부분을 서서히 만들어볼 것이다. 책의 내용을 더 쉽게 따라갈 수 있도록, 이 책은 code라는 폴더를 제공한다. 이름 그대로 코드를 포함하고 있다. 아래의 링크에서 내려받으면 된다.

https://interpreterbook.com/waiig_code_1.7.zip[5]

code 폴더는 몇 개의 하위 폴더로 나뉘며, 폴더 하나가 각 장에 해당하고 각 장의 최종 결과 코드를 포함하고 있다.

때로는 코드에 있는 뭔가를, 코드 자체를 보지 않고 짧게 설명한다. 그렇게 하는 까닭은 테스트 파일이 공간을 너무 많이 차지하기도 하고, 어떨 때는 그 내용이 약간의 부연 설명에 불과하기 때문이다. 각각의 코드는 장과 연관된 폴더에서 찾을 수 있다.

책을 따라 하기 위해서는 어떤 툴이 필요할까? 많은 것이 필요하진 않고, 텍스트 에디터 하나와 Go 언어만 있으면 충분하다. Go 언어는 1.0 이상이면 충분하지만, 다음 세대 Go 언어를 위해 덧붙이자면, 이 책을 쓰고 있는 시점에 나는 Go 1.7을 사용하고 있다.

또한 direnv[6]를 사용할 것을 추천한다. 이 툴을 사용하면 셸 환경을 .envrc 파일로 바꿀 수 있다. 코드 폴더에 딸린 각각의 하위 폴더는 .envrc 파일을 포함하는데, 해당 하위 폴더를 정확히 GOPATH로 설정

5 (옮긴이) 저자가 제공하는 사이트로 url을 입력하면 바로 다운로드할 수 있다.
6 (옮긴이) direnv는 기존 셸에, 현재 디렉터리의 환경변수를 로드/언로드하기 위해 사용하는 프로그램이다. direnv는 .envrc 파일을 현재 디렉터리와 부모 디렉터리에서 찾아서 만약 파일이 존재한다면, .envrc의 내용을 셸에 로드하도록 만든 프로그램이다.

해준다. 이 파일이 다른 장의 코드를 더 쉽게 사용할 수 있게 만들어줄 것이다.

이제 더는 걸릴 게 없다. 바로 시작해보자.

옮긴이의 덧붙임

이 책은 어느 정도 프로그래밍에 대한 배경지식을 전제하고 있습니다. 저자는 Go를 처음 접하는 사람일지라도 책의 코드를 이해하는 데 문제가 없을 것이라고 말하고 있습니다. 맞는 말이지만 다른 언어 사용자에게는 어느 정도 걸림돌이 있을 것이란 생각이 듭니다. 특히 최초 환경 설정과 Go로 코드를 작성하는 과정에서 최대한 어려움이 없기를 바라는 마음에서 내용을 조금 덧붙입니다.

Go 언어 설치

공식 설치 페이지(https://golang.org/doc/install)를 방문하여 운영체제에 맞게 Go 언어를 설치합니다.

개발 환경

저는 Visual Studio Code와 Google Go 팀에서 개발한 The VS Code Go Extension 플러그인을 설치하고 Go 코드를 작성했습니다. 이것 하나로 부족함 없이 시작할 수 있습니다.

단, 저장 시에 자동으로 `import`가 업데이트되고 규격화가 일어나는데, 이때 `monkey/token`이 아닌 `go/token`이라든가, `monkey/ast`가 아닌 `go/ast`로 의도치 않게 업데이트될 수 있으니 주의하기 바랍니다.

그 밖에 상세 내용은 Go 언어 공식 블로그의 글 Gopls on by default in the VS Code Go extension(https://blog.golang.org/gopls-vscode-go)을 참조하기 바랍니다.

코드 작성

처음에는 빈 프로젝트 디렉터리에서 시작할 텐데, 코드를 작성하기에 앞서 프로젝트 디렉터리 안에서 `go mod init monkey`를 셸에서 입력해 `monkey` 모듈을 선언하기 바랍니다. `go mod init`은 현재 디렉터리에 새로운 `go.mod` 파일을 생성하고, 현재 디렉터리에 루트를 둔 새 모듈을 만듭니다.

줄이며...

그 밖에 문법적 특징에 대해서는 굳이 설명하지 않겠습니다. 제가 여기서 짧게 다루는 것보다 직접 읽어서 익히는 편이 더 나을 것이라 판단됩니다.

그리고 당장 앞부분만 봐도 알겠지만 이 책은 테스트 주도 개발(Test Driven Development, TDD)에 입각해서 쓰인 책입니다. 때문에 TDD 맥락에서 설명하고 있는 내용이 자주 등장합니다. 그렇지만 어려운 내용은 없으며, 설령 여러분이 TDD를 잘 모르거나 익숙지 않더라도 아래 한 문장만 기억하면 됩니다.

> "실패하는 테스트를 먼저 작성하고, 테스트를 통과하게 만들며, 점진적으로 리팩토링한다."

제 생각에 준비는 끝난 것 같습니다. 저와 마찬가지로 여러분도 이 책을 읽고 따라 하면서 즐거운 시간을 갖기 바랍니다.

1장

W r i t i n g A n I n t e r p r e t e r i n G o

렉싱

어휘 분석

소스코드로 어떤 작업을 하려면 코드를 더 접근하기 쉬운 형태로 변환할 필요가 있다. 에디터로 단순한 텍스트를 다루는 작업은 쉽다. 그러나, 이런 단순한 텍스트조차 프로그래밍 언어를 사용해 다른 언어로 변환하는 작업은 상당히 골치 아픈 일이다.

따라서 우리는 소스코드를 더 작업하기 쉬운 다른 형태로 표현해볼 것이다. 소스코드를 평가하기에 앞서 아래와 같이 두 단계에 걸쳐서 표현법을 바꾸려 한다.

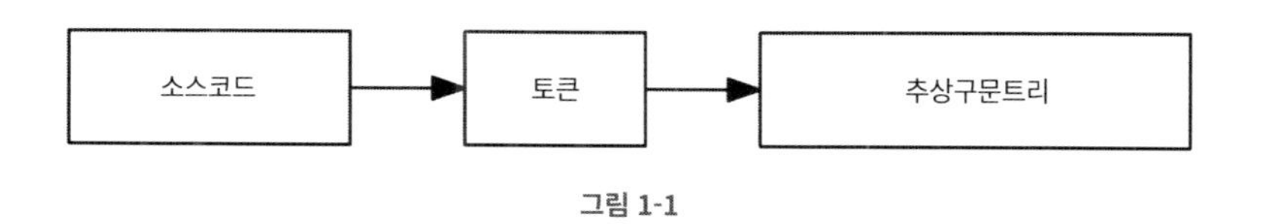

그림 1-1

첫 번째 변환 작업은 소스코드를 토큰 열로 변환하는 것이다. 이런 작업을 '어휘 분석(lexical analysis)' 혹은 줄여서 '렉싱(lexing)'이라고 부른다. 이 변환 작업은 렉서(lexer)라는 녀석이 수행한다(어떤 사람들은 용어 간의 미묘한 행위 차이를 강조하기 위해 렉서를 토크나이저(tokenizer), 스캐너(scanner) 등으로도 부르지만, 이 책에서는 그런 차이를 무시한다).

토큰은 자체로 쉽게 분류할 수 있는 작은 자료구조이다. 토큰을 파서에 입력하고 나면 두 번째 변환 작업이 일어난다. 파서는 전달받은 토큰열을 '추상구문트리(Abstract Syntax Tree)'로 바꾼다.

아래는 예시이다. 아래 내용을 렉서에 입력으로 넣는다.

```
"let x = 5 + 5;"
```

그러면 렉서는 아래와 같은 결과물을 출력한다.

```
[
  LET,
  IDENTIFIER("x"),
  EQUAL_SIGN,
  INTEGER(5),
  PLUS_SIGN,
  INTEGER(5),
  SEMICOLON
]
```

모든 토큰에는 원본 소스코드 표현이 부착되어 있다. LET은 'let'이, PLUS_SIGN은 '+'가 부착되어 있는데, 나머지도 마찬가지다. IDENTIFIER와 INTEGER 같은 몇몇 토큰에는 구체적인 값도 들어 있다. INTEGER에는 문자열 '5'가 아닌 정숫값 5가, IDENTIFER "x"에는 10이 부착되어 있다. 그러나 정확히 '토큰'을 어떻게 구성할지는 렉서 구현에 따라 다르다. 예를 들어 어떤 렉서는 파싱 단계에서 '5'를 정수로 변환하는 정도에서 그친다. 혹은 더 늦게 변환하거나 심지어 토큰 구성 시점에는 아예 변환하지 않는다.

눈여겨볼 것은 렉서가 공백문자를 토큰으로 만들지 않았다는 것이다. Monkey 언어에서는 공백의 길이가 중요하지 않기 때문에 걱정하지 않아도 된다. 공백은 그저 토큰 사이의 구분자일 뿐이다. 따라서 아래처럼 쓰나 그 아래처럼 쓰나 차이가 없다.

```
let x = 5;
```

```
let    x    =    5;
```

한편 Python처럼 공백의 길이가 중요한 언어도 있다. 이런 경우 렉서는 공백이나 줄 바꿈 문자(\n)를 그냥 '먹어 치울(eat up)' 수 없다. 렉서는 공백문자를 토큰으로 변환할 필요가 있는데, 나중에 파서가 공백 토큰을 보고 에러인지, 공백이 부족하거나 너무 많은지 등을 판단할 수 있어야 하기 때문이다.

상용 렉서는 행 번호, 열 번호, 파일 이름 등을 토큰에 부착한다. 부착하는 이유는 이후에 수행될 파싱 단계에서 좀 더 쓸만한 에러 메시지를 출력하기 위해서다. 단순히 **"에러: 세미콜론 토큰이 필요함"** 대신 아래와 같은 에러 메시지를 출력할 수 있다.

```
"error: expected semicolon token. line 42, column 23, program.monkey"
```

이 책에서는 이런 기능을 만들지 않을 것이다. 기능이 복잡해서가 아니라 토큰과 렉서의 본질적인 간명함을 파악하지 못하게 할 염려가 있기 때문이다.

토큰 정의하기

첫 번째로 할 일은 렉서가 만드는 결과물인 토큰을 정의하는 것이다. 토큰을 몇 개 정의하는 것으로 시작해, 렉서를 확장할 때마다 토큰을 추가할 것이다.

아래는 Monkey 언어로 작성된 코드의 일부이며, 가장 먼저 렉싱할 내용이다.

```
let five = 5;
let ten = 10;

let add = fn(x, y) {
  x + y;
};

let result = add(five, ten);
```

위 샘플 코드를 보면서 어떤 종류의 토큰이 있을지 생각해보자. 가장 먼저 5, 10과 같이 숫자가 있다. 숫자 토큰 타입이 필요하다는 사실은 꽤 명확해 보인다. 다음으로 x, y, add, result 같은 변수 이름이 있다. 그리고 언어의 일부분으로서, 숫자가 아닌 보통 단어(word)지만 변수 이름은 아닌 fn과 let이 있다. 그리고, 당연하게도 (,), {, }, =, ,, ; 같은 다수의 특수문자가 있다.

위 예시의 숫자들은 정수일 뿐이므로, 있는 그대로 정수 타입으로 다루려 한다. 렉서나 파서는 숫자가 5인지 10인지 알 필요가 없다. 그저 숫자라는 것을 알면 된다. 이 논리는 '변수 이름'에도 똑같이 적용된다. '변수 이름'은 '식별자(identifier)'라 부르고, 숫자처럼 렉서나 파서는 식별자라는 사실만 알게 할 것이다. 한편, 식별자처럼 보이지만 식별자가 아닌 단어들이 있다. 이런 단어들은 이미 언어의 일부이기 때문에 '예약어(keywords)'라고 부른다. 우리는 식별자와 예약어를 같은 타입으로 묶지 않으려 한다. 왜냐하면 렉싱 단계에서 let 또는 fn을 만나는 것과 관계없이 파싱 단계에서 차이를 만들기 위해서다. 마지막 부류는 특수문자이다. 특수문자 역시 같은 타입으로 묶지 않고 개별적으로 처리할 것이다. 왜냐하면, 소스코드에 '(' 또는 ')'가 있느냐 없느냐에 따라 처리가 크게 달라지기 때문이다.

이제 토큰의 자료구조를 정의해보자. 어떤 필드가 필요할까? 앞서 얘기했듯이 확실히 '타입' 속성이 필요하다. 예를 들면, 타입 정보가 있어야 '정수'와 ']'를 구별할 수 있다. 또한, 토큰 자체의 문자값(리터럴)을 갖고 있을 필드가 필요하다. 그래야 나중에 재사용할 수 있으며, '숫자' 토큰이 5인지 아니면 10인지에 대한 정보를 잃어버리지 않는다.

토큰이라는 새로운 패키지에 Token 구조체와 TokenType의 타입을 정의한다.

```
// token/token.go

package token

type TokenType string
```

```
type Token struct {
    Type    TokenType
    Literal string
}
```

위 코드에서 TokenType의 타입을 string으로 정의했다. 이렇게 함으로써 서로 다른 여러 값을 TokenType으로 필요한 만큼 (정의해) 사용할 수 있다. 바꿔 말하면, 여러 타입의 토큰을 서로 쉽게 구별할 수 있게 된다는 뜻이다. 또한 string을 사용하기 때문에, 수많은 보일러플레이트(boilerplate)[1]와 도움 함수 없이도 쉽게 디버깅할 수 있는 장점이 있다. 물론 string이 int나 byte가 갖는 성능상의 이점을 따라갈 수는 없지만, 최소한 이 책에서는 string이면 충분하다.

앞서 봤듯이 Monkey 언어에는 제한된 수의 여러 토큰 타입이 있다. 따라서 TokenType을 상수로 정의할 수 있다는 뜻이다. 같은 파일에 아래와 같이 추가해보자.

```
// token/token.go

const (
    ILLEGAL = "ILLEGAL"
    EOF     = "EOF"

    // 식별자 + 리터럴
    IDENT = "IDENT"   // add, foobar, x, y, ...
    INT   = "INT"     // 1343456

    // 연산자
    ASSIGN = "="
    PLUS   = "+"

    // 구분자
    COMMA     = ","
    SEMICOLON = ";"

    LPAREN = "("
```

1 (옮긴이) 보일러플레이트(boilerplate)는 매번 변경 없이 반복되는 코드를 말한다. 장황(verbose)한 언어를 사용했을 때, 프로그래머는 별것 아닌 기능을 구현하기 위해 매번 많은 양의 코드를 작성해야 하는데, 이런 코드를 보일러플레이트(boilerplate)라고 부른다.

```
    RPAREN = ")"
    LBRACE = "{"
    RBRACE = "}"

    // 예약어
    FUNCTION = "FUNCTION"
    LET = "LET"
)
```

코드에서 볼 수 있듯이, ILLEGAL과 EOF라는 특수한 타입이 있다. 앞서 본 Monkey 예시 코드에는 없었지만 필요한 토큰 타입이다. ILLEGAL은 어떤 토큰이나 문자를 렉서가 알 수 없다는 뜻이고, EOF는 '파일의 끝(end of file)'을 뜻한다. EOF 토큰 타입은 나중에 우리가 만들 파서에게 "이제 그만 멈춰도 좋다"라고 말하는 용도로 사용된다.

지금까지는 그런대로 잘됐다. 이제 렉서를 작성할 준비가 되었다.

렉서

코드를 작성하기 전에, 이 섹션의 목표를 분명히 하자. 우리는 직접 렉서를 작성할 것이다. 렉서는 소스코드를 입력으로 받고, 소스코드를 표현하는 토큰 열을 결과로 출력한다. 렉서는 입력받은 소스코드를 훑어가면서 토큰을 인식할 때마다 결과를 출력한다. 버퍼도 필요 없고 토큰을 저장할 필요도 없다. 왜냐하면 다음 토큰을 출력하는 NextToken 메서드 하나면 충분하기 때문이다.

따라서 렉서를 초기화할 때 소스코드를 인자로 전달하려 하고, 초기화 이후에는 반복적으로 NextToken을 호출하면서 소스코드를 토큰 단위로, 그리고 문자 단위로 훑어나갈 것이다. 또한 소스코드를 string 타입으로 다룸으로써 좀 더 쉽게 만들어볼 것이다. 다시 말하지만 상용 환경에서는 파일 이름과 행 번호를 토큰에 붙여, 렉싱에서 생긴 에러와 파싱에서 생긴 에러를 더 쉽게 추적하도록 만드는 게 일반적이다. 따라서 렉서를 io.Reader와 파일 이름으로 초기화하는 게 더 좋은 방편이 된다. 그러나, 그렇게 복잡도를 높이는 게 우리의 목적은 아니다. 작은 단위로 조금씩 만들 수 있게 그냥 string 타입을 사용할 것이며, 파일 이름과 행 번호는 무시하도록 하자.

여기까지 생각했다면, 우리가 만들 렉서에게 필요한 게 무엇인지 제법 분명해졌다. 그러면 패키지 하나를 새로 만들고 첫 번째 테스트를 추가해보자. 테스트를 계속 실행하면서 렉서의 작업 상태에 대한 피드백을 받을 것이다. 일단 작게 시작하고 테스트 케이스를 확장하면서 렉서의 기능을 점차 늘려갈 것이다.

```
// lexer/lexer_test.go

package lexer

import (
    "testing"
    "monkey/token"
)

func TestNextToken(t *testing.T) {
    input := `=+(){},;`

    tests := []struct {
        expectedType    token.TokenType
        expectedLiteral string
    }{
        {token.ASSIGN, "="},
        {token.PLUS, "+"},
        {token.LPAREN, "("},
        {token.RPAREN, ")"},
        {token.LBRACE, "{"},
        {token.RBRACE, "}"},
        {token.COMMA, ","},
        {token.SEMICOLON, ";"},
        {token.EOF, ""},
    }

    l := New(input)

    for i, tt := range tests {
        tok := l.NextToken()
        if tok.Type != tt.expectedType {
            t.Fatalf("tests[%d] - tokentype wrong. expected=%q, got=%q",
                i, tt.expectedType, tok.Type)
```

```
        }
        if tok.Literal != tt.expectedLiteral {
            t.Fatalf("tests[%d] - literal wrong. expected=%q, got=%q",
                i, tt.expectedLiteral, tok.Literal)
        }
    }
}
```

코드 작성을 안 했으니, 테스트 실패는 당연한 결과이다.

```
$ go test ./lexer
# monkey/lexer
lexer/lexer_test.go:27: undefined: New
FAIL   monkey/lexer [build failed]
```

*Lexer를 반환하는 New 함수를 정의해보자.

```
// lexer/lexer.go

package lexer

type Lexer struct {
    input        string
    position     int      // 입력에서 현재 위치(현재 문자를 가리킴)
    readPosition int      // 입력에서 현재 읽는 위치(현재 문자의 다음을 가리킴)
    ch           byte     // 현재 조사하고 있는 문자
}

func New(input string) *Lexer {
    l := &Lexer{input: input}
    return l
}
```

Lexer에 정의된 필드는 꽤 자기 설명적이다. 다소 혼란스러울 만한 것이 있다면, position과 readPosition 필드일 것이다. 둘 다 입력 문자열에 있는 문자에 인덱스로 접근하기 위해 사용한다. 예컨대 l.input[l.readPosition]처럼 사용한다는 뜻이다. 입력 문자열을 가리키는 '포인터'가 두 개인 이유는, 다음 처리 대상을 알아내려면 입력 문자열에서 다음 문자를 '미리 살펴봄'과 동시에 현재 문자를 보존할 수 있어야 하기 때문이다. readPosition은 언제나 입력 문자열에서 '다음' 문자를 가리

킨다. position은 입력 문자열에서 현재 문자를 가리킨다. 그리고 현재 문자가 곧 byte 타입을 갖는 ch이다.

첫 번째 도움 메서드는 readChar이다. 이 메서드는 readPosition과 position을 쉽게 이해하고 사용할 수 있게 만든다.

```
// lexer/lexer.go

func (l *Lexer) readChar() {
    if l.readPosition >= len(l.input) {
        l.ch = 0
    } else {
        l.ch = l.input[l.readPosition]
    }
    l.position = l.readPosition
    l.readPosition += 1
}
```

readChar 메서드는 다음 문자에 접근할 수 있게 만들어준다. 즉, 문자열 input에서 렉서가 현재 보고 있는 위치를 다음으로 이동하기 위한 메서드이다. 가장 먼저 문자열 input의 끝에 도달했는지 확인한다. 만약 끝에 도달했다면 l.ch에 ASCII 코드 문자 'NUL'에 해당하는 0을 넣는다. 0은 '아직 아무것도 읽지 않은 상태' 혹은 '파일의 끝(EOF, end of file)'이라는 두 가지 의미가 있다. 만약 input의 끝에 도달하지 않았다면, l.input[l.readPosition]으로 접근해서 l.ch에 다음 문자를 저장한다. 그러고 나서 l.position을 방금 사용한 l.readPosition으로 업데이트하고, l.readPosition을 1 증가시킨다. 이런 방식으로 l.readPosition은 항상 다음에 읽어야 할 위치를, l.position은 항상 마지막으로 읽은 위치를 가리키게 된다. 곧 이런 방식이 갖는 이점을 느끼게 될 것이다.

렉서가 유니코드가 아니라 ASCII 문자만 지원한다는 점은 짚고 넘어가야 할 것 같다. 왜냐하면, 렉서를 단순화하여 우리가 만들려는 인터프리터의 본질적인 요소에 집중하기 위해서다. 유니코드와 UTF-8을 완전히 지원하기 위해서는 l.ch를 byte 타입에서 rune 타입으로 바꾸고, 다음 문자들을 읽는 방식을 바꿔야 한다. 왜냐하면 유니코드는 문자 하나에 여러 개의 바이트가 할당되기 때문이다. 그렇게 되면, l.input[l.

readPosition]은 더는 동작하지 않으며, 나중에 나올 메서드와 함수 또한 바꿔야 한다. 따라서 Monkey 언어에서 유니코드(그리고 이모티콘)의 완전한 지원은 독자에게 연습문제로 남긴다.

이제 readChar 메서드를 New 함수 안에서 사용해보자. 이제 *Lexer는 NextToken 메서드를 호출하기에 앞서 완전히 작업이 가능한 상태(l.ch, l.position, l.readPosition이 초기화된 상태)이다.

```
// lexer/lexer.go

func New(input string) *Lexer {
    l := &Lexer{input: input}
    l.readChar()
    return l
}
```

테스트에서 더는 New(input)가 문제 되지 않는다는 것을 알 수 있다. 하지만 NextToken 메서드는 아직도 없다. NextToken의 첫 번째 버전을 추가해서 고쳐보자.

```
// lexer/lexer.go

package lexer

import "monkey/token"

func (l *Lexer) NextToken() token.Token {
    var tok token.Token

    switch l.ch {
    case '=':
        tok = newToken(token.ASSIGN, l.ch)
    case ';':
        tok = newToken(token.SEMICOLON, l.ch)
    case '(':
        tok = newToken(token.LPAREN, l.ch)
    case ')':
        tok = newToken(token.RPAREN, l.ch)
    case ',':
        tok = newToken(token.COMMA, l.ch)
    case '+':
        tok = newToken(token.PLUS, l.ch)
```

```
        case '{':
            tok = newToken(token.LBRACE, l.ch)
        case '}':
            tok = newToken(token.RBRACE, l.ch)
        case 0:
            tok.Literal = ""
            tok.Type = token.EOF
        }

        l.readChar()
        return tok
}

func newToken(tokenType token.TokenType, ch byte) token.Token {
        return token.Token{Type: tokenType, Literal: string(ch)}
}
```

이것이 NextToken 메서드의 기본 구조이다. 현재 검사하고 있는 문자(l.ch)를 보고 이에 대응하는 토큰을 반환한다. 토큰을 반환하기 전에, 입력 문자열을 가리키는 position과 readPosition을 증가시킨다. 따라서 NextToken을 다시 호출했을 때는 이미 l.ch 필드는 업데이트된 상태가 된다. 간단하게 구현한 newToken 함수는 이런 토큰을 초기화하도록 도와준다.

이제 테스트를 실행하면 다음의 결과를 볼 수 있다.

```
$ go test ./lexer
ok   monkey/lexer   0.007s
```

좋다! 이제 테스트 케이스를 확장해서 Monkey 소스코드에 가깝게 만들어보자.

```
// lexer/lexer_test.go

func TestNextToken(t *testing.T) {
        input := `let five = 5;
let ten = 10;

let add = fn(x, y) {
  x + y;
};
```

```
let result = add(five, ten);
`

    tests := []struct {
        expectedType    token.TokenType
        expectedLiteral string
    }{
        {token.LET, "let"},
        {token.IDENT, "five"},
        {token.ASSIGN, "="},
        {token.INT, "5"},
        {token.SEMICOLON, ";"},
        {token.LET, "let"},
        {token.IDENT, "ten"},
        {token.ASSIGN, "="},
        {token.INT, "10"},
        {token.SEMICOLON, ";"},
        {token.LET, "let"},
        {token.IDENT, "add"},
        {token.ASSIGN, "="},
        {token.FUNCTION, "fn"},
        {token.LPAREN, "("},
        {token.IDENT, "x"},
        {token.COMMA, ","},
        {token.IDENT, "y"},
        {token.RPAREN, ")"},
        {token.LBRACE, "{"},
        {token.IDENT, "x"},
        {token.PLUS, "+"},
        {token.IDENT, "y"},
        {token.SEMICOLON, ";"},
        {token.RBRACE, "}"},
        {token.SEMICOLON, ";"},
        {token.LET, "let"},
        {token.IDENT, "result"},
        {token.ASSIGN, "="},
        {token.IDENT, "add"},
        {token.LPAREN, "("},
        {token.IDENT, "five"},
        {token.COMMA, ","},
        {token.IDENT, "ten"},
        {token.RPAREN, ")"},
        {token.SEMICOLON, ";"},
        {token.EOF, ""},
    }
// [...]
}
```

테스트 케이스에서 가장 눈에 띄게 달라진 점은 `input` 문자열이다. `input`은 Monkey 언어로 작성된 코드이다. 입력값에는 이미 토큰으로 바꾸는 데 성공한 기호(symbol)들이 포함되어 있지만, 테스트를 실패하게 할 새로운 형태도 있다. 바로 식별자, 예약어, 숫자이다.

식별자와 예약어로 시작해보자. 렉서는 현재 문자가 글자(letter)인지 아닌지 판별해야 한다. 그리고 만약 현재 문자(character)가 글자(letter)라면 글자가 아닌 문자(non-letter-character)를 만날 때까지 식별자/예약어의 나머지 글자들도 읽어 들여야 한다.[2] 식별자/예약어를 읽은 다음에는, 이것이 식별자인지 예약어인지 알아내야 한다. 그래야 적절한 `token.TokenType`을 사용할 수 있다. 그러면 가장 먼저 아래와 같이 앞서 작성한 `switch` 문을 확장해보자.

```
// lexer/lexer.go

import "monkey/token"

func (l *Lexer) NextToken() token.Token {
    var tok token.Token
    switch l.ch {
// [...]
    default:
        if isLetter(l.ch) {
            tok.Literal = l.readIdentifier()
            return tok
        } else {
            tok = newToken(token.ILLEGAL, l.ch)
        }
    }
// [...]
}
```

2 (옮긴이) 여기서 문자(character)와 글자(letter)라는 표현이 다소 혼란스러울 수 있는데, 글자(letter)는 문자(character)에 포함되는 개념이다. 그리고 뒤에 나올 `isLetter` 함수는 어떤 문자(character)가 글자(letter)라는 집합에 포함되는지 확인하는 함수이다. 따라서 이 책에서 글자(letter)란, `isLetter` 함수가 참으로 판별하는 문자(character)를 뜻한다. 즉, `isLetter` 함수가 어떤 글자를 참으로 판별한다면 그 글자가 흔히 특수문자(!@#$_? 등)라고 부르는 문자일지라도, Monkey 언어에서는 글자(letter)라고 생각해야 한다. 따라서 a, b, c는 모두 글자이고, _ 도 글자이다.

```
func (l *Lexer) readIdentifier() string {
    position := l.position
    for isLetter(l.ch) {
        l.readChar()
    }
    return l.input[position:l.position]
}

func isLetter(ch byte) bool {
    return 'a' <= ch && ch <= 'z' || 'A' <= ch && ch <= 'Z' || ch == '_'
}
```

기존 switch 문에 default 분기를 추가했다. 따라서 l.ch가 앞선 분기문에서 처리되지 않은 문자일 때 식별자로 처리하게 된다. 또한 token.ILLEGAL 토큰을 생성하는 코드도 추가했다. 한편, isletter 함수를 구현해야 현재 문자를 제대로 다룰 수 있게 됨은 물론이고, token.ILLEGAL로 판단할 수도 있게 된다.

isLetter 도움 함수는 단순히 전달받은 인수가 글자인지 아닌지 검사한다. 무척 간단해 보이지만 이 함수를 변경하면 Monkey 언어를 파싱하는 작업 전반에 영향을 줄 수 있다. isLetter 함수를 보면 알 수 있듯이 'ch == _'가 참인지 확인하고 있다. 이는 곧 '_'라는 문자를 글자(letter)로 다루겠다는 뜻이며, 식별자와 예약어에 사용하도록 허용하겠다는 뜻이다. 따라서 foo_bar 같은 변수 이름을 사용할 수 있다. 다른 프로그래밍 언어에서는 심지어 !과 ?조차 식별자에 사용할 수 있는 문자로 허용한다.[3] 만약 여러분도 이런 문자를 Monkey 언어에서 글자로 취급하고 싶다면, isLetter 함수가 이를 허용하도록 조건문에 슬쩍 끼워 넣으면 된다.

readIdentifier 메서드는 이름 그대로 동작한다. 식별자를 하나 읽어 들이고 렉서의 position과 readPosition을 글자가 아닌 문자(non-letter-character)를 만날 때까지 증가시킨다.

3 (옮긴이) 예를 들어 MIT Scheme에서는 함수(프로시저)를 정의할 때, 특정 함수의 가장 뒤에 ! 혹은 ?를 붙이는 관습이 있다. 예를 들어 참값 또는 거짓값을 반환하는 함수에는 ?를 붙이고, 부작용(side effect)이 있는 함수에는 !를 붙인다.

default 분기에서는 readIdentifier를 호출하여 현재 토큰의 Literal 필드를 채운다. 그런데 현재 토큰의 Type 필드는 어떻게 처리해야 할까? 앞서 let, fn, foobar와 같은 식별자를 읽은 상태이기에, 사용자 정의 식별자와 예약어를 구분할 필요가 있다. 따라서 토큰 리터럴에 맞는 TokenType을 반환할 함수를 하나 정의해야 한다. 이런 작업을 수행할 함수를 정의하기에 가장 적합한 위치는 token 패키지일 것이다. 아래 코드를 보자.

```
// token/token.go

var keywords = map[string]TokenType{
    "fn": FUNCTION,
    "let": LET,
}

func LookupIdent(ident string) TokenType {
    if tok, ok := keywords[ident]; ok {
        return tok
    }
    return IDENT
}
```

LoopupIdent 함수는 keywords 테이블을 검사해서 주어진 식별자가 예약어인지 아닌지 살펴본다. 만약 예약어라면, 예약어에 맞는 TokenType 상수를 반환한다. 만약 예약어가 아니라면, 그냥 token.IDENT를 반환한다. token.IDENT는 사용자 정의 식별자를 나타내는 TokenType이다.

LookupIdent 함수를 정의했으니, 이제 식별자와 예약어 렉싱을 마무리할 수 있게 됐다.

```
// lexer/lexer.go

func (l *Lexer) NextToken() token.Token {
    var tok token.Token

    switch l.ch {
// [...]
    default:
        if isLetter(l.ch) {
```

```
                tok.Literal = l.readIdentifier()
                tok.Type = token.LookupIdent(tok.Literal)
                return tok
            } else {
                tok = newToken(token.ILLEGAL, l.ch)
            }
    }
// [...]
}
```

조기 종료(early exit)하는 부분인 return tok은 꼭 필요한 코드이다. 왜냐하면, readIdentifier 메서드를 호출할 때, readChar 메서드를 연달아 호출해 현재 식별자의 마지막 문자를 지난 다음 readPosition과 position 필드를 증가시키기 때문이다. 따라서 switch 문 이후에는 readChar를 다시 호출할 필요가 없다.

테스트를 실행하면, let은 식별했지만 테스트는 실패한다

```
$ go test ./lexer
--- FAIL: TestNextToken (0.00s)
    lexer_test.go:70: tests[1] - tokentype wrong. expected="IDENT",
got="ILLEGAL"
FAIL
FAIL    monkey/lexer    0.008s
```

여기서 문제는 다음 토큰이다. 우리가 원한 토큰은 문자열 "five"를 Literal 필드로 가진 IDENT 토큰인데, ILLEGAL 토큰이 나왔다. 왜 이런 일이 생겼을까? 이유는 'let'과 'five' 사이에 있는 공백문자(whitespace) 때문이다. Monkey 언어에서 공백문자는 토큰을 구분하기 위한 용도로 사용할 뿐 별다른 의미는 없다. 따라서 공백문자를 통째로 지나가는 동작을 구현해야 한다.

```
// lexer/lexer.go

func (l *Lexer) NextToken() token.Token {
    var tok token.Token

    l.skipWhitespace()
```

```
    switch l.ch {
// [...]
}

func (l *Lexer) skipWhitespace() {
    for l.ch == ' ' || l.ch == '\t' || l.ch == '\n' || l.ch == '\r' {
        l.readChar()
    }
}
```

도움 함수 skipWhitespace는 수많은 다른 파서에서도 볼 수 있는 함수이다. 다른 파서에서는 eatWhitespace, comsumeWhitespace 혹은 아예 다른 이름으로도 불린다. 어떤 문자를 건너뛸지는 렉싱되는 언어에 달려 있다. 일례로, 어떤 언어 구현에서는 줄 바꿈 문자 토큰을 생성하는데, 만일 토큰 스트림에서 줄 바꿈 문자가 적절한 위치에 있지 않으면 파싱 에러를 던진다. 한편 우리는, 뒤에 있을 파싱 단계에서 좀 더 쉽게 파싱하도록 줄 바꿈 문자는 그냥 건너뛰도록 하자.

skipWhitespace 함수를 구현하면, 렉서가 테스트 입력 문자열 let five = 5;에서 숫자 5를 읽을 수 있게 된다. 눈치챘겠지만 아직 렉서는 숫자를 토큰으로 바꾸는 방법을 모른다. 그러니 숫자를 토큰으로 바꾸는 코드를 추가해보자.

앞에서 식별자에서 했던 것처럼, switch 문의 default 항목에 기능을 추가하면 된다.

```
// lexer/lexer.go

func (l *Lexer) NextToken() token.Token {
    var tok token.Token

    l.skipWhitespace()

    switch l.ch {
// [...]
    default:
        if isLetter(l.ch) {
            tok.Literal = l.readIdentifier()
            tok.Type = token.LookupIdent(tok.Literal)
            return tok
```

```
        } else if isDigit(l.ch) {
            tok.Type = token.INT
            tok.Literal = l.readNumber()
            return tok
        } else {
            tok = newToken(token.ILLEGAL, l.ch)
        }
    }
// [...]
}

func (l *Lexer) readNumber() string {
    position := l.position
    for isDigit(l.ch) {
        l.readChar()
    }
    return l.input[position:l.position]
}

func isDigit(ch byte) bool {
    return '0' <= ch && ch <= '9'
}
```

위 코드에서 보는 것처럼, 추가된 코드는 식별자와 예약어를 읽는 코드와 매우 유사하다. readNumber 메서드는 isLetter 대신에 isDigit을 활용한다는 것을 빼고는 readIdentifier와 완전히 동일하다. 물론 문자인지 아닌지 알려주는 인수를 하나 넘기는 방식으로 함수를 좀 더 일반화할 수 있지만, 단순함과 쉬운 이해를 위해 굳이 그렇게 구현하지 않을 것이다. isDigit 함수는 isLetter 함수만큼 단순하다. 단지 전달받은 byte가 0과 9 사이의 라틴 숫자인지 아닌지의 여부만 반환한다. 이 코드를 추가하면 이제 테스트 코드를 통과할 것이다.

```
$ go test ./lexer
ok   monkey/lexer   0.008s
```

눈치챘을지 모르지만, readNumber의 많은 부분을 단순화하였다. Monkey 언어는 '정수'만 읽는다. 그럼 실수형은 어떻게 할까? 16진수, 8진수는? 그냥 무시하고 Monkey 언어는 이들을 지원하지 않는다고 말하자. 물론, 이렇게 하는 이유는 계속 강조했듯이 교육적인 목적 때문이고, 책에서 다룰 범위가 한정적이기 때문이다.

이제 샴페인을 터뜨리고 축배를 들 시간이다. 테스트 케이스에 있는 Monkey 언어의 코드를 토큰으로 바꾸는 데 성공했다!

이 성공으로 인해 렉서를 확장하는 게 더 쉬워졌고, 더 많은 Monkey 소스코드를 토큰화할 수 있게 되었다.

토큰과 렉서 확장하기

나중에 파서를 작성할 때 패키지 사이를 넘나들지 않기 위해, 렉서를 확장할 필요가 있다. 렉서가 Monkey 언어의 더 많은 부분을 인식해서 더 다양한 토큰을 출력할 수 있게 만들어보자. 따라서 이 섹션에서는 ==, !, !=, -, /, *, <, >와 같은 특수문자와 예약어인 true, false, if, else, return을 인식하게 만들 것이다.

추가/생성/출력할 새로운 토큰은 다음의 세 가지로 분류된다.

- 한 문자 토큰(one-character token), 예: -
- 두 문자 토큰(two-character token), 예: ==
- 예약어 토큰(keyword token), 예: return

우린 이미 한 문자 토큰과 예약어 토큰을 어떻게 다룰지 알고 있다. 따라서 렉서가 두 문자 토큰을 처리하도록 확장하기에 앞서, 한 문자 토큰과 예약어 토큰을 지원하도록 만들어보자.

-, /, *, <, >를 지원하게 하는 것은 아주 쉽다. 가장 먼저 lexer/lexer_test.go에서 테스트 케이스의 입력(input)을, 위에 나열한 특수문자를 포함하도록 변경해야 한다. 앞서 했던 방식과 동일하다. 이 장에서 계속 사용될 코드에서 확장된 테스트(tests) 테이블을 볼 수 있는데, 이 테이블을 이 장의 나머지에서는 보여주지 않으려 한다.[4] 지면을 아끼려는 이유도 있지만, 너무 지루해질 것 같기 때문이다.

4 (옮긴이) 첨부된 코드에는 결과만 있을 뿐 중간 과정이 없기에 내용을 따라가며 독자가 직접 tests 테이블을 확장해야 한다. 렉서와 토큰이 어떻게 동작하는지 확인할 수 있는 좋은 기회이니 tests 테이블을 확장해가며 테스트를 직접 통과시켜보기 바란다.

```
// lexer/lexer_test.go

func TestNextToken(t *testing.T) {
	input := `let five = 5;
let ten = 10;
let add = fn(x, y) {
  x + y;
};

let result = add(five, ten);
!-/*5;
5 < 10 > 5;
`
// [...]
}
```

입력이 Monkey 소스코드처럼 보임에도, 어떤 행은 아예 동작할 것 같지 않아 보인다. 예를 들면, 키보드로 아무렇게나 친 것 같은 '!-/*5' 행 말이다. 하지만, 괜찮다. 렉서가 하는 일은 이 코드가 말이 되는지, 동작하는지, 에러가 있는지를 가려내는 것이 아니다. 그런 작업은 렉싱이 끝난 뒤에 하는 일이다. 렉서는 그저 입력을 토큰으로 바꿀 뿐이다. 이런 이유로 내가 렉서용으로 작성한 테스트 코드는 모든 토큰을 검사하며, 오프바이원 에러(off-by-one errors)[5], EOF에서의 경계 조건, 줄 바꿈 처리, 자릿수 파싱 등으로 생기는 에러를 유발하고자 했다. 이것이 코드가 아무렇게나 작성된 느낌이 드는 이유이다.

테스트를 실행하면 undefined 에러가 발생한다. 테스트에서 정의하지 않은 TokenType을 참조하고 있기 때문이다. token/token.go에 아래와 같이 상수를 추가해서 고쳐보자.

```
// token/token.go

const (
// [...]
```

5 (옮긴이) 오프바이원 에러(off-by-one errors): 경계에서 하나를 빼먹어서 발생하는 에러. 반복문에서 하나를 더 많이 혹은 더 적게 진행해서 발생하는 에러를 말한다. 논리적으로 잘못 설계해서 발생하기도 하지만, 프로그래머의 실수로 유발되기도 한다. `if (x <= 10)`으로 써야 할 조건문을 `if (x < 10)`으로 작성할 때를 일례로 들 수 있다.

```
    // 연산자
    ASSIGN   = "="
    PLUS     = "+"
    MINUS    = "-"
    BANG     = "!"
    ASTERISK = "*"
    SLASH    = "/"

    LT = "<"
    GT = ">"

// [...]
)
```

상수를 추가했음에도, 테스트는 여전히 실패한다. 기대하는 TokenType에 맞는 토큰을 반환하지 않았기 때문이다.

```
$ go test ./lexer
--- FAIL: TestNextToken (0.00s)
  lexer_test.go:84: tests[36] - tokentype wrong. expected="!",
got="ILLEGAL"
FAIL
FAIL    monkey/lexer    0.007s
```

테스트를 통과하려면 lexer/lexer.go에 작성한 NextToken 메서드의 switch 문을 확장해야 한다.

```
// lexer/lexer.go

func (l *Lexer) NextToken() token.Token {
// [...]
    switch l.ch {
    case '=':
        tok = newToken(token.ASSIGN, l.ch)
    case '+':
        tok = newToken(token.PLUS, l.ch)
    case '-':
        tok = newToken(token.MINUS, l.ch)
    case '!':
        tok = newToken(token.BANG, l.ch)
    case '/':
        tok = newToken(token.SLASH, l.ch)
    case '*':
```

```
        tok = newToken(token.ASTERISK, l.ch)
    case '<':
        tok = newToken(token.LT, l.ch)
    case '>':
        tok = newToken(token.GT, l.ch)
    case ';':
        tok = newToken(token.SEMICOLON, l.ch)
    case ',':
        tok = newToken(token.COMMA, l.ch)
// [...]
}
```

한 문자 토큰들을 추가했고, token/token.go에 선언된 상수의 순서에 맞게 switch 문 각 case의 순서를 재조정했다. 이 약간의 변경이 테스트를 통과하게 해준다.

```
$ go test ./lexer
ok    monkey/lexer   0.007s
```

새로 정의한 한 문자 토큰을 추가하는 데 성공했다! 다음은 예약어 true, false, if, else, return을 추가할 차례이다.

앞에서 했던 것처럼, 가장 먼저 새로 추가할 예약어를 테스트의 input에 넣어 확장해야 한다. 바꾸고 나면 TestNextToken의 input은 아래와 같을 것이다.

```
// lexer/lexer_test.go

func TestNextToken(t *testing.T) {
    input := `let five = 5;
let ten = 10;

let add = fn(x, y) {
 x + y;
};

let result = add(five, ten);
!-/*5;
5 < 10 > 5;

if (5 < 10) {
  return true;
```

```
} else {
  return false;
}`
// [...]
}
```

이제 테스트는 컴파일조차 되지 않을 텐데, 테스트의 기댓값에서 정의하지 않은 새로운 예약어를 참조하기 때문이다. 컴파일되게 하려면, token/token.go에서 예약어에 대응하는 새로운 상수를 만들고, 마찬가지로 keywords 테이블에 키워드를 추가한 다음 LookupIdent 함수로 찾으면 된다.

```
// token/token.go

const (
// [...]

    // 키워드
    FUNCTION = "FUNCTION"
    LET      = "LET"
    TRUE     = "TRUE"
    FALSE    = "FALSE"
    IF       = "IF"
    ELSE     = "ELSE"
    RETURN   = "RETURN"
)

var keywords = map[string]TokenType{
    "fn":     FUNCTION,
    "let":    LET,
    "true":   TRUE,
    "false":  FALSE,
    "if":     IF,
    "else":   ELSE,
    "return": RETURN,
}
```

정의되지 않은 변수 참조를 고침으로써 컴파일 에러도 해결했을 뿐만 아니라 테스트도 통과하게 만들었다.

```
$ go test ./lexer
ok   monkey/lexer   0.007s
```

렉서는 이제 새로운 예약어를 인식하기 시작했고, 꼭 바꿔야 할 것들만 조금 바꿨다. 예측하기 쉽고 만들기도 쉬웠다. 뿌듯해 해도 좋다. 정말 잘 해냈다!

그런데 다음 장으로 넘어가 파서를 다루기 전에 아직 좀 더 렉서를 확장할 필요가 있다. 다시 말해 두 문자로 구성된 토큰을 인식하게 만들어야 한다. 이제부터 지원할 토큰 타입은 소스코드 상에서 ==, !=과 같은 형태로 나타난다.

두 문자 토큰을 얼핏 보면 다음과 같이 생각할 수 있다.

"그냥 switch 문에 case 하나를 추가하면 충분하지 않을까?"

우리가 작성한 switch 문은 현재 문자인 l.ch를 switch 문의 각 case와 비교할 표현식으로 취급하기 때문에, case "=="과 같은 case를 추가할 수 없다. 부연하자면, 컴파일러가 이를 허용하지 않는다. 왜냐하면 byte인 l.ch를 문자열인 "=="과 비교할 수 없기 때문이다.

대신 이미 만들어놓은 case '='와 case '!'를 재사용해서 렉서를 확장해보자. 입력에서 다음에 나올 문자를 미리 살펴보면서 한 문자 토큰(=)을 반환할지 두 문자 토큰(==)을 반환할지 결정해야 한다. 다시 한번 lexer/lexer_test.go의 input을 확장해서 아래와 같이 만들어보자.

```
// lexer/lexer_test.go

func TestNextToken(t *testing.T) {
    input := `let five = 5;
let ten = 10;

let add = fn(x, y) {
  x + y;
};

let result = add(five, ten);
!-/*5;
5 < 10 > 5;

if (5 < 10) {
  return true;
```

```
} else {
  return false;
}

10 == 10;
10 != 9;
`
// [...]
}
```

NextToken 메서드의 switch 문을 작업하기에 앞서, peekChar라는 도움 메서드를 *Lexer에 정의해야 한다.

```
// lexer/lexer.go

func (l *Lexer) peekChar() byte {
    if l.readPosition >= len(l.input) {
        return 0
    } else {
        return l.input[l.readPosition]
    }
}
```

peekChar는 readChar와 아주 비슷하다. 단, peekChar는 l.position과 l.readPosition을 증가시키지 않는다. 우리는 다음에 나올 입력을 미리 '살펴보고(peek)' 싶을 뿐이며, l.position과 l.readPosition을 움직이지 않을 것이기에, 현재 상태에서 readChar를 호출했을 때 렉서가 어디에 위치할지 알 수 있다. 대부분 렉서와 파서는 'peek'과 같은 함수를 갖고 있다. 그런 함수는 입력을 미리 살피고(look ahead) 대부분은 바로 다음 문자를 반환한다.

언어를 파싱하는 게 어려운 이유는 소스코드를 이해하기 위해 얼마만큼 다음(또는 이전)을 미리 살펴야 할지 결정하기가 힘들기 때문이다.

peekChar 메서드를 추가해도, input을 수정한 테스트 코드는 컴파일되지 않는다. 아직 정의하지 않은 토큰 상수를 참조하고 있기 때문이다. 별것 아니니 고쳐보자.

```
// token/token.go

const (
// [...]

    EQ     = "=="
    NOT_EQ = "!="
// [...]
)
```

렉서를 수정해 테스트 테이블에 있는 token.EQ와 token.NOT_EQ를 참조하고 나서 테스트를 실행하면, (의도한 대로) 적절한 실패 메시지를 반환한다.

```
$ go test ./lexer
--- FAIL: TestNextToken (0.00s)
  lexer_test.go:118: tests[66] - tokentype wrong. expected="==",
got="="
FAIL
FAIL   monkey/lexer   0.007s
```

렉서가 입력에서 ==를 만나면, 렉서는 token.EQ 하나를 만드는 게 아니라 token.ASSIGN을 두 개 생성한다. 해결법은 새로 작성한 peekChar 메서드를 이용하는 것이다. switch 문의 case '='와 case '!'에서 다음에 나올 문자를 미리 살펴보는(peek) 코드를 넣어보자. 만약 다음에 나올 토큰이 =이면, token.EQ나 token.NOT_EQ를 생성하면 된다.

```
// lexer/lexer.go

func (l *Lexer) NextToken() token.Token {
// [...]
    switch l.ch {
    case '=':
        if l.peekChar() == '=' {
            ch := l.ch
            l.readChar()
            literal := string(ch) + string(l.ch)
            tok = token.Token{Type: token.EQ, Literal: literal}
        } else {
            tok = newToken(token.ASSIGN, l.ch)
        }
```

```
// [...]
    case '!':
        if l.peekChar() == '=' {
            ch := l.ch
            l.readChar()
            literal := string(ch) + string(l.ch)
            tok = token.Token{Type: token.NOT_EQ, Literal: literal}
        } else {
            tok = newToken(token.BANG, l.ch)
        }
// [...]
}
```

l.readChar를 다시 호출하기에 앞서 l.ch를 지역 변수에 저장한다는 점을 눈여겨보자. 이렇게 해야 현재 문자를 기억한 상태에서 안전하게 렉서를 진행할 수 있고, 따라서 l.position과 l.readPosition을 올바른 상태에 맞춰 놓고, NextToken 메서드 호출을 끝마칠 수 있다. 만약 Monkey 언어에서 두 문자 토큰을 더 많이 지원하고자 한다면, 아마도 makeTwoCharToken과 같은 메서드로 동작을 추상화해야 할 것이다. 그리고 makeTwoCharToken 메서드는 다음에 나올 입력을 미리 살펴보고 맞는 토큰을 찾는 일을 할 것이다. 두 case가 너무 비슷해서 추상화하고 싶은 마음이 들겠지만, 현재까지는 ==와 !=가 Monkey 언어가 가진 두 문자 토큰의 전부이므로, 이 정도로 마무리하고 다시 한번 테스트를 실행해 제대로 동작하는지 확인해보자.

```
$ go test ./lexer
ok    monkey/lexer    0.006s
```

테스트를 잘 통과했다. 렉서는 이제 확장된 범위의 토큰까지 잘 생성하고 있다. 이제 우리는 파서를 작성할 준비가 된 상태이다. 하지만 그 전에 디딤돌을 하나 더 얹어 다음 장의 기반을 다지자.

첫 번째 REPL

Monkey 언어는 REPL이 필요하다. REPL은 'Read Eval Print Loop'의 약어이다. 다른 인터프리터 언어를 경험했기에, REPL이 뭔지 알고 있는 독자도 있을 것이다. Python, Ruby, 모든 JavaScript 런타임, Lisp류의 대다수 언어도 REPL을 갖고 있고, 이 밖에도 많은 언어가 REPL을 갖고 있다. 때때로 REPL은 '콘솔' 혹은 '대화형(interactive) 모드'라고 부른다. 개념은 모두 같다. REPL은 입력을 읽고(Read), 인터프리터에 보내 평가하고(Eval), 인터프리터의 결과물을 출력하고(Print) 이런 동작을 반복하기(Loop) 때문에 REPL(Read, Eval, Print, Loop)이다.

우리는 아직 Monkey 소스코드를 완전히 '평가'하는 방법을 모른다. 그저 평가 뒤에 숨겨진 프로세스 하나만 작성한 상태이다. 다시 말해, 이제 막 소스코드를 어떻게 토큰화하는지 알게 됐을 뿐이다. 그렇지만 읽고, 출력하는 방법 정도는 이미 알고 있으며, 반복이 걸림돌이 될 것 같지는 않다.

아래 REPL은 Monkey 소스코드를 토큰화하고 토큰을 출력한다. 우린 계속해서 REPL을 확장해볼 것이며, REPL에 파싱과 평가(evaluation)도 추가해볼 것이다.

```
// repl/repl.go

package repl

import (
    "bufio"
    "fmt"
    "io"
    "monkey/lexer"
    "monkey/token"
)

const PROMPT = ">> "

func Start(in io.Reader, out io.Writer) {
    scanner := bufio.NewScanner(in)

    for {
        fmt.Fprintf(out, PROMPT)
        scanned := scanner.Scan()
        if !scanned {
            return
```

```
        }

        line := scanner.Text()
        l := lexer.New(line)

        for tok := l.NextToken(); tok.Type != token.EOF; tok = l.NextToken() {
            fmt.Fprintf(out, "%+v\n", tok)
        }
    }
}
```

내용은 아주 직관적이다. 입력 소스코드를 줄 바꿈을 만날 때까지 읽는다. 읽은 행을 렉서 인스턴스에 전달하고, EOF를 만나기 전까지 렉서가 반환하는 결과물인 토큰을 모두 출력한다. 그동안 잊고 있던 main.go 파일에서는, 사용자가 REPL에 들어왔음을 환영하는 메시지를 출력하고 REPL을 시작한다.

```
// main.go

package main

import (
    "fmt"
    "os"
    "os/user"
    "monkey/repl"
)

func main() {
    user, err := user.Current()
    if err != nil {
       panic(err)
    }
    fmt.Printf("Hello %s! This is the Monkey programming language!\n",
        user.Username)
    fmt.Printf("Feel free to type in commands\n")
    repl.Start(os.Stdin, os.Stdout)
}
```

REPL 덕에 이제 대화형으로 토큰을 만들 수 있게 되었다.

```
$ go run main.go
Hello mrnugget! This is the Monkey programming language!
Feel free to type in commands
>> let add = fn(x, y) { x + y; };
{Type:LET Literal:let}
{Type:IDENT Literal:add}
{Type:= Literal:=}
{Type:FUNCTION Literal:fn}
{Type:( Literal:(}
{Type:IDENT Literal:x}
{Type:, Literal:,}
{Type:IDENT Literal:y}
{Type:) Literal:)}
{Type:{ Literal:{}
{Type:IDENT Literal:x}
{Type:+ Literal:+}
{Type:IDENT Literal:y}
{Type:; Literal:;}
{Type:} Literal:}}
{Type:; Literal:;}
>>
```

완벽하다! 이제부터는 만든 토큰을 파싱해볼 차례다.

2장

W r i t i n g A n I n t e r p r e t e r I n G o

파싱

파서

프로그래밍을 조금이라도 해본 사람이라면 누구나 파서에 대해 들어보았거나 '파서 에러(parser error)'를 접해 봤을 것이다. 혹은 "이거 파싱해야 돼", "이거 파싱한 다음에…", "이거를 입력했더니 파서가 터졌어" 같은 말을 직접 해봤거나 들어봤을 것이다. '파서'라는 단어는 컴파일러(compiler), 인터프리터(interpreter), 프로그래밍 언어(programming language)만큼 자주 사용되는 단어이다. 프로그래머는 모두 파서의 존재를 알고 있다. 아니, 알고 있어야 한다. 프로그래머가 아니고 누가 '파서 에러(parser error)'를 책임질 수 있겠는가?

그렇다면 파서란 구체적으로 무엇일까? 파서가 하는 일은 무엇이고, 어떻게 파싱하는 걸까? 위키피디아는 아래와 같이 설명한다.

> 파서는 (주로 문자로 된) 입력 데이터를 받아 자료구조를 만들어내는 소프트웨어 컴포넌트이다. 자료구조 형태는 파스 트리(parse tree), 추상구문트리일 수 있고, 그렇지 않으면 다른 계층 구조일 수도 있다. 파서는 자료구조를 만들면서 (입력에 대응하는) 구조화된 표현을 더하기도, 구문이 올바른지 검사하기도 한다. (중략) 보통은 파서 앞에 '어휘 분석기(lexical analyzer)'를 따로 두기도 한다. 어휘

> 분석기(lexical analyzer)는 입력 문자열로 토큰을 만들어내는 일을 한다.

컴퓨터 과학 주제를 다룬 위키피디아 글 치고 위에 발췌한 내용은 매우 이해하기 쉽다. 심지어 위 내용에서는 렉서도 언급하고 있다.

파서는 입력을 자료구조로 변환한다. 조금 풀어서 말하자면, 입력을 표현하는 자료구조로 변환한다. 조금 추상적으로 들린다는 것을 알기에, 설명을 위해 예를 하나 들어보겠다. 아래에 JavaScript 코드를 조금 가져왔다.

```
> var input = '{"name": "Thorsten", "age": 28}';
> var output = JSON.parse(input);
> output
{ name: 'Thorsten', age: 28 }
> output.name
'Thorsten'
> output.age
28
>
```

입력은 그저 텍스트, 즉 문자열일 뿐이다. 문자열을 `JSON.parse` 함수 뒤에 숨겨진 파서에 전달하고 결괏값을 돌려받는다. 결괏값은 자료구조이고 입력을 표현하고 있다. 결과물은 이름(name)과 나이(age)라는 필드 두 개로 이루어진 JavaScript 객체로, 입력에 대응하는 값을 갖는다. 이제 사용자는 파싱된 자료구조로 쉽게 작업할 수 있다. 즉, name과 age 필드로 접근하면 된다.

"그렇지만, JSON 파서가 프로그래밍 언어 파서와 어떻게 같아요! 다른 것 아닌가요?"라고 말하는 독자가 있을 줄로 안다. 나는 여러분이 왜 이런 생각을 하는지 짐작할 수 있다. 그렇지만, 아니다. 두 파서는 다르지 않다.

적어도 개념 수준에서 둘은 다르지 않다. JSON 파서는 텍스트를 입력으로 받아 이것을 표현하는 자료구조를 만든다. 이것은 프로그래밍 언어 파서가 하는 일과 동일하다. 다른 점이 있다면 JSON 파서가 만들어낸 결과물은 눈으로 '보는(see)' 것만으로 자료구조를 알 수 있다는 것이다. 반면 아래 코드를 어떤 자료구조로 표현한다고 가정했을 때, 그 구조가 바로 떠오르지 않을 것이다.

```
if ((5 + 2 * 3) == 91) { return computeStuff(input1, input2); }
```

이것이 적어도 나에게 있어, 두 형태의 파서가 근본적인 인식 수준에서는 다르게 보이는 이유이다. 추측건대 이렇게 근본적인 인식에서 차이가 나는 이유는 주로 프로그래밍 언어 파서와 이것이 생성하는 자료구조에 익숙지 않기 때문이다. 나는 JSON도 많이 작성했고, JSON을 파서로 파싱하고, 파서가 출력한 결과물도 검사해봤다. 그러나 프로그래밍 언어를 파싱한 경험은 JSON을 다룬 경험보다는 적다. 프로그래밍 언어 사용자로서 파싱된 소스코드와 그 내부 표현물을 직접 보거나 상호 작용하는 일은 드물다. 그러나 Lisp 프로그래머들은 예외이다. Lisp에서는 소스코드를 표현한 자료구조를, 그 자체로 Lisp 사용자가 이용한다. 파싱된 소스코드는 프로그램 내의 데이터로서 쉽게 접근할 수 있다. 아마도 Lisp 프로그래머들에게 가장 많이 듣는 말이 "코드가 데이터이고, 데이터가 곧 코드다(Code is data, data is code)"라는 말일 것이다.

프로그래밍 언어 파서에 대한 개념 이해를, 직렬화 언어(JSON, YAML, TOML, INI 등)[1] 파서에서 느끼는 익숙함과 직관성이 발휘되는 수준까지 끌어올리려면 프로그래밍 언어 파서가 생성하는 자료구조를 이해해야 한다.

많은 인터프리터와 컴파일러 관련 주제에서, 소스코드를 내부적으로 표현할 때 쓰는 자료구조를 '구문트리(syntax tree)' 내지 '추상구문트리(Abstract Syntax Tree, 이하 AST라고 명명함)'라고 부른다. 여기서 '추상'이라는 표현은 소스코드에서 보이는 세부 정보가 추상구문트리에서는 생략되기 때문에 붙었다. 세미콜론, 줄 바꿈, 공백, 주석, 대괄호, 중괄

1 (옮긴이) 데이터 직렬화(data serialization): 자료구조나 객체 상태를 한 환경에서 저장하고 나중에 재구성할 수 있는 형식으로 변환하는 과정이다. 객체를 직렬화하는 과정을 마셜링(marshalling)이라고도 한다. 또한 반대 과정을 역직렬화(deserialization) 또는 언마셜링(unmarshalling)이라고 한다. 그리고 이때 사용하는 데이터를 저장할 형식이 위에서 말하는 직렬화 언어이다.

호, 소괄호 같은 세부 정보는 언어나 파서에 따라 AST에서는 표현되지 않기도 하는데, 이런 세부 정보는 파서가 AST를 구성할 때 구성 형태를 알려주는 용도로 사용될 뿐이기 때문이다.

주목할 것은 모든 파서가 사용하는 보편적인 AST 형식은 없다는 점이다. 각각의 구현체는 모두 비슷하고 개념도 같지만, 세부적인 면에서는 다르다. 파싱할 대상이 되는 언어에 따라서 구체적인 구현이 달라진다.

아래 예를 보면 좀 더 분명해질 것이다. 우리가 아래와 같은 소스코드를 파싱한다고 해보자.

```
if (3 * 5 > 10) {
  return "hello";
} else {
  return "goodbye";
}
```

우리는 JavaScript를 사용하고, `MagicLexer`와 `MagicParser`를 갖고 있으며, JavaScript 객체로부터 AST를 만들었다고 해보자. 그러면 파싱 단계에서 다음과 같은 결과물을 얻게 된다.

```
> var input = 'if (3 * 5 > 10) { return "hello"; } else { return "goodbye"; }';
> var tokens = MagicLexer.parse(input);
> MagicParser.parse(tokens);
{
  type: "if-statement",
  condition: {
    type: "operator-expression",
    operator: ">",
    left: {
      type: "operator-expression",
      operator: "*",
      left: { type: "integer-literal", value: 3 },
      right: { type: "integer-literal", value: 5 }
    },
    right: { type: "integer-literal", value: 10 }
  },
  consequence: {
    type: "return-statement",
    returnValue: { type: "string-literal", value: "hello" }
  },
```

```
  alternative: {
    type: "return-statement",
    returnValue: { type: "string-literal", value: "goodbye" }
  }
}
```

보는 것처럼, 파서가 출력한 결과물, 즉 AST는 상당히 추상적이다. 괄호나 세미콜론, 중괄호는 찾아볼 수 없다. 하지만 AST는 소스코드를 꽤 정확히 표현하고 있다. 그렇지 않은가? 이제 소스코드를 봤을 때 AST의 구조가 어떻게 '보일지' 그려질 것이다!

이것이 파서가 하는 일이다. 파서는 소스코드를 입력(문자열이든 토큰이든)으로 받아서 소스코드를 표현하는 자료구조를 만들어낸다. 자료구조를 구축하는 동안, 파서는 입력을 분석할 수밖에 없다. 여기서 분석이란 예상 구조에 맞는지 검사하는 것을 말한다. 그래서 파싱 프로세스를 '구문 분석(syntactic analysis)'이라고도 부른다.

이 장에서 우리는 Monkey 프로그래밍 언어의 파서를 작성한다. 파서의 입력은 이전 장에서 정의한 토큰이며, 이 토큰은 작성한 소스코드를 렉서가 만든 것이다. 우리만의 AST를 정의할 텐데, 이 AST는 Monkey 프로그래밍 언어의 인터프리터 요구 사항을 만족해야 한다. 또한, 토큰을 재귀적으로 파싱하면서, AST 인스턴스(instance)를 생성할 것이다.

파서 제너레이터를 사용하지 않는 이유

아마도 어떤 독자는 yacc[2], bison[3], ANTLR[4] 같은 '파서 제너레이터(parser generator)'가 무엇인지 들어봤을 것이다. 파서 제너레이터는 어떤 언어에 대한 공식적인 설명이 주어졌을 때, 출력으로 파서를 생성하는 도구이다. 이 출력물은 코드인데, 컴파일/인터프리트될 수 있는 코드이다. 또한 파서 그 자체가 구문 트리를 생성하는 입력, 즉 소스코드로 주어진다.

파서 제너레이터는 여러 종류가 있는데, 파서 제너레이터가 받아들이는 입력 형식도, 파서 제너레이터가 생산하는 결과 언어도 모두 다르다. 대다수 파서 제너레이터는 입력으로 '문맥 무관 문법(Content-Free Grammar, 이하 CFG)'을 사용한다. CFG는 특정 언어에서 (구문에 맞는) 문장을 바르게 구성하기 위한 규칙의 집합체이다. 가장 보편적인 CFG 형식 표기법에는 '배커스-나우어 표기법(Backus-Naur Form, 이하 BNF)'과 '확장된 배커스-나우어 표기법(Extended Backus-Naur Form, 이하 EBNF)'이 있다.[5]

2 (옮긴이) 컴퓨터 소프트웨어인 Yacc는 유닉스 시스템의 표준 파서 생성기이다. 이름은 "또 다른 컴파일러 컴파일러"라는 재귀적인 뜻의 영어 Yet Another Compiler Compiler 의 약자에서 왔다. Yacc는 배커스-나우어 표기법(BNF)으로 표기된 문법을 받아들여 파서를 만들 수 있는 C 언어 코드를 만들어준다. Yacc는 AT&T의 스티븐 C. 존슨이 유닉스 운영체제용으로 개발했다. 후에 버클리 Yacc, GNU bison, MKS yacc, Abraxas yacc 등의 호환 클론들이 만들어졌다. 이들은 성능이 향상되고 부가 기능이 추가됐지만, 기본적인 기능은 동일했다. Yacc가 만들어내는 파서와 더불어 어휘 분석기(lexical analyzer)가 필요하기 때문에 Lex나 flex 같은 어휘 분석기, 생성기가 같이 쓰인다. IEEE POSIX P1003.2 표준은 Lex와 Yacc의 기능과 요구 사항을 정의하고 있다.

3 (옮긴이) bison은 GNU 파서 생성기로 yacc를 개선하고 대체하기 위해 만들어졌다. 이 프로그램 도구는 LALR 방식으로 작성된 문법을 처리하고 해석하여 C 코드로 만들어준다. 흔히 사칙 계산기부터 고도의 프로그래밍 언어까지 다양한 범위의 언어를 만드는 데 사용할 수 있다. 문법 정의 프로그램인 lex 또는 flex와 함께 사용되곤 한다. 대부분의 유닉스 배포판과 리눅스에 포함되어 있으며, GPL만 따른다면 비용을 지불할 필요가 없는 자유 소프트웨어이다.

4 (옮긴이) 컴퓨터 기반 언어 인식에서 ANTLR(앤틀러, Another Tool For Language Recognition)는 구문 분석을 위해 LL(*)을 사용하는 파서 발생기이다. ANTLR는 1989년 처음 개발된 PCCTS(Purdue Compiler Construction Tool Set)의 뒤를 이으며 현재 개발이 진행 중이다. 유지보수는 샌프란시스코 대학교의 테렌스 파르(Terence Parr) 교수가 맡고 있다.

5 배커스-나우어 표기법(Backus-Naur form), 약칭 BNF는 문맥 무관 문법을 나타내기 위해 만들어진 표기법이다. 존 배커스(John Backus)와 피터 나우어(Peter Naur)의 이름을 따서 부른다.

```
PrimaryExpression ::= "this"
                    | ObjectLiteral
                    | ( "(" Expression ")" )
                    | Identifier
                    | ArrayLiteral
                    | Literal
Literal ::= ( <DECIMAL_LITERAL>
            | <HEX_INTEGER_LITERAL>
            | <STRING_LITERAL>
            | <BOOLEAN_LITERAL>
            | <NULL_LITERAL>
            | <REGULAR_EXPRESSION_LITERAL> )
Identifier ::= <IDENTIFIER_NAME>
ArrayLiteral ::= "[" ( ( Elision )? "]"
                 | ElementList Elision "]"
                 | ( ElementList )? "]" )
ElementList ::= ( Elision )? AssignmentExpression
                ( Elision AssignmentExpression )*
Elision ::= ( "," )+
ObjectLiteral ::= "{" ( PropertyNameAndValueList )? "}"
PropertyNameAndValueList ::= PropertyNameAndValue ( "," PropertyNameAndValue
                                                  | "," )*
PropertyNameAndValue ::= PropertyName ":" AssignmentExpression
PropertyName ::= Identifier
               | <STRING_LITERAL>
               | <DECIMAL_LITERAL>
```

위는 EcmaScript[6] 문법(syntax) '전문'에서 일부를 발췌한 것인데, BNF로 표기되어 있다. 특정 파서 제너레이터는 위와 같은 내용을 받아서, 예컨대 컴파일 가능한 C 코드로 변환한다.

어떤 독자는 파서를 직접 작성하는 대신에 파서 제너레이터를 써야 한다는 이야기를 들었을지도 모른다. "이건 이미 해결된 문제야. 그냥 넘어가"라는 이야기 말이다. 이렇게 얘기하는 이유는 파서가 이미 자동으로 생성되기에 안성맞춤이기 때문이다. 파싱은 컴퓨터과학에서 가장 잘 이해되어 있는 분야이고, 정말 똑똑한 사람들이 파싱 문제를 해

6 (옮긴이) ECMAScript는 Ecma International이 정의한 프로그래밍 언어 명세이다. 쉽게 말해서 ECMAScript 언어 명세에 따라 프로그래밍 언어를 만들면 우리가 흔히 말하는 JavaScript를 구현한 것이 된다. V8 엔진을 비롯한 대다수 JavaScript 엔진이 ECMAScript 표준에 따라 JavaScript 언어를 구현했다.

결하기 위해 이미 많은 시간을 투자했다. 그리고 그런 작업의 결과물이 CFG, BNF, EBNF 와 같은 파서 제너레이터이고, 그 안에서 사용된 진일보한 파싱 기술이다. 그러니 파서 제너레이터를 쓰지 않을 이유가 없지 않은가?

나는 파서를 직접 작성해보는 것을 시간 낭비라고 생각지 않는다. 사실 엄청나게 귀중한 경험이라고 생각한다. 직접 작성을 해봐야 또는 최소한 시도는 해봐야, 파서 제너레이터가 주는 장점을 이해할 수 있고, 파서 제너레이터가 가진 단점이나 풀고자 했던 문제가 무엇인지 알 수 있다. 최소한 나는 파서 제너레이터가 필요한 이유를 첫 파서를 직접 작성해보고 나서야 깨달았다. 내용을 들여다보고서야 비로소 어떻게 코드를 자동으로 생성하는지 진정 이해하게 되었다.

대다수 사람은 인터프리터나 컴파일러에 입문할 때, 파서 제너레이터를 쓸 것을 권장한다. 왜냐하면 그들은 이미 이전에 스스로 파서를 작성해본 경험이 있기 때문이다. 직접 작성해본 사람들은 어떤 문제가 있는지 직접 봤거나 해결 방법을 알고 있다. 따라서 이미 있는 도구를 사용하는 편이 낫다고 결정한 것이다. 어떤 프로그램을 빨리 동작하게 만들어야 하고, 견고함과 정확함이 우선시되는 상용 환경이라면 그들의 말은 맞는 말이다. 물론 당신은 직접 파서를 작성하지 않아도 된다. 특히 이전에 작성해봤다면 말이다.

한편 우리는 배우려는 사람들이다. 파서가 어떻게 동작하는지 이해하고 싶을 것이다. 그리고 내 생각에 가장 좋은 방법은 부딪혀가며 파서를 직접 작성해보는 것이다. 그리고 내 생각이지만, 분명 즐거울 것이다!

Monkey 프로그래밍 언어 파서 만들기

프로그래밍 언어를 파싱할 때, 크게 두 가지 전략이 있다. 하향식(top-down)과 상향식(bottom-up) 전략이다. 각각의 전략별로 조금씩 변형된 수많은 전략이 있다. 예를 들면, '재귀적 하향 파싱(recursive descent parsing)', '얼리 파싱(Earley parsing)'[7], '예측적 파싱(predictive parsing)' 등은 모두 하향식 파싱을 변형한 것들이다.

우리가 만들어볼 파서는 '재귀적 하향 파서(recursive descent parser)'이다. 특히 '하향식 연산자 우선순위 파서(top down operator precedence parser)'이다. 이 파서는 '프랫 파서(Pratt parser)'라고도 불리는데, 최초로 만든 사람인 본 프랫(Vaughan Pratt)[8]의 이름을 딴 것이다.

이 책에서는 다른 파싱 전략(parsing strategies)을 상세하게 다루지 않을 것이다. 여기서 다룰 내용도 아니거니와 내가 파싱 전략을 설명할 만큼 충분한 자격이 있는 사람도 아니다. 대신 하향식과 상향식 파서의 차이 정도는 말할 수 있다. 하향식 파서는 AST의 루트 노드를 생성하는 것으로 시작해서 점차 아래쪽으로 파싱해 나간다. 반면 상향식은 반대 방향으로 파싱해 나간다. 재귀적 하향 파서는 하향식으로 동작하기 때문에 파싱을 처음 해보는 사람들에게 자주 권장되는 파싱 전략이다. 왜냐하면 재귀적 하향 파서가 구성하는 AST와 그 생성 방식이 사람이 생각하는 방식과 유사하기 때문이다. 개인적으로 루트 노드에서 시작하는 재귀적 접근법이 좋다고 생각한다. 다만 재귀적 하향 파싱이라는 개념을 완전히 이해하기 전에 코드를 좀 작성해야만 한다. 한편 재귀적 하향 파싱을 선택한 또 다른 이유는 파싱 전략을 깊이 파고드는 대신 코드부터 작성해볼 수 있기 때문이다.

앞으로 우리가 직접 파서를 작성할 때, 얻는 것과 잃는 것이 있다. 우리의 파서는 빠르지 않을 것이다. 정확성을 위해 형식적인 증명을 하지 않을 것이며, 에러-회복 프로세스도 없을 것이다. 그리고 에러가 날 수 있는 구문 탐지 작업을 꼼꼼하게 구현하지 않으려 한다. 특히 에러 구

7 (옮긴이) 얼리 파싱(Earley parsing)은 주어진 문맥 무관 문법에 속한 문자열을 파싱하는 알고리즘이다. 알고리즘을 만든 사람인 제이 얼리(Jay Earley)의 이름을 따서 만들어졌다.

8 (옮긴이) 본 프랫(Vaughan Pratt)은 스탠퍼드 대학 명예교수로 컴퓨터과학 분야의 선구자 중 하나이다. 1969년 이후로, 프랫은 검색 알고리즘, 정렬 알고리즘, 소수 판별법 등 컴퓨터과학 기초 분야에 크게 기여했다. 최근에는 동시성 시스템 모델링과 Chu 공간 등을 연구하고 있다(참고 *https://en.wikipedia.org/wiki/Vaughan_Pratt*).

문 탐지라는 주제는 파싱 이론에 대한 방대한 공부량을 채워야만 제대로 만들어낼 수 있다. 그렇지만 우리가 만들려는 것은 충분히 동작하는 Monkey 프로그래밍 언어용 파서이다. 이 파서는 확장과 개선에 열려 있고, 이해하기 쉬우며, 파싱의 더 깊은 주제로 쉽게 들어갈 수 있는 좋은 시작점이 될 것이다. 누구든 원한다면 말이다.

let 문(let statement)과 return 문(return statement) 같은 명령문 파싱으로 시작하자.

이들 명령문을 파싱하여 파서의 기본 구조가 어느 정도 갖추어지면, 표현식을 살펴보면서 어떻게 표현식을 파싱하는지 알아볼 것이다. 표현식을 파싱할 때쯤, 프랫 파서가 등장할 것이다. 이후에 파서를 확장하여 Monkey 언어의 큰 부분집합을 파싱할 것이다. 위와 같은 순서로 따라가다 보면 AST가 가져야 할 필수 구조를 만들게 된다.

파서의 첫 단계: Let 문 파싱

Monkey 언어에서 변수 바인딩은 다음과 같은 형식의 명령문이다.

```
let x = 5;
let y = 10;
let foobar = add(5, 5);
let barfoo = 5 * 5 / 10 + 18 - add(5, 5) + multiply(124);
let anotherName = barfoo;
```

위 명령문들을 'let 문'이라고 한다. let은 값을 주어진 이름에 바인딩(variable binding)한다. let x = 5;는 값 5를 x라는 이름에 바인딩한다. 이번 섹션에서는 let 문을 정확하게 파싱할 것이다. 우선 지금은 주어진 변숫값을 바인딩하는 표현식의 파싱은 건너뛰고, 나중에 표현식 자체를 어떻게 파싱하는지 알게 되면 다시 이 주제로 돌아올 것이다.

let 문을 정확히 파싱한다는 것은 무슨 뜻일까? 파서가 원래 let 문이 담고 있는 정보를 정확히 표현하는 AST를 만든다는 뜻이다. 납득할 만한 말이다. 그러나 우린 아직 AST를 만들어본 적이 없으며 심지어 그게 어떻게 생겼는지조차 모른다. 따라서 우리는 Monkey 소스코드를 자세히 살펴보면서 그것이 어떻게 구성되어 있는지 알아야, `let` 문을 표현하는 AST의 필수 요소를 정의할 수 있을 것이다. 아래는 Monkey 언어로 작성한 유효한 프로그램이다.

```
let x = 10;
let y = 15;

let add = fn(a, b) {
  return a + b;
};
```

Monkey 언어로 작성된 프로그램은 일련의 명령문이다. 위 예시에서 3개의 명령문과 아래의 형식을 따르는 3개의 변수 바인딩이 있다.

```
let <identifier> = <expression>;
```

Monkey 언어에서 `let` 문은 두 부분으로 구성된다. 하나는 식별자이고 또 다른 하나는 표현식이다. 위 예제에서 `x`, `y`, `add`는 식별자이다. `10`, `15`, 함수 리터럴은 표현식이다.

계속 진행하기 전에 명령문과 표현식 간의 차이를 짚고 넘어가자. 표현식은 값을 만들지만, 명령문은 그렇지 않다. `let x = 5`는 값을 만들지 않지만, `5`는 `5`라는 값을 만든다. 명령문 `return 5;`은 값을 만들지 않지만, `add(5, 5)`는 값을 만든다. 이런 구분 방식(표현식은 값을 만들지만, 명령문은 값을 만들지 않는다)은 누구에게 물어보느냐에 따라 대답이 달라질 수는 있지만, 이 책에서는 값을 만드는지를 보고 판별하면 충분하다고 생각한다.

표현식이나 명령문이 정확하게 무엇인지, 값을 만들고 만들지 않는지는 프로그래밍 언어에 따라 달라진다. 어떤 언어는 `fn(x, y) { return x + y; }`와 같은 함수 리터럴을 표현식이라고 판단해 다른 표현식이 허용되는 모든 위치에서 사용할 수 있다. 한편, 다른 언어에서 프로그램의 함수 리터럴은 프로그램의 최상위 수준에서 함수 선언문의 일부일 뿐이다. 어떤 언어에서는 '`if` 표현식' 자체가 조건식이고 값을 만들어내는 경우도 있다. 이렇게 표현식이나 명령문을 어떻게 판단하는지는 온전히 언어 설계자가 어떤 방식을 선택하느냐에 달려 있다. 보다시피 Monkey 언어에서는 함수 리터럴을 비롯한 많은 것이 표현식이다.

다시 AST 이야기로 돌아가자. 위 예제를 보면, 두 가지 노드 타입이 필요하다는 것을 알 수 있는데, 표현식 타입과 명령문 타입이다. 그러면 최초로 작성한 AST 코드를 살펴보자.

```
// ast/ast.go

package ast

type Node interface {
    TokenLiteral() string
}

type Statement interface {
    Node
    statementNode()
}

type Expression interface {
    Node
    expressionNode()
}
```

위 코드에서 `Node`, `Statement`, `Expression` 인터페이스를 정의한다. AST를 구성하는 모든 노드는 `Node` 인터페이스를 구현해야 한다. 따라서 모든 노드는 `TokenLiteral` 메서드를 제공하고, `TokenLiteral` 메서드는 토큰에 대응하는 리터럴값을 반환해야 한다. `TokenLiteral` 메서드는 디버깅과 테스트 용도로만 사용될 것이다. 우리가 생성할 AST는 노드로만 구성될 것이고, 각각의 노드는 서로 연결될 것이다. AST도 결국 트리이기 때문이다. 한편 어떤 노드는 `Statement` 인터페이스를, 또 어떤 노드는 `Expression` 인터페이스를 구현할 것이다. 이들 인터페이스는 제각각 `statementNode`와 `expressionNode`라는 더미 메서드를 포함하고 있다. 더미 메서드는 꼭 필요하진 않지만, Go 컴파일러가 에러를 처리하는 데 도움을 줄 수 있다. 왜냐하면 Go 컴파일러가 명령문을 써야 할 곳에 표현식을 쓰거나 그 반대의 경우에 에러를 내기 때문이다.

아래는 첫 번째 Node 인터페이스 구현체인 Program 노드이다.

```
// ast/ast.go

type Program struct {
    Statements []Statement
}

func (p *Program) TokenLiteral() string {
    if len(p.Statements) > 0 {
        return p.Statements[0].TokenLiteral()
    } else {
        return ""
    }
}
```

Program 노드는 파서가 생산하는 모든 AST의 루트 노드가 된다. 모든 유효한 Monkey 프로그램은 일련의 명령문으로 이루어진다. 이 명령문들은 Program.Statements에 들어 있고, Statement 인터페이스를 구현하는 AST 노드로 구성된 슬라이스(slice)일 뿐이다.

AST 생성에 필요한 기초적인 빌딩 블록(building blocks)을 정의했으니, 변수 바인딩 let x = 5;에 사용할 노드가 어떤 모습이어야 좋을지 생각해보자. 어떤 필드가 있어야 할까? 확실히 변수 이름은 필요해 보인다. 또한, 등호 오른쪽에 있는 표현식을 가리키는 필드가 필요하다. 그리고 이 필드는 어떤 표현식이든 가리킬 수 있어야 한다. 가리키는 대상이 그냥 리터럴값(이 경우에는 정수 literal 5)이기만 해서는 부족하다. 왜냐하면 모든 표현식은 등호 뒤에서 유효해야 하기 때문이다. 예를 들어 let x = 5 * 5 도 유효하지만, let y = add(2, 2) * 5 / 10도 유효해야 한다. 그리고 노드는 AST 노드와 연관된 토큰을 추적할 수 있어야 한다. 그래야 TokenLitereral 메서드를 구현할 수 있다. 따라서 필드가 3개 필요하다. 하나는 식별자 필드이고, 또 하나는 값을 내는 표현식 필드이며 나머지 하나는 토큰 필드이다.

```
// ast/ast.go

import "monkey/token"
```

```
// [...]

type LetStatement struct {
    Token token.Token // token.LET 토큰
    Name *Identifier
    Value Expression
}

func (ls *LetStatement) statementNode() {}
func (ls *LetStatement) TokenLiteral() string { return ls.Token.Literal }

type Identifier struct {
    Token token.Token // token.IDENT 토큰
    Value string
}

func (i *Identifier) expressionNode()      {}
func (i *Identifier) TokenLiteral() string { return i.Token.Literal }
```

LetStatement는 앞서 서술했듯이 필요한 필드를 모두 가진다. Name은 변수 바인딩 식별자를, Value는 값을 생성하는 표현식을 나타낸다. 두 메서드 statementNode와 TokenLiteral은 Statement와 Node 인터페이스를 각각 구현하고 있다.

let x = 5;에서 x라는 바인딩 식별자를 담으려면, Identifier 구조체 타입이 필요하다. Identifier 구조체는 Expression 인터페이스를 구현한다. let 문에서 식별자는 값을 생성하지 않는데, 왜 Expression 노드일까? 이는 파서 프로그램을 단순하게 만들기 위해서다. Monkey 프로그램의 다른 부분에서는 식별자가 값을 생성하기도 한다. 예를 들면 let x = **값_생성_식별자**;에서는 값을 생성한다. 또한 노드 타입의 수를 가능한 한 작게 만들기 위해 Identifier 노드를 사용하려 한다. 여기서 Identifier 노드는 변수 바인딩 이름을 나타내며, 선언한 이름으로 나중에 재사용된다. 또한 표현식의 일부 또는 표현식 전체를 나타내기 위해 Identifier를 사용한다.

Program, LetStatement, Identifier를 정의한 상태에서, 이제 아래와 같은 Monkey 소스코드를 보자.

```
let x = 5;
```

위 Monkey 소스코드는 아래와 같은 AST로 표현할 수 있게 됐다.

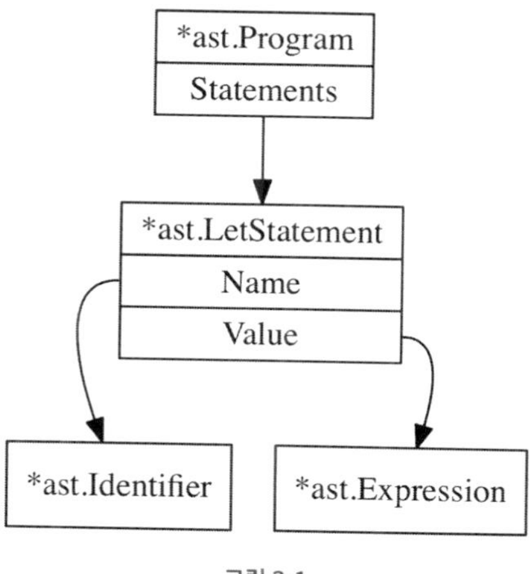

그림 2-1

어떻게 표현해야 하는지 확인했으니, 다음 작업은 [그림 2-1]처럼 AST를 생성하는 일이다. 그럼, 더 지체하지 말고 파서를 작성해보자.

```
// parser/parser.go

package parser

import (
    "monkey/ast"
    "monkey/lexer"
    "monkey/token"
)

type Parser struct {
    l         *lexer.Lexer

    curToken  token.Token
    peekToken token.Token
}

func New(l *lexer.Lexer) *Parser {
    p := &Parser{l: l}
```

```
    // 토큰을 두 개 읽어서, curToken과 peekToken을 세팅
    p.nextToken()
    p.nextToken()

    return p
}

func (p *Parser) nextToken() {
    p.curToken = p.peekToken
    p.peekToken = p.l.NextToken()
}

func (p *Parser) ParseProgram() *ast.Program {
    return nil
}
```

파서는 3개의 필드 l, curToken, peekToken을 갖고 있다. l은 현재의 렉서 인스턴스를 가리키는 포인터이다. l은 input에서 다음 토큰을 얻기 위해 반복해서 NextToken을 호출하는 데 쓰인다. curToken과 peekToken은 각각 lexer에서 사용한 '포인터'인 position, readPosition과 매우 유사하게 동작한다. position과 readPosition이 입력에서 문자를 가리켰다면, curToken과 peekToken은 현재의 토큰과 그다음 토큰을 가리킨다. 두 토큰 모두 중요하다. 현재 검토하고 있는 curToken을 보며 다음에 무엇을 할지 결정해야 한다. 만일 curToken이 주는 정보가 충분하지 않다면 이런 결정을 위해 peekToken 역시 알아야 한다. 예를 들어 5;와 같이 단순한 명령문으로 구성된 행이 있다고 해보자. curToken은 token.INT이고 peekToken으로 행의 끝에 있는지 아니면 산술식 시작점에 있는지 판단할 필요가 있다.

New 함수는 자기 설명적(self-explanatory)이고 nextToken 메서드는 curToken과 peekToken을 다음 위치로 보내는 짧은 도움 메서드이다. ParseProgram은 현재 비어 있다.

테스트를 작성하기 시작하면서, ParseProgram 메서드를 채워 나갈 것이다. 나는 재귀 하향 파서를 만드는 기본 아이디어와 재귀 하향 파서가 갖는 내부 구조를 보여주고 싶었다. 이것을 한번 보는 것만으로도 나

중에 우리가 작성할 파서를 이해하는 데 많은 도움이 된다. 다음에 나올 내용은 재귀 하향 파서의 주요 부분을 의사코드로 표현한 것이다. 아래 코드를 주의 깊게 읽어 보고 parseProgram 함수 안에서 어떤 일이 일어나는지 이해해보자.

```
function parseProgram() {
  program = newProgramASTNode()

  advanceTokens()

  for (currentToken() != EOF_TOKEN) {
    statement = null

    if (currentToken() == LET_TOKEN) {
      statement = parseLetStatement()
    } else if (currentToken() == RETURN_TOKEN) {
      statement = parseReturnStatement()
    } else if (currentToken() == IF_TOKEN) {
      statement = parseIfStatement()
    }

    if (statement != null) {
      program.Statements.push(statement)
    }

    advanceTokens()
  }

  return program
}

function parseLetStatement() {
  advanceTokens()

  identifier = parseIdentifier()

  advanceTokens()

  if currentToken() != EQUAL_TOKEN {
    parseError("no equal sign!")
    return null
  }
```

```
    advanceTokens()

    value = parseExpression()

    variableStatement = newVariableStatementASTNode()
    variableStatement.identifier = identifier
    variableStatement.value = value
    return variableStatement
  }

  function parseIdentifier() {
    identifier = newIdentifierASTNode()
    identifier.token = currentToken()
    return identifier
  }

  function parseExpression() {
    if (currentToken() == INTEGER_TOKEN) {
      if (nextToken() == PLUS_TOKEN) {
        return parseOperatorExpression()
      } else if (nextToken() == SEMICOLON_TOKEN) {
        return parseIntegerLiteral()
      }
    } else if (currentToken() == LEFT_PAREN) {
      return parseGroupedExpression()
    }
  // [...]
  }

  function parseOperatorExpression() {
    operatorExpression = newOperatorExpression()

    operatorExpression.left = parseIntegerLiteral()
    advanceTokens()
    operatorExpression.operator = currentToken()
    advanceTokens()
    operatorExpression.right = parseExpression()

    return operatorExpression
  }
  // [...]
```

의사코드인 까닭에 생략한 코드가 많다. 하지만 재귀 하향 파싱(recursive-descent parsing)을 구현하기 위한 기본적인 구상은 담고 있다. 진입점(entry point)은 parseProgram이고, parseProgram이 AST 루트 노드를 생성한다(newProgramASTNode()). 그러고 나서 자식 노드들인 statements를 만든다. 이 statement는 현재 토큰에 기반해서 어떤 AST 노드를 만들어내는지 알고 있는 함수를 호출한다. 이런 함수 역시 재귀적으로 서로 필요한 함수를 호출하면서 AST 노드를 만들어낸다.

가장 재귀적인 부분은 parseExpression 내부이고, 의사코드를 통해 어떻게 재귀 호출이 일어나는지 짐작해볼 수 있다. 예를 들어 5 + 5와 같은 표현식을 파싱하려면, 먼저 5 +를 파싱하고 그다음에 다시 한번 parseExpression을 호출해 나머지를 파싱한다. 이처럼 남은 부분을 넘겨서 호출하는 이유는 + 뒤에 5 + 5 * 10과 같은 또 다른 연산자 표현식(operator expression)이 올 수 있기 때문이다. 표현식 파싱(expression parsing)이라는 주제는 뒤에서 자세하게 다룰 것이다. 표현식 파싱을 뒤로 미루는 이유는 복잡하지만 가장 아름다운 주제이며, 표현식을 파싱할 때 '프랫 파싱(Pratt parsing)'을 가장 빈번하게 사용하기 때문이다.

이제 우리는 파서가 무슨 일을 해야 하는지 알게 되었다. 파서는 반복적으로 토큰을 진행시키면서 현재의 토큰을 검사해 다음에 무엇을 해야 할지 결정해야 한다. 여기서 다음에 할 일이란 또 다른 파싱 함수를 호출하거나 에러를 내는 것이다. 그런 다음 각각의 파싱 함수는 자기가 할 일을 수행하고 보통은 AST 노드를 생성한다. 그리고 다시 parseProgram 내의 메인 루프가 토큰을 진행하고 무슨 일을 해야 할지 결정한다.

의사코드를 보고 "어? 생각보다 훨씬 쉬운데?"라고 생각했다면, 좋은 소식이 하나 있다. ParseProgram 메서드와 파서는 상당히 유사하다는 것이다! 이제 키보드를 두들겨보자.

ParseProgram에 살을 붙이기 전에 다시 한번 테스트부터 작성해보자. 아래는 let 문 파싱이 제대로 동작하는지 확인하는 테스트 케이스이다.

```
// parser/parser_test.go

package parser

import (
```

```
    "testing"
    "monkey/ast"
    "monkey/lexer"
)

func TestLetStatements(t *testing.T) {
    input := `
let x = 5;
let y = 10;
let foobar = 838383;
`

    l := lexer.New(input)
    p := New(l)

    program := p.ParseProgram()
    if program == nil {
        t.Fatalf("ParseProgram() returned nil")
    }
    if len(program.Statements) != 3 {
        t.Fatalf("program.Statements does not contain 3 statements. got=%d",
            len(program.Statements))
    }

    tests := []struct {
        expectedIdentifier string
    }{
        {"x"},
        {"y"},
        {"foobar"},
    }

    for i, tt := range tests {
        stmt := program.Statements[i]
        if !testLetStatement(t, stmt, tt.expectedIdentifier) {
            return
        }
    }
}

func testLetStatement(t *testing.T, s ast.Statement, name string) bool {
    if s.TokenLiteral() != "let" {
        t.Errorf("s.TokenLiteral not 'let'. got=%q", s.TokenLiteral())
        return false
    }
```

```
    letStmt, ok := s.(*ast.LetStatement)
    if !ok {
        t.Errorf("s not *ast.LetStatement. got=%T", s)
        return false
    }

    if letStmt.Name.Value != name {
        t.Errorf("letStmt.Name.Value not '%s'. got=%s", name,
            letStmt.Name.Value)
        return false
    }

    if letStmt.Name.TokenLiteral() != name {
        t.Errorf("letStmt.Name.TokenLiteral() not '%s'. got=%s",
            name, letStmt.Name.TokenLiteral())
        return false
    }

    return true
}
```

이 코드에 나열된 테스트 케이스는, 렉서에서 수행했던 테스트처럼, 또한 앞으로 작성할 거의 모든 단위 테스트와 마찬가지로, 다음과 같은 규율을 따른다.

> Monkey 소스코드를 입력으로 제공하고 나서, 파서가 만들어냈으면 하는 AST 형태를 기댓값(expectation)으로 설정한다.

AST 노드의 모든 필드를 최대한 빠짐없이 검사하는 방식으로 기댓값을 설정할 것이다. 파서 작성 작업은 오프바이원(off-by-one) 버그가 많이 생기기 때문에 더 많은 테스트와 단언문(assertions)을 가질수록 좋다고 생각한다.

나는 렉서에 대한 목(mock)을 만들거나 스텁(stub)[9]을 만들지 않기로 했다. 그리고 토큰을 넣는 대신에 소스코드를 입력으로 넣었다. 왜냐하

9 (옮긴이) 목(mock): 비싸거나 복잡한 리소스에 의존하는 객체를 테스트하기 위해 항상 같은 값을 내도록 만들어진 가짜 리소스(참고 켄트 벡, 《테스트 주도 개발》(인사이트, 2014)의 예제들).
스텁(stub): 준비된 대답만을 하도록 만든 테스트 장치.

면 테스트를 읽기도 쉽고, 이해하기도 쉽게 하기 위해서다. 분명 렉서 내에 파서 테스트 코드를 터뜨릴 만한 버그가 있고 따라서 불필요한 에러 메시지가 출력될 수 있다. 그러나 그럴 위험성은 거의 없다고 판단했으며 특히 소스코드가 가독성이 높을 때 갖는 장점을 고려했을 때, 이점이 더 크다고 판단했다.

테스트 케이스에서는 특히 2가지를 중점적으로 보아야 한다. 첫째는 *ast.LetStatement의 Value 필드를 무시하고 지나가는 것이다. 정수 리터럴(5, 10… 등)을 맞게 파싱했는지 확인해야 하지 않을까? 물론 곧 할 것이다. 그러나 지금은 let 문 파싱이 동작하는지만 확인하고 value는 무시한다.

둘째는 도움 함수인 testLetStatement이다. 별도의 함수를 사용하는 게 오버엔지니어링으로 보일 수 있지만, 머지않아 곧 사용하게 될 함수이다. 그리고 testLetStatement 함수 덕에 가독성도 더 좋아진다. 왜냐하면 테스트 코드와 형변환 코드를 testLetStatement로 추상화했기 때문이다.

덧붙이면, 이 장에 나오는 파서 테스트는 전부 살펴보진 않을 것이다. 이유는 단지 코드가 너무 길기 때문이다. 한편 이 책에서 제공되는 소스코드는 이를 전부 담고 있으니 걱정하지 않아도 된다. 어쨌든, 테스트는 예상대로 실패한다.

```
$ go test ./parser
--- FAIL: TestLetStatements (0.00s)
  parser_test.go:20: ParseProgram() returned nil
FAIL
FAIL	monkey/parser	0.007s
```

Parser에 작성한 ParseProgram 메서드에 살을 붙일 때가 됐다.

```
// parser/parser.go

func (p *Parser) ParseProgram() *ast.Program {
    program := &ast.Program{}
    program.Statements = []ast.Statement{}
```

```
    for p.curToken.Type != token.EOF {
        stmt := p.parseStatement()
        if stmt != nil {
            program.Statements = append(program.Statements, stmt)
        }
        p.nextToken()
    }

    return program
}
```

앞에서 본 parseProgram 의사코드 함수와 무척 비슷하지 않은가? 심지어 하는 일도 같다!

ParseProgram은 가장 먼저 AST의 루트 노드인 *ast.Program을 만든다. 그러고 나서 token.EOF 토큰을 만날 때까지 input에 있는 모든 토큰을 대상으로 for-loop를 반복한다. p.curToken과 p.peekToken 둘 다 진행시키는 nextToken 메서드를 반복적으로 호출한다. 그리고 반복할 때마다 parseStatement를 호출해 명령문(statement)을 파싱한다. 만약 parseStatement가 nil이 아닌 값(ast.Statement)을 반환했다면, 그 반환값은 AST 루트 노드의 Statements 슬라이스에 추가된다. 더는 파싱할 것이 없다면 *ast.Program 루트 노드를 반환한다.

parseStatement 메서드는 아래와 같다.

```
// parser/parser.go

func (p *Parser) parseStatement() ast.Statement {
    switch p.curToken.Type {
    case token.LET:
        return p.parseLetStatement()
    default:
        return nil
    }
}
```

코드가 너무 비어 보인다고 걱정할 것 없다. 앞으로 switch 문에 더 많은 항목을 추가할 것이다. 우선 지금은 token.LET 토큰을 만날 때만 parseLetStatement 메서드를 호출한다. 그리고 parseLetStatement는 앞

서 작성한 테스트에 초록불을 비춰줄 메서드이다.[10]

```
// parser/parser.go

func (p *Parser) parseLetStatement() *ast.LetStatement {
    stmt := &ast.LetStatement{Token: p.curToken}

    if !p.expectPeek(token.IDENT) {
        return nil
    }

    stmt.Name = &ast.Identifier{Token: p.curToken, Value: p.curToken.
        Literal}

    if !p.expectPeek(token.ASSIGN) {
        return nil
    }

    // TODO: 세미콜론을 만날 때까지 표현식을 건너뛴다.
    for !p.curTokenIs(token.SEMICOLON) {
        p.nextToken()
    }

    return stmt
}

func (p *Parser) curTokenIs(t token.TokenType) bool {
    return p.curToken.Type == t
}

func (p *Parser) peekTokenIs(t token.TokenType) bool {
    return p.peekToken.Type == t
}

func (p *Parser) expectPeek(t token.TokenType) bool {
    if p.peekTokenIs(t) {
        p.nextToken()
        return true
    } else {
```

10 (옮긴이) Red/Green/Refactor: TDD 만트라로, Red 단계에서는 항상 실패하는 테스트(test that doesn't work - failing test)를 먼저 작성한다. 심지어 처음에는 컴파일이 안 될 수도 있다. Green 단계에서는 최대한 빠르게 테스트가 동작하도록 만든다. Green에서는 무슨 수단과 방법을 가리지 않고 통과하게 만든다. Refactor 단계에서는 테스트가 통과하는 한도 내에서 모든 중복을 제거한다(참고도서: 《테스트 주도 개발》(인사이트, 2014)).

```
        return false
    }
}
```

테스트에 초록불이 들어왔다.

```
$ go test ./parser
ok   monkey/parser   0.007s
```

이제 우리 파서는 let 문을 파싱할 수 있게 됐다! 정말 놀랍지 않은가? 하지만 잠시 생각해보자. 어떻게 동작하는 것일까?

parseLetStatement부터 살펴보자. parseLetStatement는 현재 위치에 있는 토큰(token.LET 토큰)으로 *ast.LetStatement 노드를 만든다. 그리고 다음 토큰에 원하는 토큰이 오는지 확인하기 위해 expectPeek을 호출하는데, 이때 expectPeek 메서드 내에서 nextToken을 호출해 토큰을 진행시킨다. 우선 token.IDENT가 오기를 기대한다. token.IDENT는 *ast.Identifier 노드를 만드는 데 사용된다. 그러고 나서 등호가 오기를 기대한다. 마지막으로 파서는 세미콜론을 만나기 전까지 등호 이후의 표현식(expression)을 건너뛴다. 물론 표현식을 건너뛰는 코드는 나중에 우리가 표현식을 파싱하는 방법을 알게 되면 바로 바꿀 것이다.

curTokenIs와 peekTokenIs 메서드는 굳이 설명할 필요가 없을 것 같다. 두 메서드 모두 유용하기 때문에 앞으로 파서에 살을 붙여가면서 계속 보게 될 것이다. 그리고 이미 ParseProgram의 for 반복문에서 p.curToken.Type != token.EOF라는 반복 조건을 !p.curTokenIs(token.EOF)로 대체할 때 courTokenIs를 사용했다.

curTokenIs와 peekTokenIs 얘기는 이 정도 하기로 하고, expectPeek 메서드를 이야기해보자. expectPeek 메서드는 거의 모든 파서가 공유하는 '단정(assertion) 함수'이다. expectPeek 메서드는 다음 토큰 타입을 검사해 토큰 간의 순서를 올바르게 강제할 용도로 사용한다. 우리가 작성한 expectPeek은 peekToken이 갖는 타입을 검사하고, 타입이 정확할 때만 nextToken을 호출하여 curToken과 peekToken을 다음으로 이동시킨다. 앞으로 보겠지만, expectPeek은 파서가 정말 빈번하게 사용하는 메서드이다.

그런데 만약 expectPeek에서 토큰을 하나 검사했는데, 토큰이 갖는 타입이 우리가 기대하는 타입이 아니라면 무슨 일이 벌어질까? 그때는 그냥 nil을 반환하는데, nil 값은 ParseProgram에서 무시된다. 입력에 오류가 있는 것이기 때문에 전체 명령문이 (아무런 에러도 출력하지 않고) 무시된다. 에러가 있어도 조용히 지나가기 때문에 디버깅이 어렵지 않을까 염려할 수 있다. 세상에 어떤 개발자가 디버깅이 어려워지길 바랄까? 그러니 파서에 에러를 처리하는 코드를 추가해보자.

고맙게도, 변경할 코드량은 많지 않다.

```
// parser/parser.go

import (
// [...]
    "fmt"
)

type Parser struct {
// [...]
    errors []string
// [...]
}

func New(l *lexer.Lexer) *Parser {
    p := &Parser{
        l:      l,
        errors: []string{},
  }
// [...]
}

func (p *Parser) Errors() []string {
    return p.errors
}

func (p *Parser) peekError(t token.TokenType) {
    msg := fmt.Sprintf("expected next token to be %s, got %s instead",
        t, p.peekToken.Type)
    p.errors = append(p.errors, msg)
}
```

이제 Parser는 errors라는 필드를 가지게 됐다. errors 필드는 문자열 슬라이스이다. 이 필드는 New 메서드에서 초기화된다. 도움 함수인 peekError는 peekToken의 타입이 기댓값(expectation)과 다를 경우 에러를 errors 필드에 추가한다. Errors 메서드는 파서가 어떤 에러를 만났는지 검사한다.

테스트 스윗(test suite)[11]을 확장하여 erros 필드를 사용해보자.

```
// parser/parser_test.go

func TestLetStatements(t *testing.T) {
// [...]
    program := p.ParseProgram()
    checkParserErrors(t, p)
// [...]
}

func checkParserErrors(t *testing.T, p *Parser) {
    errors := p.Errors()
    if len(errors) == 0 {
        return
    }

    t.Errorf("parser has %d errors", len(errors))
    for _, msg := range errors {
        t.Errorf("parser error: %q", msg)
    }
    t.FailNow()
}
```

새로운 checkParserErrors 도움 함수는 파서에 에러가 있는지만 확인한다. 그리고 만약 파서에 에러가 있다면 에러를 테스트 에러로 출력하고 실행 중인 테스트를 중단한다. 꽤 직관적이지 않은가? 그런데 우리의 파서는 아직 어떤 에러도 만들지 않는다. expectPeek을 변경해 다음 토큰이 기댓값과 다를 때마다 자동으로 에러를 추가하도록 만들어보자.

11 (옮긴이) 테스트 스윗(test suite)은 테스트 케이스의 집합으로, 의도적으로 테스트를 그룹화해서 실행하기 위해 묶은 것이다.

```
// parser/parser.go

func (p *Parser) expectPeek(t token.TokenType) bool {
    if p.peekTokenIs(t) {
        p.nextToken()
        return true
    } else {
        p.peekError(t)
        return false
    }
}
```

테스트 케이스에서 원래 input은 다음과 같았다.

```
    input := `
let x = 5;
let y = 10;
let foobar = 838383;
`
```

아래와 같이 토큰이 빠져있는 잘못된 입력으로 변경해보자.[12]

```
    input := `
let x  5;
let = 10;
let 838383;
`
```

그러면 아래와 같은 파서 에러를 볼 수 있다.

```
$ go test ./parser
--- FAIL: TestLetStatements (0.00s)
  parser_test.go:20: parser has 3 errors
  parser_test.go:22: parser error: "expected next token to be =,\
    got INT instead"
  parser_test.go:22: parser error: "expected next token to be IDENT,\
    got = instead"
  parser_test.go:22: parser error: "expected next token to be IDENT,\
    got INT instead"
FAIL
FAIL    monkey/parser   0.007s
```

12 (옮긴이) 파서 에러를 확인할 목적으로 임시로 변경하는 것이니 파서 에러가 올바르게 출력되는 것을 확인했다면 다시 원래대로 돌려놓자.

보다시피 우리가 작성한 파서가 멋들어진 기능을 선보였다. 문제가 있는 명령문을 만날 때마다 에러를 알려주는 기능 말이다. 이제는 에러가 생기면 파싱을 중단한다. 따라서 잠재적으로 모든 구문 오류를 잡아내기 위해 반복적으로 파싱 프로세스를 반복해서 다시 실행하는 번거로운 작업을 줄여준다. 이는 꽤 유용한 기능이다. 심지어 행과 열 정보가 없는데도 말이다.

Return 문 파싱

앞에서 뼈대만 있는 `ParseProgram` 메서드에 살을 붙여가겠다고 했다. 그럼 시작해보자.

이번 단원에서는 `return` 문을 파싱할 것이다. `let` 문을 파싱했을 때와 마찬가지로, 가장 먼저 `ast` 패키지의 AST에서 `return` 문을 표현할 수 있는 구조부터 정의해야 한다.

Monkey 언어에서 `return` 문은 아래와 같은 모습이다.

```
return 5;
return 10;
return add(15);
```

`let` 문을 경험했기에, 위 명령문들이 갖는 구조를 쉽게 파악했을 것이다.

return <expression>;

`return` 문은 `return` 키워드 하나와 표현식 하나로 구성된다. 따라서 `ast.ReturnStatement`의 정의 또한 단순하다.

```
// ast/ast.go

type ReturnStatement struct {
    Token       token.Token // 'return' 토큰
    ReturnValue Expression
}
```

```
func (rs *ReturnStatement) statementNode() {}
func (rs *ReturnStatement) TokenLiteral() string { return rs.Token.Literal }
```

ReturnStatement를 노드라고 생각하면 처음 보는 내용은 하나도 없다. 첫 번째 필드인 Token은 Token.Type 필드이고, return 토큰이 담긴다. 두 번째 필드인 ReturnValue는 반환될 표현식을 담는다. 표현식 파싱과 세미콜론 처리는 뒤에서 다룰 예정이니 잠시 미뤄두기로 하자. statementNode와 TokenLiteral 메서드를 정의해서 Node와 Statement 인터페이스를 충족한다. 그러므로 마치 *ast.LetStatement에 정의된 메서드와 동일해 보인다.

다음으로 작성할 테스트는 let 문 테스트 코드와 거의 유사하다.

```
// parser/parser_test.go

func TestReturnStatements(t *testing.T) {
    input := `
return 5;
return 10;
return 993322;
`
    l := lexer.New(input)
    p := New(l)

    program := p.ParseProgram()
    checkParserErrors(t, p)

    if len(program.Statements) != 3 {
        t.Fatalf("program.Statements does not contain 3 statements. got=%d",
            len(program.Statements))
    }

    for _, stmt := range program.Statements {
        returnStmt, ok := stmt.(*ast.ReturnStatement)
        if !ok {
            t.Errorf("stmt not *ast.ReturnStatement. got=%T", stmt)
            continue
        }
        if returnStmt.TokenLiteral() != "return" {
            t.Errorf("returnStmt.TokenLiteral not 'return', got %q",
                returnStmt.TokenLiteral())
        }
```

```
    }
}
```

물론 테스트 케이스들은 뒤에 나올 섹션에서 표현식을 파싱할 때 확장될 것이다. 그러니 괜찮다. 테스트는 불변이 아니니까 하지만 그렇다고 실패하지 않는 것도 아니다.

```
$ go test ./parser
--- FAIL: TestReturnStatements (0.00s)
parser_test.go:77: program.Statements does not contain 3 statements. got=0
FAIL
FAIL    monkey/parser   0.007s
```

그럼 parseStatement 메서드를 고쳐 테스트를 통과시키자. parseStatement 메서드의 switch 문에 token.RETURN case를 추가하면 된다.

```
// parser/parser.go

func (p *Parser) parseStatement() ast.Statement {
    switch p.curToken.Type {
    case token.LET:
        return p.parseLetStatement()
    case token.RETURN:
        return p.parseReturnStatement()
    default:
        return nil
    }
}
```

parseReturnStatement 메서드를 여러분에게 보여주기 전에 좀 호들갑을 떨 수도 있었지만 그러진 않았다. 왜냐하면 코드도 그리 길지 않고, 사실 호들갑을 떨 만한 내용도 아니기 때문이다.

```
// parser/parser.go

func (p *Parser) parseReturnStatement() *ast.ReturnStatement {
    stmt := &ast.ReturnStatement{Token: p.curToken}

    p.nextToken()
```

```
    // TODO: 세미콜론을 만날 때까지 표현식을 건너뛴다.
    for !p.curTokenIs(token.SEMICOLON) {
        p.nextToken()
    }

    return stmt
}
```

보다시피 코드량이 많지 않다. 이 코드는 현재 위치에 있는 토큰으로 ast.ReturnStatement를 만들어내는 게 전부다. 그리고 nextToken을 호출하여 파서를 다음에 올 표현식이 있는 곳에 위치시킨다. 그리고 마지막 부분은 우선은 지나가자. 다시 말해, 파서는 세미콜론을 만나기 전까지 모든 표현식을 파싱하지 않고 지나간다. 그러고 나면, 테스트는 통과된다.

```
$ go test ./parser
ok   monkey/parser   0.009s
```

축하한다! 이제 Monkey 프로그래밍 언어의 모든 명령문을 파싱할 수 있게 됐다. 물론, let 문과 return 문 둘밖에 없지만 말이다. 이 둘을 제외한 나머지 부분은 오로지 표현식으로만 구성한다. 그러니 이제부터는 표현식을 파싱해보자.

표현식 파싱

사람마다 생각이 다를 수 있겠지만, 나는 표현식을 파싱하는 게 파서를 작성하는 부분에서 가장 흥미롭다. 앞서 보았듯이 명령문 파싱은 비교적 직관적이다. 토큰을 '왼쪽에서 오른쪽으로' 훑어가며 토큰이 조건에 맞으면 처리하고 맞지 않으면 에러로 처리한다. 그리고 모든 조건을 만족했다면 AST 노드를 반환한다.

한편 표현식 파싱에는 몇 가지 까다로운 주제가 있다. 가장 먼저 떠오르는 주제는 '연산자 우선순위(operator precedence)'이다. 연산자 우선순위를 설명하려면 아마도 예시를 드는 게 가장 좋은 방법일 것이다. 그럼 아래와 같은 산술 표현식을 파싱한다고 해보자.

```
5 * 5 + 10
```

우리가 원하는 결과는 아래와 같은 표현식을 나타내는 AST이다.

```
((5 * 5) + 10)
```

좀 더 자세히 말하자면, `5 * 5` 는 AST에서 '더 깊이' 들어가야 하며, 덧셈보다 먼저 평가(evaluation)되어야 한다. 이런 AST를 만들기 위해, 파서는 연산자 사이의 우선순위를 알아야 한다. 예컨대, 연산자 우선순위에서 `*`는 `+`보다 우선순위가 높다. 방금 본 사례는 연산자 우선순위가 적용된 가장 흔한 예일 뿐이며, 연산자 우선순위가 중요한 사례는 훨씬 더 많다. 아래의 표현식을 보자.

```
5 * (5 + 10)
```

위 표현식에서는 소괄호로 표현식 `5 + 10`을 하나로 묶어, 표현식 `5 + 10`의 '우선순위를 올려주고(precedence bump)' 있다. 따라서 덧셈이 곱셈보다 먼저 평가된다. 이는 소괄호가 `*`보다 우선순위가 더 높기 때문이다. 곧 나오지만, 연산자 우선순위가 중요한 역할을 하는 형태가 몇 가지 더 있다.

이제 두 번째 어려움에 관해 이야기해보자. 두 번째 어려움은, 표현식 안에서 같은 타입의 토큰들이 여러 위치에 나타날 수 있다는 점이다. 대조적으로 `let` 토큰은 오직 `let` 문을 시작할 때만 나타나기 때문에 `let` 문의 나머지 부분이 무엇이 될지 결정하기 쉽다. 그럼 아래의 표현식을 보자.

```
-5 - 10
```

`-` 연산자는 표현식 앞에 붙으면 전위 연산자(prefix operator)로 쓰이고, 표현식 중간에서는 중위 연산자(infix operator)로 사용된다. 이런 어려움은 다양한 형태로 나타난다. 아래를 보자.

```
5 * (add(2, 3) + 10)
```

독자는 아직 소괄호를 연산자로 인식하지 못하고 있을지 모르지만, 소괄호 역시 – 연산자와 같은 문제를 안고 있다. 위 코드에서, 바깥쪽 소괄호(parentheses)는 '그룹 표현식(grouped expression)'을 나타낸다. 안쪽 소괄호는 '호출 표현식(call expression)'을 나타낸다. 어떤 토큰의 위치가 타당한지는 문맥, 앞뒤로 오는 토큰, 토큰 간 우선순위에 따라 달라진다.

Monkey 표현식

Monkey 프로그래밍 언어에서는 `let` 문과 `return` 문을 제외하면 모두 표현식이다. 이들 표현식은 다양한 형태로 나타난다.

Monkey 언어에서는 전위 연산자가 포함된 표현식을 쓸 수 있다.

```
-5
!true
!false
```

당연히 중위 연산자(또는 '이항 연산자 binary operator')도 가능하다.

```
5 + 5
5 - 5
5 / 5
5 * 5
```

기본적인 산술 연산자 외에도 아래와 같은 비교 연산자도 있다.

```
foo == bar
foo != bar
foo < bar
foo > bar
```

그리고 당연하지만, 앞서 봤듯이 소괄호를 사용하여 표현식을 묶을 수 있고, 평가 순서에 영향을 줄 수도 있다.

```
5 * (5 + 5)
((5 + 5) * 5) * 5
```

아래는 호출 표현식이다.

```
add(2, 3)
add(add(2, 3), add(5, 10))
max(5, add(5, (5 * 5)))
```

식별자 역시 표현식이다.

```
foo * bar / foobar
add(foo, bar)
```

Monkey 언어에서 함수는 일급 시민(first-class citizen)이다. 따라서 함수 리터럴 역시 표현식이다. `let` 문을 써서 함수를 이름에 바인딩할 수 있다. 함수 리터럴도 그저 명령문 안에 있는 표현식일 뿐이다.

```
let add = fn(x, y) { return x + y };
```

여기서는 식별자 대신 함수 리터럴을 쓴다.

```
fn(x, y) { return x + y }(5, 5)
(fn(x) { return x }(5) + 10 ) * 10
```

널리 사용되는 많은 언어들과 다르게 Monkey 언어에는 `if` 표현식이 있다.

```
let result = if (10 > 5) { true } else { false };
result // => true
```

이렇게 다양한 형태의 표현식을 보면서, 표현식을 바르게 파싱하면서도, 이해하기 쉽고, 확장도 쉬운 형태로 만들려면 좋은 방법론이 필요하다는 게 분명해진다. 지금까지 우리는 현재 토큰을 보고 무엇을 할지 결정하는 방식을 사용했는데, 당분간 이 방식으로는 진행하기 어려울 것이다. 그래서 이제 프랫 파싱(Pratt Parsing)을 도입하려 한다.

하향식 연산자 우선순위(프랫 파싱)

본 프랫(Vaughan Pratt)은 그의 논문 〈하향식 연산자 우선순위(Top Down Operator Precedence)〉에서 다음과 같이 표현식 파싱 방법을 제안한다.

> (상략) ...는 쉽게 이해할 수 있을 만큼 단순하며, 구현과 사용이 아주 쉽고, 이론적으로는 아닐지 몰라도 극도로 실용적이며, 합당한 구문적 요구 사항을 대다수 만족시키고도 남을 만큼 유연하다 (하략)

이 논문은 1973년에 출판됐지만, 프랫이 이 아이디어를 공개한 후 몇 년간은 큰 관심을 받지 못했다. 최근에 와서야 프로그래머들이 프랫의 논문을 재발견했고, 논문에 대해 글을 쓰면서 그가 제안한 방법론이 인기를 얻게 됐다. 더글라스 크락포드[13]의 글 〈하향식 연산자 우선순위(Top Down Operator Precedence)〉[14]에서는 프랫의 생각을 자바스크립트로 어떻게 구현하는지 보여준다. 크락포드에 따르면 JSLint[15]를 개발할 때 이 방법을 사용했다고 한다. 그리고 꼭 읽어봤으면 하는 글이 있는데, 《Game Programming Patterns》라는 훌륭한 책의 저자인 밥 나이스트롬(Bob Nystrom)[16]의 글인, 〈Pratt Parsers: Expression Parsing Made Easy〉[17]이다. 이 글에서 프랫이 제안한 방법론을 더 이해하기 쉽

13 (옮긴이) 더글라스 크락포드(Douglas Crockford): 《자바스크립트 핵심 가이드 JavaScript: the Good Parts》(한빛미디어, 2008)의 저자로 잘 알려져 있다. 《자바스크립트는 왜 그 모양일까》(인사이트, 2020)의 저자이기도 하며, JSON 포맷을 대중화했다. JavaScript 진영에서는 구루(Guru)로 불린다. 2012년부터 2019까지는 PayPal에서 JavaScript 아키텍트로 일했으며 2019년에 유한회사 Virgule-Solidus를 설립하여 다양한 분야에서 활동하고 있다(참고 *https://www.crockford.com*).

14 하향식 연산자 우선순위(Top Down Operator Precedence): 더글라스 크락포드가 하향식 연산자 우선순위에 대해 자신의 블로그에 남긴 글(참고 *http://crockford.com/javascript/tdop/tdop.htm*).

15 (옮긴이) JSLint: 더글라스 크락포드가 개발한 JavaScript 툴로, JavaScript 정적 코드 분석기이다.

16 밥 나이스트롬(Bob Nystrom)은 《게임 프로그래밍 패턴》(한빛미디어, 2016)과 《Crafting Interpreter》의 저자로 잘 알려져 있다. 전에는 게임 개발자로 일했고, 현재는 구글(Google)에서 Dart 언어의 개발에 참여하고 있다(참고 *https://github.com/munificent*).

17 (옮긴이) 프랫 파서: 쉽게 설명한 표현식(Pratt Parsers: Expression Made Easy): *http://journal.stuffwithstuff.com/2011/03/19/pratt-parsers-expression-parsing-made-easy/*

게 설명하고 있으며, Java로 작성한 깔끔한 예제도 제공하여 쉽게 따라 할 수 있다.

세 사람이 설명한 파싱 접근법은 하향식 연산자 우선순위 파싱(Top Down Operator Precedence Parsing) 혹은 프랫 파싱이라 불린다. 이 파싱 방식은 문맥 무관 문법(CFG: context-free grammars)과 배커스 나우어 형식(BNF: Backus-Naur-Form)에 기반한 파서를 대체할 목적으로 개발됐다.

이것이 가장 큰 차이점이다. 부연하면, (BNF 혹은 EBNF에서 정의하는) 문법 규칙(grammar rules)과 함수(parseLetStatement 메서드를 떠올리면 된다)를 연관시키는 대신에 프랫은 토큰 타입과 파싱 함수[18]를 연관시켰다. 이 생각의 가장 핵심적인 구상은 토큰을 함수와 연관시킬 때, 중위(infix)인지 전위(postfix)인지에 따라 서로 다른 파싱 함수로 연관시키는 것이다.

내가 무슨 얘기를 하고 있는지 잘 와닿지 않을 것이다. 우리는 문법 규칙을 어떻게 파싱 함수와 연관시키는지 알지 못한다. 따라서 토큰 타입을 이런 규칙 대신 연관시킨다는 구상이 새롭거나 획기적이라는 느낌이 전혀 들지 않는다. 솔직히 이야기하자면, 나는 이 섹션을 집필하면서 "닭이 먼저냐 달걀이 먼저냐"라는 문제에 직면했다. 알고리즘을 추상적인 용어로 설명하고 나서 구현을 보여주는 방법이 좋을까? 이렇게 하면 독자가 페이지를 왔다 갔다 하면서 봐야 할 텐데 어떡하지? 아니면 구현을 보여주고 부연 설명을 붙일까? 그런데 이 방법은 독자가 구현을 그냥 지나가 버릴지도 모르고, 부연 설명을 충분히 이해하지 못할 수도 있는데 어떡하지?

내가 선택한 방법은 두 가지 모두 아니다. 대신 우리는 표현식 파싱 부분부터 먼저 구현해보려 한다. 그리고 표현식 파싱에 녹아 있는 알고리즘을 세밀하게 살펴볼 것이다. 그러고 나서 파서를 확장하고 완성한다. 그렇게 되면 Monkey 언어에서 쓸 수 있는 모든 표현식을 파싱할 수 있게 될 것이다.

18 프랫은 이런 함수를 '의미론적 코드(semantic code)'라고 불렀다.

코드를 작성하기 전에, 용어를 분명히 할 필요가 있다.

용어 정리

'전위 연산자(prefix operator)'는 피연산자 '앞에 붙는' 연산자이다. 예시를 보자.

```
--5
```

예시에 나온 -- (감소) 연산자는 피연산자가 정수 리터럴 5이고, 연산자는 전위 연산자(prefix operator)이다.

'후위 연산자(postfix operator)'는 피연산자 '뒤에 붙는' 연산자이다. 예시를 보자.

```
foobar++
```

여기서 ++ (증가) 연산자는 후위 연산자 위치에 있으며, 피연산자는 식별자 foobar이다. 우리가 만들 Monkey 인터프리터에는 후위 연산자가 없을 것이다. 기술적인 제한이 있기 때문이 아니라, 순수하게 이 책이 다루는 범위를 제한하기 위해서다.

다음은 '중위 연산자(infix operator)'이다. 중위 연산자는 피연산자 사이에 놓이는 연산자이다. 아래와 같다.

```
5 * 8
```

* 연산자는 두 정수 리터럴 5와 8 가운데에 놓인다. 중위 연산자는 '이항 표현식(binary expression)'이다. 다시 말해 피연산자가 두 개라는 뜻이다.

다음에 나올 용어는 우리가 앞서 한 번 다뤘던 내용인, '연산자 우선순위(operator precedence)'이다. 연산자 우선순위를 대체하는 용어로 '연산 순서(order of operation)'가 있다. 연산 순서는 연산자 우선순위(operator precedence)보다 서로 다른 연산자에서 어떤 것이 우선하는지를 더 명확히 전달한다. 전통적인 예제는 아래와 같다.

```
5 + 5 * 10
```

위 표현식이 만들어내는 값은 100이 아니라 55이다. 왜냐하면 * 연산자가 +보다 더 높은 우선순위, 다시 말해 '더 높은 등급(higher rank)'을 갖기 때문이다. * 연산자는 + 연산자보다 '더 중요'하며, 그래서 * 연산자가 다른 연산자보다 먼저 평가(evaluation)된다. 나는 연산자 우선순위를 '연산자 의존성(operator stickiness)'처럼 생각한다. 여기서 연산자 의존성이라 함은 피연산자가 다음에 나올 연산자에 얼마나 '의존(stick)'하고 있는지를 말한다.

전위 연산자, 후위 연산자, 중위 연산자, 연산자 우선순위는 기본 용어이다. 하지만 매우 중요하므로 간단한 정의지만 꼭 기억해두기 바란다. 앞으로 계속 쓸 용어들이다.

그럼 이제 키보드를 좀 두드려보자.

표현식 AST

표현식 파싱을 위해 가장 먼저 해야 할 일은 AST를 준비하는 것이다. 앞서 봤듯이 Monkey 언어 프로그램은 일련의 명령문이다. 그중에는 let 문도 있고, return 문도 있다. 이번에는 세 번째 타입의 명령문을 AST에 추가해보려 한다. 바로 표현식문(expression statement)이다.

지금 좀 혼란스럽게 들릴 수 있다. 왜냐하면 나는 앞서 Monkey 언어의 let 문과 return 문 이외에는 다른 명령문 타입이 없다고 말했기 때문이다. 그러나 표현식문은 완전히 구별되는 명령문이 아니다. 왜냐하면 표현식 하나로만 구성되는 명령문이기 때문이다. 표현식문은 감싸는 역할만 한다. 이렇게 감싸는 타입이 필요한 이유는 아래와 같은 코드가 Monkey 언어에서 허용되기 때문이다.

```
let x = 5;
x + 10;
```

첫 번째 행은 let 문이고 두 번째 행은 표현식문이다. 다른 언어에는 이런 표현식문이 없지만, 스크립트 언어들은 대체로 표현식문을 지원한다. 표현식문을 지원하는 언어는 하나의 행을 하나의 표현식으로 구성할 수 있다. 이제 이런 유형의 노드를 AST에 추가해보자.

```
// ast/ast.go

type ExpressionStatement struct {
    Token      token.Token // 표현식의 첫 번째 토큰
    Expression Expression
}

func (es *ExpressionStatement) statementNode()       {}
func (es *ExpressionStatement) TokenLiteral() string { return es.Token.Literal }
```

ast.ExpressionStatement 타입은 필드를 두 개 가진다. 모든 Node 타입이 가지는 Token 필드와 표현식이 가지는 Expression 필드이다. ast.ExpressionStatement는 ast.Statement 인터페이스를 충족한다. 이는 곧, ast.ExpressionStatement를 ast.Program의 필드인 Statements 슬라이스(slice)에 추가할 수 있다는 뜻이다. ast.ExprssionStatement를 추가한 이유는 전부 ast.Program.Statements 슬라이스에 추가하기 위해서였다.

ast.ExpressionStatement를 정의했으니 파서를 다시 작성할 수 있다. 계속하기 전에 AST 노드에 String 메서드를 추가해 작업을 좀 더 쉽게 해보자. String 메서드를 추가하면, 디버깅 목적으로 AST 노드를 출력해볼 수 있고, 다른 AST 노드와 비교할 수도 있다. 따라서 테스트가 정말 쉬워질 것이다!

String 메서드는 ast.Node 인터페이스에 작성할 것이다.

```
// ast/ast.go

type Node interface {
    TokenLiteral() string
    String() string
}
```

이제 ast 패키지에 정의된 모든 노드 타입은 String 메서드를 구현해야 한다. String 메서드를 추가하면 코드가 컴파일되지 않을 것이다. 왜

냐하면 ast 패키지에 있는 AST 노드들이 바뀐 Node 인터페이스를 구현하고 있지 않다고 컴파일러가 불평할 것이기 때문이다. 그럼 가장 먼저 ast.Program에 String 메서드를 추가해보자.

```
// ast/ast.go

import (
// [...]
    "bytes"
)

func (p *Program) String() string {
    var out bytes.Buffer

    for _, s := range p.Statements {
        out.WriteString(s.String())
    }

    return out.String()
}
```

String 메서드는 그렇게 많은 일을 하진 않는다. 버퍼(buffer)를 하나 만들고, 각 명령문의 String 메서드를 호출하여 반환값을 버퍼에 쓴다(out.writeString(s.String())). 그러고 나서 버퍼를 문자열로 반환한다. String 메서드는 작업 대부분을 *ast.Program.Statements에 위임(delegate)한다.

따라서 '실제 작업'은 3개의 명령문 ast.LetStatement, ast.ReturnStatement, ast.ExpressionStatement이 각각 구현하고 있는 String 메서드에서 일어난다. 아래 코드를 보자.

```
// ast/ast.go

func (ls *LetStatement) String() string {
    var out bytes.Buffer

    out.WriteString(ls.TokenLiteral() + " ")
    out.WriteString(ls.Name.String())
    out.WriteString(" = ")
```

```
    if ls.Value != nil {
        out.WriteString(ls.Value.String())
    }

    out.WriteString(";")

    return out.String()
}

func (rs *ReturnStatement) String() string {
    var out bytes.Buffer

    out.WriteString(rs.TokenLiteral() + " ")

    if rs.ReturnValue != nil {
        out.WriteString(rs.ReturnValue.String())
    }

    out.WriteString(";")

    return out.String()
}

func (es *ExpressionStatement) String() string {
    if es.Expression != nil {
        return es.Expression.String()
    }
    return ""
}
```

이제 ast.Identifier에 String 메서드만 추가하면 된다.

```
// ast/ast.go

func (i *Identifier) String() string { return i.Value }
```

String 메서드를 추가했으니 이제 *ast.Program에서 String 메서드를 호출해 전체 프로그램을 문자열로 되돌려받을 수 있다. 이로써 *ast.Program이 가진 구조를 더 쉽게 테스트할 수 있게 되었다. 그럼 다음과 같은 Monkey 소스코드를 사용하여 어떻게 바뀌었는지 확인해보자.

```
let myVar = anotherVar;
```

이 코드로 AST를 만들어내면, `String` 메서드의 반환값을 아래와 같이 확인할 수 있다.

```
// ast/ast_test.go

package ast

import (
    "monkey/token"
    "testing"
)

func TestString(t *testing.T) {
    program := &Program{
        Statements: []Statement{
            &LetStatement{
                Token: token.Token{Type: token.LET, Literal: "let"},
                Name: &Identifier{
                    Token: token.Token{Type: token.IDENT, Literal: "myVar"},
                    Value: "myVar",
                },
                Value: &Identifier{
                    Token: token.Token{Type: token.IDENT, Literal: "anotherVar"},
                    Value: "anotherVar",
                },
            },
        },
    }

    if program.String() != "let myVar = anotherVar;" {
        t.Errorf("program.String() wrong. got=%q", program.String())
    }
}
```

위 테스트에서는 AST를 직접 만들어봤다. 물론 파서용 테스트 코드를 작성할 때는 파서가 만들어낼 AST는 확인하겠지만, 이런 식으로 AST를 직접 만들진 않을 것이다. 위 코드는 독자에게 보여주기 위한 목적으로 작성했는데, 이 테스트는 파서용 테스트에 쉽게 읽을 수 있는 테스트 계층을 더하는 방법을 보여준다. 단순히 파서가 만드는 결과물을 문자열로 비교하는 방법을 사용하면 된다. 이 테스트는 표현식을 파싱할 때 정말 유용하게 쓰일 것이다.

이쯤에서 좋은 소식을 하나 말해주자면, 준비가 끝났다. 이제 프랫 파서를 작성할 시간이다.

프랫 파서 구현하기

프랫 파서 구현의 핵심 아이디어는 파싱 함수(프랫은 이런 함수를 'semantic code'[19]라고 불렀다)를 토큰 타입과 연관 짓는 것이다. 파서가 토큰 타입을 만날 때마다 파싱 함수가 적절한 표현식을 파싱하고, 그 표현식을 나타내는 AST 노드를 하나 반환한다. 각각의 토큰 타입은 토큰이 전위 연산자인지 중위 연산자인지에 따라 최대 두 개의 파싱 함수와 연관될 수 있다.

가장 먼저 할 일은 파싱 함수와 토큰을 연관 짓는 작업이다. 전위 파싱 함수(prefix parsing function)와 중위 파싱 함수(infix parsing function), 이렇게 두 종류로 함수를 정의해야 한다.

```
// parser/parser.go

type (
    prefixParseFn func() ast.Expression
    infixParseFn  func(ast.Expression) ast.Expression
)
```

두 함수 타입은 ast.Expression을 반환한다. 그런데, infixParseFn만 다른 ast.Expression을 인수로 하나 받는다. 이 인수는 파싱되는 중위 연산자의 '좌측(left side)'에 위치한다. 전위 연산자의 정의에는 좌측이라는 개념이 없다. 이것이 잘 이해가 안 될 수 있는데, 여기서는 일단 참고 넘어가자. 뒤에서 어떻게 동작하는지 볼 것이다. 지금은 전위 연산자와 연관된 토큰 타입을 만나면 prefixParseFn을 호출하고, 중위 연산자와 연관된 토큰 타입을 만나면 infixParseFn을 호출한다는 정도만 기억하자.

19 (옮긴이) 프랫의 논문(Top Down Operator Precedence)에서는 다음과 같이 말하고 있다. 의미론적 어휘와 절차적 방법론을 결합하기 위해 의미론적 토큰(semantic token)에, 토큰에 대한 거의 모든 정보를 담고 있는 의미론적 코드(semantic code)라는 프로그램을 할당한다.

파서가 현재 토큰 타입에 맞게 prefixParseFn이나 infixParseFn을 선택하도록, 우리는 Parser 구조체에 map을 두 개 추가한다.

```
// parser/parser.go

type Parser struct {
    l      *lexer.Lexer
    errors []string

    curToken  token.Token
    peekToken token.Token

    prefixParseFns map[token.TokenType]prefixParseFn
    infixParseFns  map[token.TokenType]infixParseFn
}
```

두 맵을 정의했으니, 적절한 map(중위 또는 전위)이 curToken.Type과 연관된 파싱 함수를 갖고 있는지 검사하면 된다.

또한 paser에 아래와 같이 이들 map에 파싱 함수를 추가하는 도움 메서드 두 개를 정의한다.

```
// parser/parser.go

func (p *Parser) registerPrefix(tokenType token.TokenType, fn prefixParseFn) {
    p.prefixParseFns[tokenType] = fn
}

func (p *Parser) registerInfix(tokenType token.TokenType, fn infixParseFn) {
    p.infixParseFns[tokenType] = fn
}
```

이제 프랫 파싱 알고리즘의 심장부로 들어갈 준비가 됐다.

식별자

Monkey 언어에서 가장 간단한 표현식이라고 말할 수 있는 식별자(Identifier) 파싱을 시작해보자. 아래는 표현식문에서 식별자가 사용된 예시이다.

```
foobar;
```

여기서 식별자 이름 foobar는 임의로 지은 이름이다. 식별자는 지금처럼 표현식문(expression statement)일 뿐만 아니라 다른 문맥에서도 표현식이다.

```
add(foobar, barfoo);
foobar + barfoo;
if (foobar) {
  // [...]
}
```

위에서 우리는 식별자를 함수 호출의 인수(arguments), 중위 표현식의 피연산자, if 조건식(conditional)의 단독 표현식으로 각각 사용했다. 식별자는 위와 같은 문맥에서 모두 사용될 수 있다. 왜냐하면 식별자는 1 + 2와 같은 표현식이기 때문이다. 또한 식별자는 표현식이기 때문에 다른 표현식과 마찬가지로 값을 만든다. 즉 식별자는 평가될 때, 식별자에 엮여 있는 값으로 평가된다.

그럼 테스트부터 작성해보자.

```
// parser/parser_test.go

func TestIdentifierExpression(t *testing.T) {
    input := "foobar;"

    l := lexer.New(input)
    p := New(l)
    program := p.ParseProgram()
    checkParserErrors(t, p)

    if len(program.Statements) != 1 {
        t.Fatalf("program has not enough statements. got=%d",
            len(program.Statements))
    }
    stmt, ok := program.Statements[0].(*ast.ExpressionStatement)
    if !ok {
        t.Fatalf("program.Statements[0] is not ast.ExpressionStatement. got=%T",
            program.Statements[0])
    }

    ident, ok := stmt.Expression.(*ast.Identifier)
    if !ok {
```

```
        t.Fatalf("exp not *ast.Identifier. got=%T", stmt.Expression)
    }
    if ident.Value != "foobar" {
        t.Errorf("ident.Value not %s. got=%s", "foobar", ident.Value)
    }
    if ident.TokenLiteral() != "foobar" {
        t.Errorf("ident.TokenLiteral not %s. got=%s", "foobar",
            ident.TokenLiteral())
    }
}
```

코드량은 좀 많지만, 대부분 단순한 작업이다. 먼저 입력인 foobar;를 파싱한다. 오류가 있는지 검사하고, *ast.Program 노드에 담긴 명령문 개수가 맞는지 확인(assertion)한다. 그리고 program.Statements에 담긴 유일한 명령문이 *ast.ExpressionStatement가 맞는지 검사한다. 그러고 나서 *ast.ExpressionStatement.Expression이 *ast.Identifier인지 검사한다. 마지막으로 foobar;가 "foobar"라는 문자열을 갖고 있는지 확인한다.

언제나처럼, 테스트는 실패한다.

```
$ go test ./parser
--- FAIL: TestIdentifierExpression (0.00s)
  parser_test.go:110: program has not enough statements. got=0
FAIL
FAIL    monkey/parser   0.007s
```

파서는 아직 표현식이 무엇인지 전혀 알지 못한다. parse Expression 메서드를 작성해 파서에게 표현식이 무엇인지 알려주자.

가장 먼저 파서에서 작성한 parseStatement 메서드를 확장하여 파서가 표현식문을 파싱할 수 있게 만들자. Monkey 언어에는 실질적인 명령문이 let 문과 return 문 두 개밖에 없기 때문에, 이 두 경우가 아닐 때는 표현식문으로 파싱한다.

```
// parser/parser.go

func (p *Parser) parseStatement() ast.Statement {
    switch p.curToken.Type {
```

```
    case token.LET:
        return p.parseLetStatement()
    case token.RETURN:
        return p.parseReturnStatement()
    default:
        return p.parseExpressionStatement()
    }
}
```

parseExpressionStatement 메서드는 아래와 같다.

```
// parser/parser.go

func (p *Parser) parseExpressionStatement() *ast.ExpressionStatement {
    stmt := &ast.ExpressionStatement{Token: p.curToken}
    stmt.Expression = p.parseExpression(LOWEST)

    if p.peekTokenIs(token.SEMICOLON) {
        p.nextToken()
    }

    return stmt
}
```

파싱 방법은 이미 몸에 익었을 것이다. AST 노드를 만들고 다른 파싱 함수를 호출해서 이 AST의 필드를 채운다. 그런데 여기서는 조금 다른 부분이 있다. 아직 작성하지 않은 parseExpression을 호출할 때, 역시 아직 작성하지 않은 상수 LOWEST를 인수로 넘긴다. 그러고 나서 선택적으로 들어오는 세미콜론(;)을 검사한다. 그렇다. 세미콜론은 선택적(optional)이다. 만약 peekToken이 token.SEMICOLON이면, curToken이 token.SEMICOLON이 되도록 nextToken 메서드를 호출한 것이다. 하지만 세미콜론이 없어도 괜찮다. 세미콜론이 없어도 파서에 에러를 추가하진 않을 것이다. 이렇게 하는 이유는 표현식문이 선택적으로 세미콜론을 갖도록 하기 위해서다. 그래야 나중에 REPL에 5 + 5 같은 표현식으로 더 간편하게 입력할 수 있다.

지금 테스트를 실행하면 컴파일에 실패하는데, LOWEST를 정의하지 않았기 때문이다. 그러니 이제 LOWEST를 추가해보자. LOWEST 뿐만 아니라

Monkey 프로그래밍 언어에 연산자 우선순위(precedences)를 정의해 보자.

```
// parser/parser.go

const (
    _ int = iota
    LOWEST
    EQUALS      // ==
    LESSGREATER // > 또는 <
    SUM         // +
    PRODUCT     // *
    PREFIX      // -X 또는 !X
    CALL        // myFunction(X)
)
```

여기서 `iota`를 이용해 뒤에 나오는 상수에게 1씩 증가하는 숫자를 값으로 제공한다. 빈 식별자인 `_`는 0이 되고, 이후에 나오는 상수들은 1에서 7까지 값을 할당받는다. 어떤 숫자를 사용하는지는 중요하지 않지만, 순서와 서로의 관계는 중요하다. 우리가 이 상수들로부터 얻고자 하는 것은 다음과 같은 질문에 답하기 위해서이다.

- * 연산자가 == 연산자보다 우선순위가 높은가?
- 전위 연산자(prefix operator)가 호출 표현식(call expression)보다 우선순위가 높은가?

`parseExpressionStatement` 메서드에서 가장 낮은 우선순위 값을 `parseExpression`에 넘긴다. 왜냐하면 우리는 아직 아무것도 파싱하지 않았고, 따라서 연산자 간 우선순위를 비교하지 않기 때문이다. 조금 있으면 더 쉽게 이해가 될 테니 이 정도 다루고 넘어가자. 그럼 `parseExpression`을 작성해보자.

```
// parser/parser.go

func (p *Parser) parseExpression(precedence int) ast.Expression {
    prefix := p.prefixParseFns[p.curToken.Type]
    if prefix == nil {
```

```
        return nil
    }
    leftExp := prefix()

    return leftExp
}
```

위 코드는 parseExpression의 첫 번째 버전이다. parseExpression은 p.curToken.Type이 전위로 연관된 파싱 함수가 있는지 검사한다. 만약, 그런 파싱 함수가 있다면 그 파싱 함수를 호출하고, 없다면 nil을 반환한다. 현재는 nil만 반환하게 만들어져 있는데, 아직 토큰을 파싱 함수와 연관시키지 않았기 때문이다. 그러니 이제 토큰과 함수를 연관시키자.

```
// parser/parser.go

func New(l *lexer.Lexer) *Parser {
// [...]

    p.prefixParseFns = make(map[token.TokenType]prefixParseFn)
    p.registerPrefix(token.IDENT, p.parseIdentifier)
// [...]
}

func (p *Parser) parseIdentifier() ast.Expression {
    return &ast.Identifier{Token: p.curToken, Value: p.curToken.Literal}
}
```

Parser 구조체에 구현된 New 함수를 수정하여 prefixParseFns map을 초기화하자. 그리고 여기에 파싱 함수를 하나 등록해보자. 예를 들어 token.IDENT 토큰 타입을 만나면 호출할 파싱 함수는 parseIdentifier 함수인데, parseIdentifier 함수는 *Parser에 정의했다.

parseIdentifier 메서드는 그렇게 많은 일을 하지 않는다. *ast.Identifier 노드를 만들어서 반환하는데, Token 필드에는 현재 토큰을 채우고 Value 필드에는 현재 토큰이 갖는 리터럴값을 채워서 반환한다. nextToken을 호출해 curToken과 peekToken을 진행하지는 않을 것이다. 여기서 nextToken을 호출하지 않는다는 점은 중요하다. 우리가 사용하게 될 모든 파싱 함수는 그게 전위 파싱 함수(prefixParseFn)든 중위 파싱 함수(infixParseFn)든 다음과 같은 규약을 따르게 될 것이다. 현재 파싱 함수와 연관된 토큰 타입이 curToken인 상태로 파싱 함수에 진입하고, 파싱하고자 하는 표현식 타입의 마지막 토큰이 curToken이 되도록 함수를 종료(return)한다. 절대로 토큰을 규약 이상으로 진행하지 않을 것이다.

안 믿기겠지만, 테스트는 통과한다.

```
$ go test ./parser
ok    monkey/parser  0.007s
```

식별자 표현식(identifier expression)을 파싱하는 데 성공했다! 하지만, 컴퓨터를 끄기 전에 근처에 있는 사람을 찾아서 내가 파서를 작성했노라 자랑해도 좋다. 숨을 깊게 쉬고 이제 파싱 함수를 좀 더 작성해보자.

정수 리터럴

정수 리터럴 파싱 역시 식별자 파싱만큼 쉽다. 아래 코드를 보자.

```
5;
```

그렇다. 정수 리터럴도 표현식이다. 정수 리터럴은 정수 리터럴이 보여주는 문자 그대로 값을 만들어낸다. 정수 리터럴이 나타날 수 있는 자리를 생각해보면 왜 정수 리터럴이 표현식인지 이해할 수 있다.

```
let x = 5;
add(5, 10);
5 + 5 + 5;
```

정수 리터럴 자리에 정수 리터럴이 아닌 다른 표현식을 써도 무방한데, 예를 들어 식별자, 호출 표현식, 그룹 표현식(grouped expressions), 함수 리터럴(function literals) 등이 올 수 있다. 표현식 타입은 모두 서로 대체할 수 있는데, 정수 리터럴도 언급한 표현식 타입의 하나이다.

아래의 정수 리터럴 테스트 케이스는 식별자 테스트 케이스와 매우 흡사하다.

```go
// parser/parser_test.go

func TestIntegerLiteralExpression(t *testing.T) {
    input := "5;"

    l := lexer.New(input)
    p := New(l)
    program := p.ParseProgram()
    checkParserErrors(t, p)

    if len(program.Statements) != 1 {
        t.Fatalf("program has not enough statements. got=%d",
            len(program.Statements))
    }
    stmt, ok := program.Statements[0].(*ast.ExpressionStatement)
    if !ok {
        t.Fatalf("program.Statements[0] is not ast.ExpressionStatement. got=%T",
           program.Statements[0])
    }

    literal, ok := stmt.Expression.(*ast.IntegerLiteral)
    if !ok {
        t.Fatalf("exp not *ast.IntegerLiteral. got=%T",
            stmt.Expression)
    }
    if literal.Value != 5 {
        t.Errorf("literal.Value not %d. got=%d", 5, literal.Value)
    }
    if literal.TokenLiteral() != "5" {
        t.Errorf("literal.TokenLiteral not %s. got=%s", "5",
            literal.TokenLiteral())
    }
}
```

식별자 테스트 케이스에서처럼, 단순한 입력을 사용한다. 파서에 입력을 전달하고 파서가 에러를 만나지 않는지 검사한다. 그리고 `*ast.Program.Statements`에서 명령문의 수를 맞게 만들었는지도 확인한다. 그 후에 단정문(assertion)을 추가해서 첫 번째 명령문이 `*ast.ExpressionStatement`일 때만 통과하게 한다. 마지막으로 `*ast.IntegerLiteral`이 잘 구성됐는지 확인한다.

테스트는 컴파일되지 않는다. 왜냐하면 `*ast.IntegerLiteral`을 만든 적이 없기 때문이다. 그럼 어렵지 않으니 얼른 만들어보자.

```go
// ast/ast.go

type IntegerLiteral struct {
    Token token.Token
    Value int64
}

func (il *IntegerLiteral) expressionNode()      {}
func (il *IntegerLiteral) TokenLiteral() string { return il.Token.Literal }
func (il *IntegerLiteral) String() string       { return il.Token.Literal }
```

*ast.IntegerLiteral은 *ast.Identifier와 마찬가지로 ast.Expression 인터페이스를 충족한다. 그러나 *ast.IntegerLiteral은 ast.Identifier와 구조체 자체에서 눈에 띄게 다른 점이 있다. Value는 문자열이 아니라 int64이다. Value 필드는 소스코드에서 정수 리터럴이 표현하는 문자의 실젯값을 담을 것이다. *ast.IntegerLiteral을 만들 때, *ast.IntegerLiteral.Token.Literal에 담긴 문자열(예를 들면 "5")을 int64로 변환해야 한다.

위 내용을 코드로 작성해 넣기에 가장 적절한 곳은 token.INT와 연관된 파싱 함수 parseIntegerLiteral일 것이다.

```go
// parser/parser.go

import (
// [...]
    "strconv"
)

func (p *Parser) parseIntegerLiteral() ast.Expression {
    lit := &ast.IntegerLiteral{Token: p.curToken}

    value, err := strconv.ParseInt(p.curToken.Literal, 0, 64)
    if err != nil {
        msg := fmt.Sprintf("could not parse %q as integer",
            p.curToken.Literal)
        p.errors = append(p.errors, msg)
        return nil
    }

    lit.Value = value
```

```
    return lit
}
```

parseIdentifier처럼 parseIntegerLiteral 메서드 역시 매우 단순하다. strconv.ParseInt를 호출한다는 것 외에는 다른 점이 없다. 이 함수는 p.curToken.Literal에 있는 문자열을 int64로 변환한다. 변환한 int64를 Value 필드에 저장하고 새롭게 *ast.IntegerLiteral 노드를 만들어서 반환한다. 만약 변환 과정이 제대로 동작하지 않는다면, 에러를 파서의 errors 필드에 추가한다.

그런데도 테스트를 통과하지 못한다.

```
$ go test ./parser
--- FAIL: TestIntegerLiteralExpression (0.00s)
  parser_test.go:162: exp not *ast.IntegerLiteral. got=<nil>
FAIL
FAIL    monkey/parser   0.008s
```

AST에서 *ast.IntegerLiteral이 있어야 할 곳에 nil이 나왔다. parseExpression이 token.INT 타입의 토큰과 연관된 prefixParseFn을 찾지 못했기 때문이다. 테스트 코드를 통과할 수 있도록 parseIntegerLiteral 메서드를 prefixParseFns에 등록해보자.

```
// parser/parser.go

func New(l *lexer.Lexer) *Parser {
// [...]
    p.prefixParseFns = make(map[token.TokenType]prefixParseFn)
    p.registerPrefix(token.IDENT, p.parseIdentifier)
    p.registerPrefix(token.INT, p.parseIntegerLiteral)
// [...]
}
```

parseIntegerLiteral 메서드를 등록했으니, parseExression 메서드는 token.INT 토큰을 만났을 때 무슨 일을 해야 하는지 알게 됐고, 따라서 parseIntegerLiteral 메서드를 호출하고 반환값인 *ast.IntegerLiteral 노드를 반환한다. 그리고 이제 테스트를 통과한다.

```
$ go test ./parser
ok   monkey/parser   0.007s
```

정말 잘했다! 우리가 작성한 파서가 이제는 식별자와 정수 리터럴을 파싱하게 됐다. 그럼 쇠뿔도 단김에 빼다고 전위 연산자까지 파싱해보자!

전위 연산자

Monkey 언어에는 두 개의 전위 연산자(prefix operators)가 있다. !과 -이다. 쓰임새는 다른 언어와 똑같다.

```
-5;
!foobar;
5 + -10;
```

전위 연산자는 아래와 같은 구조로 사용한다.

```
<prefix operator><expression>;
```

어떤 표현식이든 전위 연산자의 피연산자 자리에 올 수 있다. 아래에 유효한 표현식을 몇 개 나열해봤다.

```
!isGreaterThanZero(2);
5 + -add(5, 5);
```

위 코드를 통해 알 수 있는 것은, 전위 연산자의 표현식으로 사용될 AST 노드는 어떤 표현식이든 피연산자로 가질 수 있을 만큼 유연해야 한다는 것이다.

어쨌든 가장 먼저 할 일은 정해져 있다. 아래는 전위 연산자 혹은 '전위 표현식' 테스트 케이스이다.

```
// parser/parser_test.go

func TestParsingPrefixExpressions(t *testing.T) {
    prefixTests := []struct {
        input        string
        operator     string
        integerValue int64
    }{
```

```
        {"!5;", "!", 5},
        {"-15;", "-", 15},
    }

    for _, tt := range prefixTests {
        l := lexer.New(tt.input)
        p := New(l)
        program := p.ParseProgram()
        checkParserErrors(t, p)

        if len(program.Statements) != 1 {
            t.Fatalf("program.Statements does not contain %d statements.  got=%d\n",
                1, len(program.Statements))
        }

        stmt, ok := program.Statements[0].(*ast.ExpressionStatement)
        if !ok {
            t.Fatalf("program.Statements[0] is not ast.ExpressionStatement. got=%T",
                program.Statements[0])
        }

        exp, ok := stmt.Expression.(*ast.PrefixExpression)
        if !ok {
            t.Fatalf("stmt is not ast.PrefixExpression. got=%T",
                stmt.Expression)
        }
        if exp.Operator != tt.operator {
            t.Fatalf("exp.Operator is not '%s'. got=%s",
                tt.operator, exp.Operator)
        }
        if !testIntegerLiteral(t, exp.Right, tt.integerValue) {
            return
        }
    }
}
```

코드가 좀 긴 편이다. 이유는 두 가지다. 첫째 에러 메시지를 직접 만들어낼 때 `t.Errorf`를 사용하는데, 여기서 공간을 많이 잡아먹는다. 둘째, 테스트 방법론으로서 테이블 주도 테스트(table-driven testing)[20]를 활

20 (옮긴이) 테이블 주도 테스트(table-driven testing): 테스트 케이스 여럿을 테스트 테이블의 엔트리(entry)로 구성하는 테스트 방법론이다. 각각의 엔트리는 완성된 테스트 케이스이며, 입력과 기댓값을 가진다. 때로는 테스트 이름과 같은 부가적인 정보를 포함하기도 한다. 실제 테스트는 테이블 안에 포함된 엔트리(테스트 케이스)를 단순하게 반복하면서 필요한 테스트를 수행하면 된다.

용하기 때문이다. 테이블 주도 테스트를 활용하는 이유는 테스트 코드의 양을 많이 줄여주기 때문이다. 물론, 테스트 케이스가 2개밖에 없지만, 각각의 테스트 케이스에서 사용할 전체 테스트 구성(complete test setup) 코드를 한 번 더 반복하는 것만으로도 코드량이 아주 많아질 것이다. 또한 테스트 단언문의 논리적 근거가 동일하기 때문에, 테스트 구성을 공유하는 것이다. 두 테스트 케이스(!5와 -15)는 기대하는 연산자(operators)와 정숫값(integerValue)만 다를 뿐 나머지는 동일하다.

테스트 함수 안에서 테스트 입력 슬라이스(slice)를 반복(iterate)해서 실행한다. 그리고 prefixTests 구조체 슬라이스에서 정의한 값에 기반해 만들어진 AST를 확인한다. 보다시피, 결국 도움 함수 testIntegerLiteral을 사용해 ast.PrefixExpression의 Right 필드가 적절한 정수 리터럴인지 테스트한다. 여기서 도움 함수를 사용하는 이유는 테스트 케이스가 중점을 두고 있는 대상이 *ast.PrefixExpression과 *ast.PrefixExpression의 필드임을 강조하기 위해서이다. 그리고 도움 함수 testIntegerLiteral은 뒤에서 또 사용하게 될 것이다. 아래 코드를 보자.

```
// parser/parser_test.go

import (
// [...]
    "fmt"
)

func testIntegerLiteral(t *testing.T, il ast.Expression, value int64) bool {
    integ, ok := il.(*ast.IntegerLiteral)
    if !ok {
        t.Errorf("il not *ast.IntegerLiteral. got=%T", il)
        return false
    }

    if integ.Value != value {
        t.Errorf("integ.Value not %d. got=%d", value, integ.Value)
        return false
    }
```

```
    if integ.TokenLiteral() != fmt.Sprintf("%d", value) {
        t.Errorf("integ.TokenLiteral not %d. got=%s", value,
            integ.TokenLiteral())
        return false
    }

   return true
}
```

여기에서 새로운 내용은 없다. 이미 TestIntegerLiteralExpression에서 본 내용이다. 한편 이 작은 도움 함수가 세부 내용을 감춰줌으로써 TestParsingPrefixExpressions을 더 읽기 쉽게 만든다.

예상했듯이 테스트는 컴파일도 되지 않는다.

```
$ go test ./parser
# monkey/parser
parser/parser_test.go:210: undefined: ast.PrefixExpression
FAIL   monkey/parser [build failed]
```

ast.PrefixExpression 노드를 정의해야 한다.

```
// ast/ast.go

type PrefixExpression struct {
    Token token.Token // 전위 연산자 토큰, 예를 들어 !
    Operator string
    Right Expression
}

func (pe *PrefixExpression) expressionNode()      {}
func (pe *PrefixExpression) TokenLiteral() string { return pe.Token.Literal }
func (pe *PrefixExpression) String() string {
    var out bytes.Buffer

    out.WriteString("(")
    out.WriteString(pe.Operator)
    out.WriteString(pe.Right.String())
    out.WriteString(")")

    return out.String()
}
```

놀라운 내용은 없다. *ast.PrefixExpression 노드에는 눈여겨봐야 할 필드가 두 개 있다. 바로 Operator와 Right 필드다. Operator는 '-'나 '!'의 문자열을 담을 필드이다. Right는 연산자의 오른쪽에 나올 표현식을 담을 필드이다.

String 메서드에서 의도적으로 연산자와 피연산자(Right 필드가 담고 있는 표현식)를 괄호로 감쌌다. 이유는 특정 피연산자가 어떤 연산자에 속하는지 알기 위해서다.

*ast.PrefixExpression를 정의했는데도, 테스트는 이상한 에러 메시지를 출력하며 실패한다.

```
$ go test ./parser
--- FAIL: TestParsingPrefixExpressions (0.00s)
  parser_test.go:198: program.Statements does not contain 1 statements. got=2
FAIL
FAIL    monkey/parser   0.007s
```

왜 program.Statements의 길이가 1이 아니라 2일까? 이유는 parseExpression 메서드가 우리가 작성한 전위 연산자 몇 개를 아직 인식하지 못해 단순히 nil을 반환했기 때문이다. 그리고 program.Statements는 명령문 하나를 담고 있는 것이 아니라 nil만 두 개 담고 있다.

그럼 개선해보자. parseExpression 메서드를 확장해서 nil을 반환할 때, 그럴듯한 에러 메시지를 반환해보자.

```go
// parser/parser.go

func (p *Parser) noPrefixParseFnError(t token.TokenType) {
    msg := fmt.Sprintf("no prefix parse function for %s found", t)
    p.errors = append(p.errors, msg)
}

func (p *Parser) parseExpression(precedence int) ast.Expression {
    prefix := p.prefixParseFns[p.curToken.Type]
    if prefix == nil {
        p.noPrefixParseFnError(p.curToken.Type)
        return nil
    }
    leftExp := prefix()
```

```
    return leftExp
}
```

짧은 도움 함수 noPrefixParseFnError는 규격화된 에러 메시지를 파서의 errors 필드에 추가한다. 별것 아니지만 이것만으로도, 테스트가 실패하게 되면 전보다 나은 에러 메시지를 받을 수 있다.

```
$ go test ./parser
--- FAIL: TestParsingPrefixExpressions (0.00s)
  parser_test.go:227: parser has 1 errors
  parser_test.go:229: parser error: "no prefix parse function for ! found"
FAIL
FAIL    monkey/parser   0.010s
```

이제 할 일이 명확해졌다. 전위 표현식(prefix expressions)과 연관된 파싱 함수를 작성하고 그 함수를 파서에 등록하면 된다.

```
// parser/parser.go

func New(l *lexer.Lexer) *Parser {
// [...]
    p.registerPrefix(token.BANG, p.parsePrefixExpression)
    p.registerPrefix(token.MINUS, p.parsePrefixExpression)
// [...]
}

func (p *Parser) parsePrefixExpression() ast.Expression {
    expression := &ast.PrefixExpression{
        Token:    p.curToken,
        Operator: p.curToken.Literal,
    }

    p.nextToken()

    expression.Right = p.parseExpression(PREFIX)

    return expression
}
```

token.BANG과 token.MINUS는 연관된 파싱 함수가 같다. 둘 모두와 연관된 prefixParseFn인 parsePrefixExpression을 파서에 등록했다. 이 메서

드는 앞서 봤던 파싱 함수들과 마찬가지로 AST 노드를 만드는데, 여기서는 *ast.PrefixExpression을 만든다. 그러나 조금 다른 내용이 있다. parsePrefixExpression에서는 p.nextToken을 호출하여 토큰을 진행시킨다.

parsePrefixExpression이 호출될 때, p.curToken은 token.BANG이거나 token.MINUS이다. 두 토큰이 아니었으면 애초에 호출되지 않았을 것이다. 한편 -5 같은 전위 표현식을 적절히 파싱하려면, 하나 이상의 토큰을 '소모(consume)'해야 한다. 따라서 p.curToken을 사용하여 *ast.PrefixExpression 노드를 만든 다음에, parsePrefixExpression 메서드는 토큰을 진행시키고 parseExpression 메서드를 다시 호출한다. 이때 '전위 연산자의 우선순위(precedence of prefix operators)'를 인수로 넘긴다. 아직 사용한 적은 없지만, 왜 이런 방식이 좋고 어떻게 이용하는지 곧 보게 될 것이다.

이제 p.parsePrefixExpression 메서드가 parseExpression을 호출하면 이미 p.curToken과 p.peekToken은 진행된 상태이고, 현재 토큰은 해당 전위 연산자 바로 다음에 위치할 것이다. -5를 예로 들면, parseExpression이 호출됐을 때 p.curToken.Type은 token.INT이다. 그러고 나서 parseExpression은 등록된 전위 표현식 파싱 함수(prefix parsing functions)를 검사해 parseIntegerLiteral을 찾는데, 이 함수는 *ast.IntegerLiteral 노드를 만들고 반환한다. parsePrefixExpression 메서드는 반환된 *ast.IntegerLiteral 노드를 *ast.PrefixExpression의 필드 Right에 채워 넣는다.

이제 잘 동작하고, 테스트는 통과한다.

```
$ go test ./parser
ok   monkey/parser   0.007s
```

앞서 말한 파싱 함수의 '규약(protocol)'이 어떤 역할을 했는지 주목해 보자.

parsePrefixExpression 함수[21]는 p.curToken을 전위 연산자 토큰인 상태로 시작한다. 그리고 함수를 종료(return)할 때는 p.curToken이 전위 표현식의 피연산자, 즉 표현식의 마지막 토큰인 상태로 함수를 종료한다. curToken과 peekToken을 알맞게 진행시켰고 아름답게 동작한다. 몇 줄 안 되는 코드로 이런 동작을 구현했다는 사실이 놀랍지 않은가! 이걸 해낼 수 있던 이유는 재귀적 접근법을 사용했기 때문이다.

parseExpression에 우선순위 인수를 넘기는 코드가 약간 혼란스러웠을 텐데 당연하다. 왜냐하면 쓰인 적이 없기 때문이다. 그러나 우리는 연산자 우선순위의 중요한 용법을 은연 중에 살펴보았다. 바로 호출한 쪽에서만 알고 있는 정보와 문맥에 따라서 우선순위 값을 바꾸기 위한 용도로 precedence를 사용하는 것이다. parseExpressionStatement는 표현식 파싱을 시작하는 최고 수준(top-level) 메서드로 동작한다. parseExpressionStatement는 전달받은 우선순위의 수준(precedence level)을 모르는 상태로 LOWEST를 사용한다. 한편 parsePrefixExpression은 PREFIX 우선순위를 parseExpression에 넘기는데, 전위 표현식을 파싱해야 하기 때문이다.

그럼 이제 parseExpression에서 우선순위(precedence)가 어떻게 동작하는지 살펴보자. 중위 표현식(infix expressions)을 파싱하면서 알아보자.

중위 연산자

다음으로 아래 중위 연산자(infix operators) 8개를 파싱해보자.

```
5 + 5;
5 - 5;
5 * 5;
5 / 5;
5 > 5;
5 < 5;
```

21 (옮긴이) 엄밀히 말해 parsePrefixExpression은 메서드이지만, 여기서는 파싱 함수라는 의미를 강조할 목적으로 함수라고 쓴다.

```
5 == 5;
5 != 5;
```

여기서 하필 숫자가 왜 5인지는 신경 쓸 필요가 없다. 전위 표현식이 그랬던 것처럼, 중위 표현식도 좌우에 어떤 표현식이 와도 상관없다.

<expression> <infix operator> <expression>

중위 표현식은 피연산자(왼쪽과 오른쪽)를 두 개 갖기 때문에 '이항 표현식(binary expressions)'이라고도 부른다. 비슷한 이유로 전위 표현식을 '단항 표현식(unary expressions)'이라고 부른다. 물론 연산자의 양편에 어떤 표현식을 써도 상관없지만, 테스트에서는 정수 리터럴만을 피연산자로 사용할 것이다. 이 테스트를 통과하고 나면, 그때 다른 형태의 피연산자를 추가하여 테스트를 확장할 것이다. 그럼 이제 테스트를 작성해보자.

```
// parser/parser_test.go

func TestParsingInfixExpressions(t *testing.T) {
    infixTests := []struct {
        input      string
        leftValue  int64
        operator   string
        rightValue int64
    }{
        {"5 + 5;", 5, "+", 5},
        {"5 - 5;", 5, "-", 5},
        {"5 * 5;", 5, "*", 5},
        {"5 / 5;", 5, "/", 5},
        {"5 > 5;", 5, ">", 5},
        {"5 < 5;", 5, "<", 5},
        {"5 == 5;", 5, "==", 5},
        {"5 != 5;", 5, "!=", 5},
    }

    for _, tt := range infixTests {
        l := lexer.New(tt.input)
        p := New(l)
        program := p.ParseProgram()
        checkParserErrors(t, p)
```

```
        if len(program.Statements) != 1 {
            t.Fatalf("program.Statements does not contain %d statements. got=%d\n",
                1, len(program.Statements))
        }

        stmt, ok := program.Statements[0].(*ast.ExpressionStatement)
        if !ok {
            t.Fatalf("program.Statements[0] is not ast.ExpressionStatement. got=%T",
                program.Statements[0])
        }

        exp, ok := stmt.Expression.(*ast.InfixExpression)
        if !ok {
            t.Fatalf("exp is not ast.InfixExpression. got=%T",
                stmt.Expression)
        }

        if !testIntegerLiteral(t, exp.Left, tt.leftValue) {
            return
        }

        if exp.Operator != tt.operator {
            t.Fatalf("exp.Operator is not '%s'. got=%s", tt.operator,
                exp.Operator)
        }

        if !testIntegerLiteral(t, exp.Right, tt.rightValue) {
            return
        }
    }
}
```

테스트는 TestParsingPrefixExpressions 메서드의 사본이라 해도 무방한 수준이다. 함수가 반환하는 결과물인 AST 노드에서 Right와 Left 필드를 확인하는 것만 다를 뿐이다. 여기서 테이블 주도 접근법(table-driven approach)이 매우 유용하게 사용되는데, 식별자를 통합하여 테스트를 확장할 때가 되면 다시 이런 접근법을 활용하게 될 것이다.

언제나처럼 테스트는 실패한다. *ast.InfixExpression을 정의하는 코드를 찾지 못했기 때문이다. (컴파일 에러가 아니라) 실제로 실패하는 테스트를 작성하기 위해 ast.InfixExpression을 정의해보자.

```go
// ast/ast.go

type InfixExpression struct {
    Token    token.Token // 연산자 토큰, 예를 들어 +
    Left     Expression
    Operator string
    Right    Expression
}

func (ie *InfixExpression) expressionNode()      {}
func (ie *InfixExpression) TokenLiteral() string { return ie.Token.Literal }
func (ie *InfixExpression) String() string {
    var out bytes.Buffer

    out.WriteString("(")
    out.WriteString(ie.Left.String())
    out.WriteString(" " + ie.Operator + " ")
    out.WriteString(ie.Right.String())
    out.WriteString(")")

    return out.String()
}
```

ast.PrefixExpression과 마찬가지로 ast.InfixExpression을 ast.Expression과 ast.Node 인터페이스를 충족하도록 정의한다. 따라서 expressionNode, TokenLiteral, String 메서드를 정의해야 한다. ast.PrefixExpression과 다른 점은 ast.InfixExpression은 Right 필드와 마찬가지로 어떤 표현식이 들어가도 상관없는 새로운 Left 필드를 더 갖는다는 점이다.

이제 걸릴 것이 없다. 테스트를 작성하고 돌려보자. 테스트가 새로 작성한 에러 메시지를 반환한다.

```
$ go test ./parser
--- FAIL: TestParsingInfixExpressions (0.00s)
parser_test.go:246: parser has 1 errors
parser_test.go:248: parser error: "no prefix parse function for + found"
FAIL
FAIL    monkey/parser   0.007s
```

그런데 출력된 에러 메시지만 보면 실수할 수 있다. 왜냐하면 테스트 결과는 `"no prefix parse function for + found"`(+와 연관된 전위 연산자 파싱 함수를 찾을 수 없습니다)라는 에러 메시지를 출력하고 있다. 그러나 우리는 파서가 `+` 연산자를 만났을 때, 전위 연산자 파싱 함수(prefix parse function)를 찾기를 원하지 않는다. 중위 연산자 파싱 함수(infix parse function)를 찾기를 바란다.

전위 연산자 파싱 함수 대신 중위 연산자 파싱 함수를 찾게 하는 코드를 보면 '근사하다'는 말로 부족해서 '아름답다'고 말하게 될 것이다. 이제 `parseExpression` 메서드를 완성할 것이다. 그리고 `parseExpression`을 완성하기 위해 먼저 우선순위 테이블(precedence table)과 도움 함수 몇 개를 작성해볼 것이다.

```
// parser/parser.go

var precedences = map[token.TokenType]int{
    token.EQ:          EQUALS,
    token.NOT_EQ:      EQUALS,
    token.LT:          LESSGREATER,
    token.GT:          LESSGREATER,
    token.PLUS:        SUM,
    token.MINUS:       SUM,
    token.SLASH:       PRODUCT,
    token.ASTERISK:    PRODUCT,
}

// [...]

func (p *Parser) peekPrecedence() int {
    if p, ok := precedences[p.peekToken.Type]; ok {
        return p
    }

    return LOWEST
}

func (p *Parser) curPrecedence() int {
    if p, ok := precedences[p.curToken.Type]; ok {
        return p
    }
```

```
    return LOWEST
}
```

연산자 간 우선순위는 우선순위 테이블에 저장된다. 이때, 토큰 타입(token types)과 토큰 타입이 갖는 우선순위(precedence)가 서로 연관된다. 우선순위 값 자체는 이전에 정의한 상수며, 하나씩 값이 증가하는 정숫값이다. 예를 들어, 이제 테이블을 통해 +(token.PLUS)와 -(token.MINUS)의 우선순위가 같으며, 이 둘은 *(token.ASTERISK)와 /(token.SLASH)보다 우선순위가 낮다는 것을 알 수 있다.

peekPrecedence 메서드는 p.peekToken이 갖는 토큰 타입과 연관된 우선순위를 반환한다. 만약 p.peekToken에 대한 우선순위를 찾지 못했다면 기본값으로 LOWEST를 반환한다. LOWEST는 연산자(operator)가 가질 수 있는 우선순위에서 가장 낮은 값이다. curPrecedence 메서드는 다루는 대상이 p.peekToken이 아니라 p.curToken인 것을 제외하면 peekPrecedence 메서드와 동일하다.

다음으로, 모든 중위 연산자와 연관되는 중위 연산자 파싱 함수(infix parse function) 하나를 등록해볼 것이다.

```
// parser/parser.go

func New(l *lexer.Lexer) *Parser {
    // [...]

    p.infixParseFns = make(map[token.TokenType]infixParseFn)
    p.registerInfix(token.PLUS, p.parseInfixExpression)
    p.registerInfix(token.MINUS, p.parseInfixExpression)
    p.registerInfix(token.SLASH, p.parseInfixExpression)
    p.registerInfix(token.ASTERISK, p.parseInfixExpression)
    p.registerInfix(token.EQ, p.parseInfixExpression)
    p.registerInfix(token.NOT_EQ, p.parseInfixExpression)
    p.registerInfix(token.LT, p.parseInfixExpression)
    p.registerInfix(token.GT, p.parseInfixExpression)

    // [...]
}
```

우린 이미 앞에서 registerInfix 메서드를 작성했다. 이제서야 사용하게 됐지만 말이다. 모든 중위 연산자는 parseInfix Expression이라는 동일한 함수와 연결되어 있다. 구현은 아래와 같다.

```
// parser/parser.go

func (p *Parser) parseInfixExpression(left ast.Expression) ast.
Expression {
    expression := &ast.InfixExpression{
        Token:    p.curToken,
        Operator: p.curToken.Literal,
        Left:     left,
    }

    precedence := p.curPrecedence()
    p.nextToken()
    expression.Right = p.parseExpression(precedence)

    return expression
}
```

parsePrefixExpression 메서드와 비교해 눈에 띄게 다른 점은, parseInfix Expression은 ast.Expression 노드 타입인 left를 인수로 받는다는 점이다. parseInfixExpression은 left로 받은 인수를 이용해 *ast.InfixExpression 노드를 만드는데, 이때 left 인수를 노드의 Left 필드에 채워 넣는다. 그리고 nextToken 메서드를 호출해 토큰들을 진행하기 전에, 현재 토큰(중위 표현식의 연산자가 있는)의 우선순위를 지역 변수 precedence에 넣어둔다. 그리고 nextToken 메서드를 호출해서 토큰을 진행시키고, *ast.InfixExpression 노드의 Right 필드에 parseExpression을 다시 호출한 결괏값을 넣는다. parseExpression을 다시 호출할 때, 앞서 지역 변수 precedence에 넣어둔 연산자 토큰 우선순위를 인수로 전달해 호출한다.

드디어 커튼을 걷을 시간이다! 프랫 파서(Pratt parser)의 요체인 parseExpression 메서드의 최종 버전이다.

```go
// parser/parser.go

func (p *Parser) parseExpression(precedence int) ast.Expression {
    prefix := p.prefixParseFns[p.curToken.Type]
    if prefix == nil {
        p.noPrefixParseFnError(p.curToken.Type)
        return nil
    }
    leftExp := prefix()

    for !p.peekTokenIs(token.SEMICOLON) && precedence < p.peekPrecedence() {
        infix := p.infixParseFns[p.peekToken.Type]
        if infix == nil {
            return leftExp
        }

        p.nextToken()

        leftExp = infix(leftExp)
    }

    return leftExp
}
```

테스트를 시원하게 통과한다. 모두 초록불이 들어온다!

```
$ go test ./parser
ok   monkey/parser   0.006s
```

이제 우리는 최소한 겉으로는 중위 연산자 표현식(infix operator expressions)을 파싱할 수 있게 됐다. 그런데, 도대체 무슨 일이 일어난 걸까? 어떻게 동작하는 것일까?

parseExpression은 확실히 전보다 더 다양한 일을 할 수 있다. 우리는 현재 토큰과 연관된 prefixParseFn을 어떻게 찾고 호출하는지 알게 됐다. 그리고 전위 연산자, 식별자, 정수 리터럴(integer literals) 각각과 연관된 파싱 함수가 어떻게 동작하는지도 확인했다.

parseExpression 코드 중간 부분에 있는 반복문이 새롭게 추가된 내용이다. 반복문 몸체(body)에서 parseExpression 메서드는 다음 토큰에 맞는 infixParseFn을 찾는다. 만약 연관된 파싱 함수를 찾으면, 찾은 함수를 호출한다. 이때 prefixParseFn을 호출해서 얻은 표현식(leftExp)을 인수로 넘겨 호출한다. 그리고 이 동작을 현재 우선순위보다 낮은 우선순위를 갖는 토큰을 만날 때까지 반복한다.

parseExpression 메서드는 너무나도 아름답게 동작한다. 아래 테스트 코드를 보면 다른 우선순위를 갖는 연산자가 여러 개 붙어 있다. 문자열로 표현된 AST가 중첩된 연산자를 어떻게 표현하고 있는지 살펴보자.

```
// parser/parser_test.go

func TestOperatorPrecedenceParsing(t *testing.T) {
    tests := []struct {
        input    string
        expected string
    }{
        {
            "-a * b",
            "((-a) * b)",
        },
        {
            "!-a",
            "(!(-a))",
        },
        {
            "a + b + c",
            "((a + b) + c)",
        },
        {
            "a + b - c",
            "((a + b) - c)",
        },
        {
            "a * b * c",
            "((a * b) * c)",
        },
        {
            "a * b / c",
            "((a * b) / c)",
        },
        {
            "a + b / c",
            "(a + (b / c))",
        },
```

```
        {
            "a + b * c + d / e - f",
            "(((a + (b * c)) + (d / e)) - f)",
        },
        {
            "3 + 4; -5 * 5",
            "(3 + 4)((-5) * 5)",
        },
        {
            "5 > 4 == 3 < 4",
            "((5 > 4) == (3 < 4))",
        },
        {
            "5 < 4 != 3 > 4",
            "((5 < 4) != (3 > 4))",
        },
        {
            "3 + 4 * 5 == 3 * 1 + 4 * 5",
            "((3 + (4 * 5)) == ((3 * 1) + (4 * 5)))",
        },
    }

    for _, tt := range tests {
        l := lexer.New(tt.input)
        p := New(l)
        program := p.ParseProgram()
        checkParserErrors(t, p)

        actual := program.String()
        if actual != tt.expected {
            t.Errorf("expected=%q, got=%q", tt.expected, actual)
        }
    }
}
```

모두 통과한다! 정말 놀랍지 않은가?

각각의 `*ast.InfixExpression`은 규칙에 맞게 중첩되어 있다. 이 사실을 쉽게 확인할 수 있는 이유는 앞에서 AST 노드에 구현한 `String` 메서드에서 괄호를 사용해서 구분했기 때문이다.

만약 지금 머리를 긁적이면서 이게 왜 동작하는지 잘 이해되지 않아도 걱정할 것 없다. 이제부터 더 자세히 `parseExpression` 메서드를 들여다볼 예정이니 말이다.

프랫 파싱은 어떻게 동작하는가

본 프랫(Vaughan Pratt)은 그의 논문 〈하향식 연산자 우선순위(Top Down Operator Precedence)〉에서 parseExpression에 담긴 알고리즘 그리고 이 알고리즘과 파싱 함수(parsing functions), 연산자 우선순위가 어떻게 결합하는지 자세히 설명하였다. 그러나 논문에서 설명한 구현체와 우리가 작성한 구현체 사이에는 다른 점이 있다.

프랫(Pratt)은 `Parser` 구조체를 정의해 쓰지 않았고, `*Parser`에 정의된 메서드를 주고받는 방식으로도 만들지 않았다. 또한 맵(maps)을 사용하지 않았으며, 당연하지만 Go도 사용하지 않았다. 프랫의 논문은 Go가 나오기 36년 전에 출판되었다. 또한 명명법에도 몇 가지 차이가 있다. 우리가 prefixParseFns라고 부르는 것을 프랫은 '너드(nud - null denotation)'라고 불렀고, infixParseFns를 '레드(led - left denotation)'라고 불렀다.

의사코드로 공식화(formulation)하기도 했지만, 우리가 작성한 `parseExpression` 메서드는 프랫의 논문에 나온 코드와 놀라울 정도로 유사하다. 같은 알고리즘을 거의 변경 없이 그대로 사용했다.

우린 프랫 파싱이 동작하는 이유를 이론적으로 탐구하진 않을 것이다. 그냥 파서가 어떻게 동작하는지 추적할 것이고, 예제를 보면서 우리가 작성한 퍼즐 조각들(`parseExpression` 메서드, 파싱 함수, 우선순위)이 어떻게 맞추어지는지 관찰할 것이다. 예를 들어 아래와 같은 표현식을 파싱한다고 해보자.

```
1 + 2 + 3;
```

위 표현식을 파싱할 때 가장 어려운 문제는 모든 연산자와 피연산자를 AST로 표현하는 것이 아니라, AST 노드들을 규칙에 맞게 중첩하는 것이다. 우리가 출력해야 할 AST(문자열로 직렬화된 형태)는 아래와 같다.

```
((1 + 2) + 3)
```

위 AST는 *ast.InfixExpression 노드를 두 개 가져야 한다. 상위 트리에 있는 *ast.InfixExpression은 정수 리터럴 3을 Right(오른쪽) 자식 노드로, 나머지 *ast.InfixExpression을 Left(왼쪽) 자식 노드로 가져야 한다. Left(왼쪽) 자식 노드인 *ast.InfixExpression이 앞서 말한 두 노드 중 하나이고, 이 노드는 정수 리터럴 1을 Left(왼쪽) 자식 노드로, 정수 리터럴 2를 Right(오른쪽) 자식 노드로 가져야 한다. [그림 2-2]처럼 말이다.

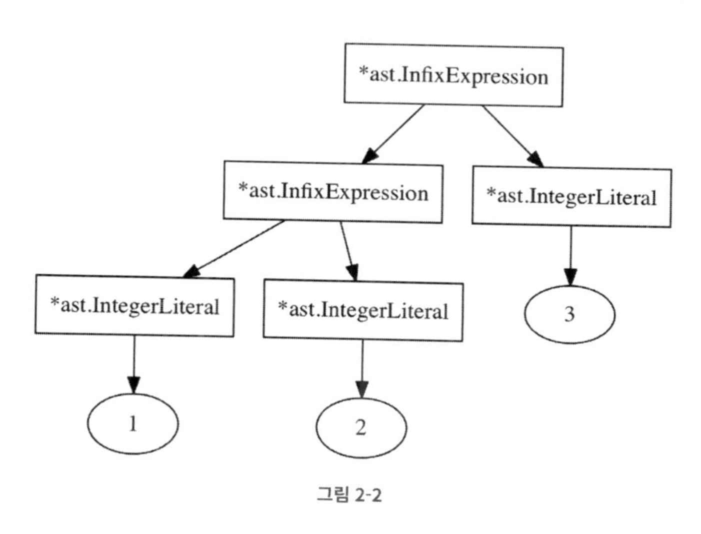

그림 2-2

[그림 2-2]는 정확히 `1 + 2 + 3;`을 파싱했을 때 나온 결과물이다. 대체 무슨 일이 일어났을까? 앞으로 나올 지면에서 이를 다뤄볼 것이다. parseExpressionStatement가 처음 호출된 직후 파서에 무슨 일이 일어났는지 자세히 살펴보자. 아래 나올 내용을 읽을 때, 코드를 열어 두고 읽을 것을 추천한다.

그럼 시작해보자. 이제부터 `1 + 2 + 3;`을 파싱할 때 일어나는 일을 자세히 살펴볼 것이다.

parseExpressionStatement는 parseExpression(LOWEST)의 형태로 parseExpression 메서드를 호출한다. p.curToken은 1, p.peekToken은 +가 된다. [그림 2-3]을 보자.

그림 2-3

parseExpression이 하는 첫 번째 일은 p.curToken.Type과 연관된 prefixParseFn이 있는지 검사하는 일이다. [그림 2-3]에 적용해 보면, p.curToken.Type은 token.INT이고, 연관된 prefixParseFn은 parseIntegerLiteral이다. 이제 parseIntegerLiteral을 호출하고 반환값으로 *ast.IntegerLiteral 노드를 받는다. parseExpression은 이 노드를 지역 변수 leftExp에 넣어둔다.

다음으로 아래와 같이 parseExpression 내에 반복문이 나온다. 조건식은 참(true)으로 평가된다.

```
for !p.peekTokenIs(token.SEMICOLON) && precedence < p.peekPrecedence() {
    // [...]
}
```

[그림 2-3]을 기준으로 p.peekToken은 token.SEMICOLON이 아니다. p.peekPrecedence 메서드를 호출하면 + 토큰이 가진 우선순위 값을 반환한다. precedence에는 parseExpression에 전달된 인수인 LOWEST의 우선순위 값이 있다. 그러므로 p.peekPrecedence의 반환값이 precedence보다 우선순위가 높다. 아래는 앞서 정의한 연산자 우선순위 상수들이다. 독자의 기억을 되살리기 위해 다시 가져왔다.

```
// parser/parser.go

const (
    _ int = iota
    LOWEST
    EQUALS      // ==
    LESSGREATER // > 또는 <
    SUM         // +
    PRODUCT     // *
```

```
    PREFIX      // -X 또는 !X
    CALL        // myFunction(X)
)
```

그러므로 조건문은 true로 평가되고 parseExpression은 반복문의 몸체를 실행한다. 반복문의 몸체는 다음과 같다.

```
infix := p.infixParseFns[p.peekToken.Type]
if infix == nil {
    return leftExp
}

p.nextToken()

leftExp = infix(leftExp)
```

parseExpression 메서드 안에서 p.peekToken.Type에 대응하는 infixParseFn을 가져온다. 다시 말해 위 코드에서 infix는 *Parser에 정의된 parseInfixExpression이 된다. parseInfixExpression을 호출하여 그 결괏값을 leftExp(leftExp 변수를 재사용)에 저장하기 전에 p.nextToken을 호출하는데, 메서드 호출 후에는 p.curToken과 p.peekToken은 다음과 같이 위치하게 된다.

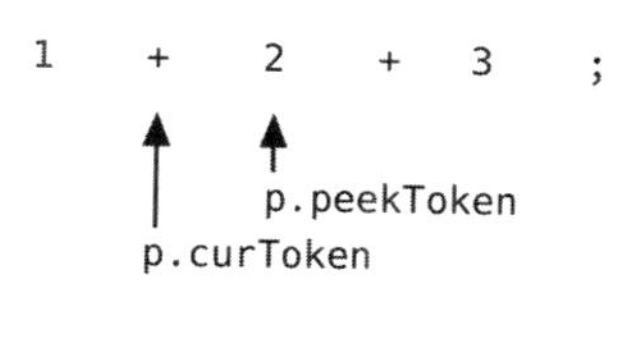

그림 2-4

토큰 위치가 위 [그림 2-4]와 같을 때, (parseExpression 함수 안에서) parseInfixExpression을 호출하고, 미리 파싱해둔(for 문 바깥에서 leftExp 변수에 넣어둔) *ast.IntegerLiteral 노드를 넘긴다. 그러고 나서 parseInfixExpression 메서드 안에서 벌어지는 일이 정말로 흥미롭다. parseInfixExpression 메서드를 다시 보자.

```go
// parser/parser.go

func (p *Parser) parseInfixExpression(left ast.Expression) ast.Expression {
    expression := &ast.InfixExpression{
        Token:    p.curToken,
        Operator: p.curToken.Literal,
        Left:     left,
    }

    precedence := p.curPrecedence()
    p.nextToken()
    expression.Right = p.parseExpression(precedence)

    return expression
}
```

앞서 말했듯, left는 이미 파싱해둔 *ast.IntegerLiteral이고, 정수 1을 표현하고 있다.

parseInfixExpression이 p.curToken(첫 번째 + 토큰)의 우선순위(precedence)를 보존하고 있다. 또한 nextToken 메서드를 호출해서 토큰을 이동시키고, 조금 전에 저장해둔 우선순위를 전달하여 parseExpression을 다시 호출한다. 따라서 지금까지 parseExpression은 두 번 불린 셈이다. 이때 토큰의 상태는 다음과 같다.

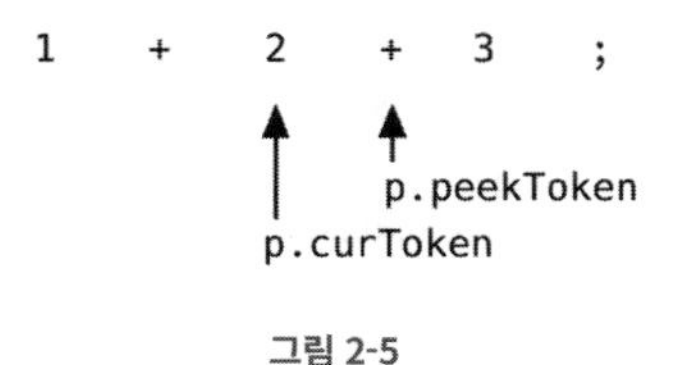

그림 2-5

다시 parseExpression이 가장 먼저 하는 일은 p.curToken에 연관된 prefixParseFn을 찾는다. 그리고 찾은 함수는 전과 마찬가지로 parseIntegerLiteral이다. 단, 이번엔 반복문의 조건이 false로 평가된다. 왜냐하면 parseExpressions에 전달된 우선순위는 1 + 2 + 3의 첫 번째 + 연산자의 우선순위인데, 이 값이 p.peekToken이 가리키는 두 번째 + 연산자의 우선순위 값보다 작지 않고 같기 때문이다. 따라서 반복문의 몸체는 실행되지 않고 2를 나타내는 *ast.IntegerLiteral 노드가 반환된다.

다시 parseInfixExpression으로 돌아가서, parseExpression의 반환값은 새로 생성할 *ast.InfixExpression이 가지는 Right 필드에 저장된다. 그러고 나면 [그림2-6]과 같게 된다.

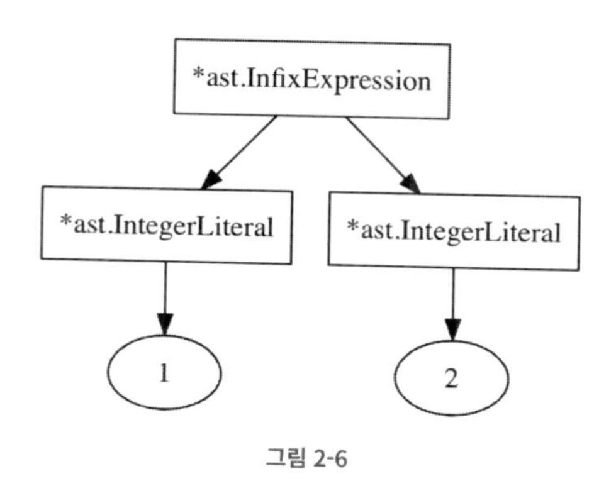

그림 2-6

parseInfixExpression 메서드가 *ast.InfixExpression 노드를 반환하고 나서 가장 바깥쪽 parseExpression 몸체로 다시 돌아온다. 이곳에서 우선순위 값은 아직 LOWEST이다. 시작 부분으로 돌아왔고 따라서 반복문 조건을 다시 평가해야 한다.

```
for !p.peekTokenIs(token.SEMICOLON) && precedence < p.peekPrecedence() {
    // [...]
}
```

반복 조건은 이번에도 true로 평가된다. 왜냐하면 우선순위 값은 LOWEST이고 peekPrecedence()가 표현식에서 두 번째 + 연산자의 우선순위 값을 반환하는데, 이 값이 LOWEST보다 크기 때문이다. parseExpression은 반복문 몸체를 두 번째 실행한다. 차이가 있다면 첫 번째 실행에서는 leftExp가 1을 나타내는 *ast.IntegerLiteral이었지만, 이번에는 parseInfixExpression 메서드로 반환받은 1 + 2라는 표현식인 *ast.InfixExpression이다.

반복문 몸체에서 parseExpression은 p.peekToken.Type과 연관된 infixParseFn인 parseInfixExpression을 가져오고, nextToken을 호출해서 토큰을 진행시킨 다음 parseInfixExpression 메서드에 leftExp를 인수로 넘겨 호출한다. 이어서 parseInfixExpression은 parseExpression을 다시 호출하는데, 이때 표현식에서 3을 나타내는 마지막 *ast.IntegerLiteral 노드를 반환한다.

결국, 반복문 몸체 마지막에서 leftExp는 [그림 2-7]과 같다.

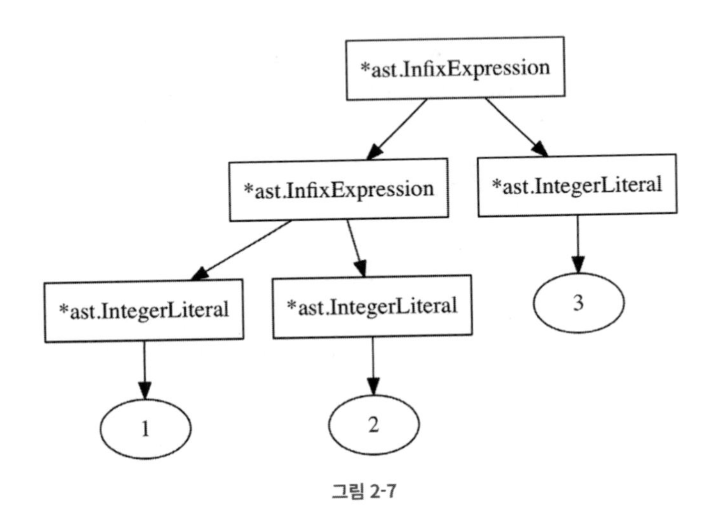

그림 2-7

우리가 원하던 결과를 얻어냈다! 연산자와 피연산자의 중첩이 잘 동작하고 있다.

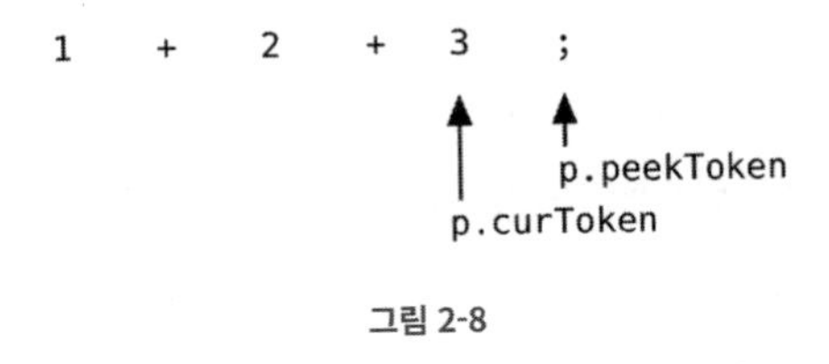

그림 2-8

이제 반복문 조건은 false로 평가된다.

```
for !p.peekTokenIs(token.SEMICOLON) && precedence < p.peekPrecedence() {
    // [...]
}
```

p.peekTokenIs(token.SEMICOLON)이 true로 평가되므로, 반복문 몸체 실행을 멈추고 반복문을 빠져나간다.

엄밀히 말해 p.peekTokenIs(token.SEMICOLON)은 필요하지 않다. peekPrecedence 메서드는 p.peekToken.Type의 우선순위를 찾을 수 없으면 기본값인 LOWEST를 반환하는데, token.SEMICOLON이 바로 우선순위를 찾을 수 없는 토큰이기 때문이다. 그러나 나는 표현식을 끝내는 구분자로 세미콜론을 사용하는 게 훨씬 분명하고 이해하기 쉽다고 생각한다.

드디어 끝났다! parseExpression 안에서 반복문이 종료됐고 leftExp를 결과로 반환했다. 파서는 다시 parseExpressionStatement로 돌아왔고, 최종 결과물로 잘 만들어진 *ast.InfixExpression 노드를 손에 넣었다. 그리고 이 노드가 *ast.ExpressionStatement 안에서 Expression으로 사용된다.

우리는 파서가 1 + 2 + 3을 파싱하기 위해 어떤 과정을 거치는지 보았다. 정말 흥미롭지 않은가? 나는 우선순위와 peekPrecedence 메서드를 활용하는 방법이 특히 흥미로웠다. 그런데 만약 '진짜 우선순위 문제(real precedence issue)'가 발생하면 어떻게 될까? 위 예제에서는 + 연산자만 사용했고 따라서 모두 같은 우선순위를 가졌다. 도대체 연산자의 우선순위 차이를 통해 구현하려는 게 무엇일까? 그냥 모든 연산자에 LOWEST나 HIGEST 따위를 기본값으로 사용하면 안 되는 것일까?

결론만 말하면 그럴 수 없다. 그렇게 하면 잘못된 AST가 만들어진다. 우리의 목표는 더 높은 우선순위를 가진 연산자를 포함하는 표현식이, 트리상에서 더 깊게 위치하도록 만드는 데 있다. 우리는 parseExpression 메서드에서 우선순위(precedence)를 인수로 넘겨서 이 목표를 달성했다.

parseExpression이 호출될 때, precedence 값은 parseExpression 메서드를 호출하는 현재의 시점에서 갖게 되는 '오른쪽으로 묶이는 힘(right-binding power)'을 나타낸다. 오른쪽으로 묶이는 힘은 무엇을 말하는 걸까? 이 힘이 강할수록 현재의 표현식 오른쪽에 (미래에 peek token이 될) 더 많은 토큰/연산자/피연산자를 '묶을(bind)' 수 있다. 즉 오른쪽이 더 많이 '빨아들이게(suck in)' 된다.

만약 현재 오른쪽으로 묶이는 힘이 가질 수 있는 최댓값이라면, 그동안 파싱한 것(leftExp에 들어 있는 노드)은 다음 연산자(또는 다음 토큰)와 연관된 infixParseFn에 전달이 불가능하다. 다시 말해 어떤 InfixExpression 노드의 왼쪽 자식 노드로 결정될 수가 없다. 왜냐하면 반복문의 조건이 언제나 false로 평가되기 때문이다.

오른쪽으로 묶이는 힘(right-binding power, 이하 RBP)과 대조되는 말로, 예상했겠지만 '왼쪽으로 묶이는 힘(left-binding power, 이하 LBP)'이 있다. 그러면 어떤 값이 LBP를 나타낼까? parseExpression에 전달된 precedence 인수는 현재 RBP를 의미하는데, 다음 연산자가 가지는 LBP는 어떤 값에서 가져와야 할까? 한마디로 말하면, peekPrecedence()가 LBP를 의미한다. 이 메서드 호출의 결괏값이 바로 다음 연산자 혹은 다음 p.peekToken이 가지는 LBP이다.[22]

결국에는 반복문의 조건(precedence < p.peekPrecedence())으로 돌아왔다. 반복 조건은 결국 다음 연산자/토큰의 LBP가 현재 RBP보다 강한지 검사하는 것이다. 만약 LBP가 더 강하다면, 그 시점까지 파싱한 노드는 다음 연산자에 의해 왼쪽에서 오른쪽으로 빨려 들어간다. 그리고 다음 연산자와 연관된 infixParseFn에 인수로 넘겨진다.

표현식문(expression statement) -1 + 2;를 파싱한다고 가정해보자. 만들어질 AST는 (-1) + 2여야 하고, -(1 + 2)가 되어서는 안 된

22 (옮긴이) RBP(Right Binding Power) / LBP(Left Binding Power): 책의 원저자는 right-binding power와 left binding power를 줄여 쓰지 않았지만, 한글로 풀어서 썼을 때 너무 길어져서 한눈에 들어오지 않는 단점이 있었다. 가독성을 더하고자 본 프랫(Vaughan Pratt)의 논문 〈하향식 연산자 우선순위(Top Down Operator Precedence)〉에서 사용한 줄임말로 대체하였다.

다. (parseExpressionStatement 메서드와 parseExpression 메서드 호출 후에) 가장 먼저 종료하는 메서드는 token.MINUS와 연관된 prefixParseFn인 parsePrefixExpression이다. 기억을 상기할 겸 아래에 parsePrefixExpression 메서드 전체를 옮겨 놓았다.

```
// parser/parser.go

func (p *Parser) parsePrefixExpression() ast.Expression {
    expression := &ast.PrefixExpression{
        Token:    p.curToken,
        Operator: p.curToken.Literal,
    }
    p.nextToken()
    expression.Right = p.parseExpression(PREFIX)
    return expression
}
```

위 메서드는 PREFIX를 parseExpression에 우선순위로 넘긴다. PREFIX는 위 메서드에 있는 parseExpression 호출이 가지는 RBP가 된다. PREFIX는 우선순위가 매우 높다. 최소한 우리가 정의한 코드에서는 그렇다. 그 결과로, parseExpression(PREFIX)은 절대로 1을 -1로 파싱할 일도 없고, 다른 infixParseFn에 넘길 일이 없다. 그리고 여기서는 precedence < p.peekPrecedence() 조건문이 true가 될 일이 아예 없다. 즉 어떤 infixParseFn도 -1에 있는 1을 Left 노드로 가질 수 없다는 뜻이다. 대신 1은 전위 표현식 노드의 '오른쪽' 자식 노드가 된다. 그냥 1이다. 뒤에 표현식이 따라 나오거나 파싱할 필요 없이 말이다.

parsePrefixExpression 메서드를 prefixParseFn으로 호출한 곳인 parseExpression의 바깥쪽으로 돌아가보자. 첫 번째 leftExp := prefix() 이후에, 우선순위 값은 아직 LOWEST이다. LOWEST가 가장 바깥쪽 호출에서 사용한 값이기 때문이다. 여전히 RBP는 LOWEST이다. 현재 p.peekToken은 -1 + 2 표현식 안에 있는 + 연산자이다.

이제 반복문 조건을 평가(evaluate)해서 반복문 몸체를 실행할지 말지 결정해야 한다. 그리고 + 연산자의 우선순위(p.peekPrecedence() 호출 반환값)가 현재 RBP보다 크다는 것을 확인할 수 있었다. 현재까지 파싱한 내용(전위 표현식 -1)을 + 연산자와 연관된 infixParseFn에 넘긴다. + 토큰이 갖는 LBP가 현재까지 파싱한 내용을 '빨아들이므로(suck in)' 다음에 만들 AST 노드의 '왼쪽 노드'를 만드는 데 (-1)을 사용한다.

+ 연산자에 연관된 infixParseFn은 parseInfixExpression이다. parseInfix Expression은 parseExpression을 호출할 때 + 연산자의 우선순위를 RBP로 사용한다. LOWEST를 쓰지 않는다. 왜냐하면, LOWEST를 사용하면 더 강한 LBP를 가지게 되어, + 연산자가 '오른편 노드'를 빨아들여(sucking) 버린다. 따라서 a + b + c 표현식은 우리가 원하는 AST인 ((a + b) + c) 형태가 아니라 (a + (b + c)) 형태가 된다.

높은 우선순위를 갖는 전위 연산자가 동작함을 확인했다. 그리고 중위 연산자로 사용될 때도 잘 동작했다. 연산자 우선순위 얘기에 빠지지 않는 고전적인 예제인 1 + 2 * 3을 보자. * 연산자가 가지는 LBP가 + 연산자가 가지는 RBP보다 강하다. 따라서 1 + 2 * 3을 파싱하면, * 연산자와 연관된 infixParseFn에 2가 전달된다.

모든 토큰이 같은 RBP와 LBP를 갖는다는 점을 주목해야 한다. 우린 단순히 우선순위 테이블에서 값을 하나 골라서 양쪽에 똑같이 사용했다. 우선순위 값이 갖는 의미는 문맥에 따라 달라진다.

만약 어떤 연산자가 '좌결합(left-associative)'되는 것이 아니라 '우결합'되어야 한다면 (+ 연산자를 예로 들면 (a + b) + c)가 아니라 ((a + (b + c))가 되어야 한다면), 연산자 표현식의 오른쪽 노드를 파싱할 때 반드시 더 작은 RBP를 사용해야 한다. 다른 언어에 있는 ++와 -- 연산자를 떠올려보자. 두 연산자 모두 전위 혹은 후위에서 사용 가능하다. 이 두 연산자를 보면 위치에 따라 연산자가 가지는 LBP나 RBP가 달라지는 것이 유용하다는 것을 알 수 있다.

우리는 연산자마다 LBP와 RBP를 따로 정의하지 않고 그냥 값 하나만 썼기 때문에, 정의만 바꿔서 이런 행위를 구현하는 게 불가능하다. 한편 예를 들어, + 연산자가 우결합하게 만들기 위해 parseExpression을 호출할 때 우선순위를 줄이는 방법을 쓸 수 있다.

```
// parser/parser.go

func (p *Parser) parseInfixExpression(left ast.Expression) ast.Expression {
    expression := &ast.InfixExpression{
        Token:    p.curToken,
        Operator: p.curToken.Literal,
        Left:     left,
    }

    precedence := p.curPrecedence()
    p.nextToken()
    expression.Right = p.parseExpression(precedence)
                                                // ^^^ 이 값을 감소시켜서 RBP를 작게 만든다

    return expression
}
```

어떻게 바꿀 수 있는지 보여주기 위해 잠시 아래처럼 바꿔보겠다.

```
// parser/parser.go

func (p *Parser) parseInfixExpression(left ast.Expression) ast.Expression {
    expression := &ast.InfixExpression{
        Token:    p.curToken,
        Operator: p.curToken.Literal,
        Left:     left,
    }

    precedence := p.curPrecedence()
    p.nextToken()

    if expression.Operator == "+" {
        expression.Right = p.parseExpression(precedence - 1)
    } else {
        expression.Right = p.parseExpression(precedence)
    }

    return expression
}
```

이제 테스트를 돌려보면, 테스트 결과가 + 연산자가 '우결합(right-associative)'한다고 말하고 있다.

```
$ go test -run TestOperatorPrecedenceParsing ./parser
--- FAIL: TestOperatorPrecedenceParsing (0.00s)

parser_test.go:359: expected="((a + b) + c)", got="(a + (b + c))"
parser_test.go:359: expected="((a + b) - c)", got="(a + (b - c))"
parser_test.go:359: expected="(((a + (b * c)) + (d / e)) - f)",\
    got="(a + ((b * c) + ((d / e) - f)))"
FAIL
```

드디어 parseExpression 메서드 속으로 떠난 긴 여정에 마침표를 찍었다. 만약 독자가 아직도 정확히 이해되지 않거나 불명확한 부분이 있다는 생각이 든다면, 걱정할 것 없다. 나도 같은 경험을 했다. 한편 정말 도움이 되었던 코드를 소개하자면, 표현식을 파싱할 때 무슨 일이 일어났는지 볼 수 있도록 파서가 갖는 각 메서드에 tracing 문을 넣는 것이다. 이 장과 함께 제공되는 code 폴더에는 ./parser/parser_tracing.go 파일이 있다. 여태까지 언급한 적이 없는 내용이다. 이 파일은 함수 두 개를 정의한다. trace와 untrace이다. 이 두 함수가 파서를 이해하는 데 큰 도움을 줄 것이다. 아래처럼 사용하면 된다.

```
// parser/parser.go

func (p *Parser) parseExpressionStatement() *ast.ExpressionStatement {
    defer untrace(trace("parseExpressionStatement"))
    // [...]
}

func (p *Parser) parseExpression(precedence int) ast.Expression {
    defer untrace(trace("parseExpression"))
    // [...]
}

func (p *Parser) parseIntegerLiteral() ast.Expression {
    defer untrace(trace("parseIntegerLiteral"))
    // [...]
}

func (p *Parser) parsePrefixExpression() ast.Expression {
    defer untrace(trace("parsePrefixExpression"))
    // [...]
}
```

```
func (p *Parser) parseInfixExpression(left ast.Expression) ast.Expression {
    defer untrace(trace("parseInfixExpression"))
    // [...]
}
```

트레이싱 문을 넣으면, 이제 파서가 무엇을 했는지 알 수 있다. 아래는 테스트 스윗에 있는 표현식문 `-1 * 2 + 3`을 파싱한 결과를 출력한 것이다.

```
$ go test -v -run TestOperatorPrecedenceParsing ./parser
=== RUN   TestOperatorPrecedenceParsing
BEGIN parseExpressionStatement
        BEGIN parseExpression
                BEGIN parsePrefixExpression
                        BEGIN parseExpression
                                BEGIN parseIntegerLiteral
                                END parseIntegerLiteral
                        END parseExpression
                END parsePrefixExpression
                BEGIN parseInfixExpression
                        BEGIN parseExpression
                                BEGIN parseIntegerLiteral
                                END parseIntegerLiteral
                        END parseExpression
                END parseInfixExpression
                BEGIN parseInfixExpression
                        BEGIN parseExpression
                                BEGIN parseIntegerLiteral
                                END parseIntegerLiteral
                        END parseExpression
                END parseInfixExpression
        END parseExpression
END parseExpressionStatement
--- PASS: TestOperatorPrecedenceParsing (0.00s)
PASS
ok    monkey/parser   0.204s
```

파서 확장하기

파서를 확장하기에 앞서 먼저 테스트 스윗(test suite)을 정리하고 확장할 필요가 있다. 전체 변경 사항을 쭉 나열해서 독자를 지루하게 만들

생각은 없다. 그러니 테스트를 쉽게 이해할 수 있도록 도와줄 작은 도움 함수 몇 개만 보여주겠다.[23]

앞에서 이미 testIntegerLiteral이라는 테스트 도움 함수를 정의한 적이 있다. 두 번째 도움 함수는 testIdentifier이다. 이 함수는 다른 테스트들도 정리할 수 있게 해준다.

```
// parser/parser_test.go

func testIdentifier(t *testing.T, exp ast.Expression, value string) bool
{
    ident, ok := exp.(*ast.Identifier)
    if !ok {
        t.Errorf("exp not *ast.Identifier. got=%T", exp)
        return false
    }

    if ident.Value != value {
        t.Errorf("ident.Value not %s. got=%s", value, ident.Value)
        return false
    }

    if ident.TokenLiteral() != value {
        t.Errorf("ident.TokenLiteral not %s. got=%s", value,
            ident.TokenLiteral())
        return false
    }

    return true
}
```

testIntegerLiteral과 testIdentifier를 써서 더 일반화된 도움 함수를 만들어낸 점이 흥미롭다.

```
// parser/parser_test.go
```

23 (옮긴이) 비록 저자는 자세히 언급하지 않았지만 혹시라도 다음 섹션에서 혼란스러울까 봐 언급하자면, 이번 섹션에서는 후술할 코드로 기존 테스트 스윗을 리팩터링 한다. 이에 따라 parser_test.go를 수정했다고 전제하고 내용을 진행한다. 그러니 지금까지 작성한 parser_test.go 파일이 어떻게 변할지 미리 생각해보고 첨부된 코드를 열어서 어떻게 변했는지 확인하면서 진행하길 권한다.

```
func testLiteralExpression(
    t *testing.T,
    exp ast.Expression,
    expected interface{},
) bool {
    switch v := expected.(type) {
    case int:
        return testIntegerLiteral(t, exp, int64(v))
    case int64:
        return testIntegerLiteral(t, exp, v)
    case string:
        return testIdentifier(t, exp, v)
    }
    t.Errorf("type of exp not handled. got=%T", exp)
    return false
}

func testInfixExpression(t *testing.T, exp ast.Expression,
    left interface{}, operator string, right interface{}) bool {

    opExp, ok := exp.(*ast.InfixExpression)
    if !ok {
        t.Errorf("exp is not ast.InfixExpression. got=%T(%s)",
            exp, exp)
        return false
    }

    if !testLiteralExpression(t, opExp.Left, left) {
        return false
    }

    if opExp.Operator != operator {
        t.Errorf("exp.Operator is not '%s'. got=%q", operator,
            opExp.Operator)
        return false
    }

    if !testLiteralExpression(t, opExp.Right, right) {
        return false
    }

    return true
}
```

위 코드를 작성하고 나면 아래와 같은 테스트 코드를 작성할 수 있다.

```
testInfixExpression(t, stmt.Expression, 5, "+", 10)
testInfixExpression(t, stmt.Expression, "alice", "*", "bob")
```

파서가 만들어낸 AST의 속성(properties)을 더 쉽게 테스트할 수 있게 됐다. 내가 먼저 해보고 기존 파서 테스트 코드에서 새로 작성한 테스트 도움 함수를 사용하도록 변경했다. parser/parser_test.go 파일을 열면 정리되고 확장한 테스트 스윗(test suite)를 볼 수 있다.

불 리터럴

Monkey 언어가 잘 동작할 수 있도록 파서와 AST에 구현할 것이 몇 가지 더 남아 있다. 불 리터럴(boolean literals)이 가장 쉬우니 이것부터 시작해보자. Monkey 언어에서 우리는 어떤 표현식 위치에도 불(boolean)을 대입할 수 있다. 아래 코드를 보자.

```
true;
false;
let foobar = true;
let barfoo = false;
```

식별자와 정수 리터럴처럼 불 리터럴의 AST 표현은 매우 간단하다.

```
// ast/ast.go

type Boolean struct {
    Token token.Token
    Value bool
}

func (b *Boolean) expressionNode()      {}
func (b *Boolean) TokenLiteral() string { return b.Token.Literal }
func (b *Boolean) String() string       { return b.Token.Literal }
```

Value 필드는 불 타입값을 갖는다. 여기에는 참값이나 거짓값이 들어가는데, Monkey 언어의 리터럴이 아닌 Go 언어의 불값이 들어간다. 이제 불 리터럴을 표현하는 AST 노드를 정의했으니, 테스트를 추가해보자.

TestBooleanExpression 테스트 함수는 기존 TestIdentifierExpression

메서드, TestIntegerLiteralExpression 메서드와 너무나 비슷해서, 코드를 지면에 싣지는 않았다. 어떻게 불 리터럴을 파싱할지, 방향을 제시해주는 에러 메시지를 보여주는 정도로 충분할 것이다.

```
$ go test ./parser
--- FAIL: TestBooleanExpression (0.00s)

parser_test.go:470: parser has 1 errors
parser_test.go:472: parser error: "no prefix parse function for TRUE found"

FAIL
FAIL    monkey/parser   0.008s
```

당연히 token.TRUE와 token.FALSE 토큰과 연관된 prefixParseFn에 등록해야 한다.

```
// parser/parser.go

func New(l *lexer.Lexer) *Parser {
    // [...]

    p.registerPrefix(token.TRUE, p.parseBoolean)
    p.registerPrefix(token.FALSE, p.parseBoolean)

    // [...]
}
```

parseBoolean 메서드는 예상했던 모습 그대로이다.

```
// parser/parser.go

func (p *Parser) parseBoolean() ast.Expression {
    return &ast.Boolean{Token: p.curToken, Value: p.curTokenIs(token.TRUE)}
}
```

흥미로울 만한 코드는 p.curTokenIs(token.TRUE) 메서드를 인라인(inline) 호출한 부분이다. 사실 이것조차 그렇게까지 흥미롭지는 않다. 나머지는 너무 직관적이라서 하품이 나올 지경이다. 달리 말하자면 우리의 파서 구조는 훌륭히 작동하고 있다는 뜻이다. 지금까지 언급한 내용이 프랫(Pratt)식 접근법의 아름다움이다. 확장이 너무 쉽다.

테스트가 초록불을 띄운다.

```
$ go test ./parser
ok   monkey/parser   0.006s
```

방금 구현한 불 리터럴을 기존 테스트에 통합할 수 있도록 테스트 코드를 확장해보자. 첫 번째 후보는 TestOperator PrecedenceParsing 메서드이다.

```
// parser/parser_test.go

func TestOperatorPrecedenceParsing(t *testing.T) {
    tests := []struct {
        input string
        expected string
    }{
    // [...]
        {
            "true",
            "true",
        },
        {
            "false",
            "false",
        },
        {
            "3 > 5 == false",
            "((3 > 5) == false)",
        },
        {
            "3 < 5 == true",
            "((3 < 5) == true)",
        },
    }
    // [...]
}
```

기존 testLiteralExpression을 확장하고 testBooleanLiteral을 새로 만들었다. 따라서 더 많은 테스트 메서드에서 불 리터럴을 테스트할 수 있게 됐다.

```
// parser_test.go

func testLiteralExpression(
    t *testing.T,
    exp ast.Expression,
    expected interface{},
) bool {
    switch v := expected.(type) {
    // [...]
    case bool:
        return testBooleanLiteral(t, exp, v)
    }
    // [...]
}

func testBooleanLiteral(t *testing.T, exp ast.Expression, value bool) bool {
    bo, ok := exp.(*ast.Boolean)
    if !ok {
        t.Errorf("exp not *ast.Boolean. got=%T", exp)
        return false
    }

    if bo.Value != value {
        t.Errorf("bo.Value not %t. got=%t", value, bo.Value)
        return false
    }

    if bo.TokenLiteral() != fmt.Sprintf("%t", value) {
        t.Errorf("bo.TokenLiteral not %t. got=%s", value,
            bo.TokenLiteral())
        return false
    }

    return true
}
```

특별히 보아야 할 코드는 없다. 단지 switch 문에 case를 하나 추가했고, 도움 함수도 하나 추가했다. 이 둘을 추가했기에, 이제 TestParsingInfixExpressions을 쉽게 확장할 수 있다.

```
// parser/parser_test.go

func TestParsingInfixExpressions(t *testing.T) {
    infixTests := []struct {
        input      string
```

```
        leftValue  interface{}
        operator   string
        rightValue interface{}
    }{
        // [...]
        {"true == true", true, "==", true},
        {"true != false", true, "!=", false},
        {"false == false", false, "==", false},
    }

    for _, tt := range infixTests {
        // [...]
        if !testInfixExpression(t, stmt.Expression, tt.leftValue,
            tt.operator, tt.rightValue) {
            return
        }
    }
}
```

또한 TestParsingPrefixExpressions은 확장이 매우 쉽다. 그냥 테스트 테이블에 들어갈 내용을 하나 추가하면 된다.

```
// parser/parser_test.go

func TestParsingPrefixExpressions(t *testing.T) {
    prefixTests := []struct {
        input    string
        operator string
        value    interface{}
    }{
        // [...]
        {"!true;", "!", true},
        {"!false;", "!", false},
    }
    // [...]
}
```

또 한 번 자화자찬을 해도 될 것 같다. 불 파싱 로직을 구현했고 테스트를 확장했다! 덕분에 앞으로 테스트 커버리지(test coverage)[24]를 더 늘

24 테스트 품질(test quality)을 측정하기 위한 수단으로 테스트 코드가 소스코드를 얼마만큼 실행하고 있는지 보여주는 척도이다. 단순한 예로 설명하면, 메서드가 두 개 있고 테스트 함수가 메서드를 하나만 테스트하고 있다면 테스트 커버리지는 50%이다.

릴 수 있게 됐고, 도구로 사용할 함수도 더 늘었다. 훌륭하다!

그룹 표현식

다음에 볼 내용은 "본 프랫이 보여준 가장 위대한 묘기"라고 부르는 것이다. 사실, 조금 거짓말을 했다. 그렇게 부르는 사람은 아무도 없다. 그만큼 '그룹 표현식(grouped expressions)'이 훌륭하다고 나는 말하고 싶다! Monkey 언어에서는 괄호 한쌍을 사용해 표현식을 그룹으로 만들 수 있다. 그룹이 만들어지면 우선순위에 변동이 생기고 해당 문맥에서 표현식이 평가되는 순서가 달라진다. 앞서 보았던 교과서 같은 예제를 살펴보자.

```
(5 + 5) * 2;
```

괄호 한쌍이 `5 + 5` 표현식을 그룹 짓는다. 따라서 `5 + 5` 표현식에 더 높은 우선순위가 부여되고, 이 표현식은 AST에서 더 깊은 곳에 자리를 잡게 된다. 결과적으로 위 산술 표현식은 순서에 맞게 평가(evaluation)된다.

어떤 독자는 이렇게 생각할 수도 있다. "제발요, 또 우선순위인가요? 아직도 머리가 아프다고요!" 그리고 이 장의 마지막으로 그냥 넘어가려고 할 수 있다. 그러지 않았으면 한다! 이 내용은 정말 꼭 봐야 한다!

우린 그룹 표현식(grouped expressions)에 한정된 단위 테스트를 작성하지 않을 것이다. 왜냐하면 그룹 표현식(grouped expressions)은 별도로 AST 노드 타입을 정의하여 표현할 필요가 없기 때문이다. 따라서 기존 AST를 변경하지 않고도 그룹 표현식(grouped expressions)을 파싱할 수 있다는 뜻이다. 대신에 테스트 함수 `TestOperatorPrecedenceParsing`를 확장해서 괄호가 표현식을 제대로 묶어내는지, 묶어낸 결과 AST에 영향을 주는지 확인하려 한다.

```
// parser/parser_test.go

func TestOperatorPrecedenceParsing(t *testing.T) {
```

```
    tests := []struct {
        input    string
        expected string
    }{
        // [...]
        {
            "1 + (2 + 3) + 4",
            "((1 + (2 + 3)) + 4)",
        },
        {
            "(5 + 5) * 2",
            "((5 + 5) * 2)",
        },
        {
            "2 / (5 + 5)",
            "(2 / (5 + 5))",
        },
        {
            "-(5 + 5)",
            "(-(5 + 5))",
        },
        {
            "!(true == true)",
            "(!(true == true))",
        },
    }

    // [...]
}
```

예상대로 테스트는 실패한다.

```
$ go test ./parser
--- FAIL: TestOperatorPrecedenceParsing (0.00s)

parser_test.go:531: parser has 3 errors
parser_test.go:533: parser error: "no prefix parse function for ( found"
parser_test.go:533: parser error: "no prefix parse function for ) found"
parser_test.go:533: parser error: "no prefix parse function for + found"

FAIL
FAIL    monkey/parser   0.007s
```

아래 코드는 정말 놀랍다는 말밖에 할 말이 없다. 테스트를 통과하기 위해 우리가 추가할 코드는 이것이 전부다!

```
// parser/parser.go

func New(l *lexer.Lexer) *Parser {
    // [...]
    p.registerPrefix(token.LPAREN, p.parseGroupedExpression)
    // [...]
}

func (p *Parser) parseGroupedExpression() ast.Expression {
    p.nextToken()

    exp := p.parseExpression(LOWEST)

    if !p.expectPeek(token.RPAREN) {
        return nil
    }

    return exp
}
```

믿어지는가? 정말로 이게 전부다! 테스트는 통과하고 괄호는 기대한 대로 동작한다. 괄호 한쌍이 표현식을 감싸고 해당 표현식이 갖는 우선순위가 높아진다. 토큰 타입과 함수를 연관시키는 아이디어가 빛을 발하는 지점이다. 더할 나위 없이 간단하다. 처음 보는 코드나 동작은 아무것도 없다.

말하지 않았는가! 정말 놀라울 정도의 묘기다. 그럼 이 마법 같은 코드가 가지는 힘을 계속해서 느껴보자.

조건 표현식

다른 언어처럼, Monkey 언어도 `if`와 `else`를 사용할 수 있다.

```
if (x > y) {
  return x;
} else {
  return y;
}
```

else는 선택적이어서 빼버릴 수 있다.

```
if (x > y) {
  return x;
}
```

모두 친숙한 코드밖에 없다. 그런데 Monkey 언어에서 if-else-조건식(if-else-conditionals)은 표현식이다. 다시 말해, if-else-조건식은 값을 만들어낸다는 뜻이다. 그리고 (else가 없는) if 표현식이면 마지막으로 평가된 행일 때 값을 만들어낸다. 그리고 아래와 같이 쓰이면 return 문이 필요치 않다.

```
let foobar = if (x > y) { x } else { y };
```

if-else-조건식이 갖는 구조를 굳이 설명하지는 않겠다. 그러나 명칭은 분명히 하고 넘어가자.

```
if (<condition>) <consequence> else <alternative>
```

중괄호({})는 <consequence>와 <alternative>의 일부이다. 왜냐하면 둘 다 블록문(block statement)이기 때문이다. 블록문은 여는 중괄호({)와 닫는 중괄호(})로 감싼 일련의 명령문(Monkey 언어의 프로그램처럼)이다.

지금까지 우리의 성공 레시피는 다음과 같았다.

1. AST 노드를 정의한다.
2. 테스트를 작성한다.
3. 파싱 코드를 작성해 테스트를 통과한다.
4. 스스로에게 박수 치며 자축한다.

바꿀 이유가 있을까? 이 순서대로 가보자.

아래는 ast.IfExpression AST 노드를 정의한 코드이다.

```
// ast/ast.go

type IfExpression struct {
    Token       token.Token // if 토큰
    Condition   Expression
    Consequence *BlockStatement
    Alternative *BlockStatement
}

func (ie *IfExpression) expressionNode()      {}
func (ie *IfExpression) TokenLiteral() string { return ie.Token.Literal }
func (ie *IfExpression) String() string {

    var out bytes.Buffer

    out.WriteString("if")
    out.WriteString(ie.Condition.String())
    out.WriteString(" ")
    out.WriteString(ie.Consequence.String())

    if ie.Alternative != nil {
        out.WriteString("else ")
        out.WriteString(ie.Alternative.String())
    }

    return out.String()
}
```

이 코드에는 놀랄 만한 게 없다. ast.IfExpression은 ast.Expression 인터페이스를 구현한다. 그리고 if-else-조건식을 표현하는 필드 세 개를 갖는다. Condition은 조건을 담는다. 조건은 표현식이기만 하면 된다. Consequence와 Alternative는 각각 조건의 결과와 대안을 가리킨다. 그러나 Consequence와 Alternative는 ast.BlockStatement라는 새로운 타입을 참조한다. 앞서 봤듯이 if-else-조건식이 갖는 결과 및 대안은 일련의 명령문일 뿐이다. ast.BlockStatement가 표현하는 개념이 바로 명령문 여러 개를 묶는 것이다.

```
// ast/ast.go

type BlockStatement struct {
    Token      token.Token // { 토큰
```

```
    Statements []Statement
}

func (bs *BlockStatement) statementNode()       {}
func (bs *BlockStatement) TokenLiteral() string { return bs.Token.Literal }
func (bs *BlockStatement) String() string {

    var out bytes.Buffer

    for _, s := range bs.Statements {
        out.WriteString(s.String())
    }

    return out.String()
}
```

다음은 성공 레시피의 두 번째 단계인 테스트 작성이다. 이제는 꽤 능숙해졌을 테니 테스트도 비슷해 보일 것이다.

```
// parser/parser_test.go

func TestIfExpression(t *testing.T) {
    input := `if (x < y) { x }`

    l := lexer.New(input)
    p := New(l)
    program := p.ParseProgram()
    checkParserErrors(t, p)

    if len(program.Statements) != 1 {
        t.Fatalf("program.Statements does not contain %d statements. got=%d\n",
            1, len(program.Statements))
    }

    stmt, ok := program.Statements[0].(*ast.ExpressionStatement)
    if !ok {
        t.Fatalf("program.Statements[0] is not ast.ExpressionStatement. got=%T",
            program.Statements[0])
    }

    exp, ok := stmt.Expression.(*ast.IfExpression)
    if !ok {
        t.Fatalf("stmt.Expression is not ast.IfExpression. got=%T",
            stmt.Expression)
```

```
    }

    if !testInfixExpression(t, exp.Condition, "x", "<", "y") {
        return
    }

    if len(exp.Consequence.Statements) != 1 {
        t.Errorf("consequence is not 1 statements. got=%d\n",
            len(exp.Consequence.Statements))
    }

    consequence, ok := exp.Consequence.Statements[0].(*ast.ExpressionStatement)
    if !ok {
        t.Fatalf("Statements[0] is not ast.ExpressionStatement. got=%T",
            exp.Consequence.Statements[0])
    }

    if !testIdentifier(t, consequence.Expression, "x") {
        return
    }

    if exp.Alternative != nil {
        t.Errorf("exp.Alternative.Statements was not nil. got=%+v",
            exp.Alternative)
    }
}
```

추가로 TestIfElseExpression이라는 테스트 함수를 추가하여 아래와 같은 테스트 입력을 사용하도록 했다.[25]

```
if (x < y) { x } else { y }
```

TestIfElseExpression 안에는 *ast.IfExpression이 갖는 Alternative 필드를 검사하는 몇 가지 추가적인 단언문이 있다. 각 테스트는 반환된 *ast.IfExpression 노드의 구조를 검사한다. 그리고 도움 함수 testInfixExpression과 testIdentifer를 사용하여 조건식 자체에 집중할 수 있게 도와준다. 그리고 파서의 남은 부분이 바르게 통합될 수 있게 보장한다.

25 (옮긴이) 테스트 함수 TestIfElseExpression은 입력을 제외하고는 지면에 싣지 않았기에, 책과 함께 제공하는 코드를 참조하기 바란다.

각각의 테스트는 많은 에러를 출력하며 실패한다. 그러나 우린 테스트 실패에 이미 익숙해져 있다.

```
$ go test ./parser
--- FAIL: TestIfExpression (0.00s)

parser_test.go:659: parser has 3 errors
parser_test.go:661: parser error: "no prefix parse function for IF found"
parser_test.go:661: parser error: "no prefix parse function for { found"
parser_test.go:661: parser error: "no prefix parse function for } found"

--- FAIL: TestIfElseExpression (0.00s)
parser_test.go:659: parser has 6 errors
parser_test.go:661: parser error: "no prefix parse function for IF found"
parser_test.go:661: parser error: "no prefix parse function for { found"
parser_test.go:661: parser error: "no prefix parse function for } found"
parser_test.go:661: parser error: "no prefix parse function for ELSE found"
parser_test.go:661: parser error: "no prefix parse function for { found"
parser_test.go:661: parser error: "no prefix parse function for } found"

FAIL
FAIL    monkey/parser   0.007s
```

먼저 첫 번째 실패하는 테스트 TestIfExpression부터 시작해보자. 다른 건 몰라도 토큰 token.IF와 연관된 prefixParseFn을 등록해야 한다는 사실은 분명하다.

```
// parser/parser.go

func New(l *lexer.Lexer) *Parser {
    // [...]
    p.registerPrefix(token.IF, p.parseIfExpression)
    // [...]
}

func (p *Parser) parseIfExpression() ast.Expression {
    expression := &ast.IfExpression{Token: p.curToken}

    if !p.expectPeek(token.LPAREN) {
        return nil
    }

    p.nextToken()
```

```
    expression.Condition = p.parseExpression(LOWEST)

    if !p.expectPeek(token.RPAREN) {
        return nil
    }

    if !p.expectPeek(token.LBRACE) {
        return nil
    }

    expression.Consequence = p.parseBlockStatement()

    return expression
}
```

앞에서 본 다른 파싱 함수에서는 이 정도까지 expectPeek 메서드를 활용하지는 않았다. 그냥 딱히 필요하지 않았을 뿐이다. 여기서는 납득할 만한 이유로 expectPeek 메서드를 사용한다. expectPeek 메서드는 우리가 기대한 타입이 아니면 파서에 에러를 추가한다. 그리고 기대한 타입이 나오면 nextToken 메서드를 호출해서 p.curToken과 p.peekToken을 진행시킨다. 이것이 우리에게 딱 필요한 동작이다. 예를 들어, 여는 괄호 (가 if 다음에 나온다면 그냥 넘어가야 한다. 마찬가지로 닫는 괄호)가 조건 표현식 다음에 나온다면 그냥 지나가야 한다. 그리고 이것은 블록문이 시작됨을 나타내는 여는 중괄호 {에도 똑같이 적용된다.

parseBlockStatement 메서드 또한 파싱 함수 규약을 따른다. p.curToken과 p.peekToken을 필요한 만큼만 진행시켰기 때문에, parseBlockStatement가 호출된 시점에 p.curToken은 {를 보고 있을 것이고, 토큰 타입은 token.LBRACE가 될 것이다. 아래 parseBlockStatement 메서드를 보자.

```
// parser/parser.go

func (p *Parser) parseBlockStatement() *ast.BlockStatement {
    block := &ast.BlockStatement{Token: p.curToken}
    block.Statements = []ast.Statement{}

    p.nextToken()
```

```
    for !p.curTokenIs(token.RBRACE) && !p.curTokenIs(token.EOF) {
        stmt := p.parseStatement()
        if stmt != nil {
            block.Statements = append(block.Statements, stmt)
        }
        p.nextToken()
    }

    return block
}
```

parseBlockStatement는 블록문의 끝을 나타내는 } 또는 token.EOF를 만나기 전까지 계속해서 parseStatement를 호출한다. token.EOF는 더는 파싱할 토큰이 없다는 의미다. 이럴 때는 블록문을 제대로 파싱할 수 없으므로 parseStatement를 계속 호출할 필요가 없다.

위와 같은 구조는 2장 도입부에서 다루었던 최상단 메서드인 parseProgram의 구조와 유사하다. parseProgram 메서드에서도 '종료 토큰(end token)'을 만나기 전까지 parseStatement를 반복해서 호출했다. 그리고 parseProgram에서는 종료 토큰이 token.EOF 단 하나였다. 구조가 거의 동일하므로, 반복문을 그대로 갖다 써도 큰 문제가 되지 않는다. 그러니 이 정도 만들어두고, 이제 테스트로 눈을 돌려보자.

```
$ go test ./parser
--- FAIL: TestIfElseExpression (0.00s)

parser_test.go:659: parser has 3 errors
parser_test.go:661: parser error: "no prefix parse function for ELSE found"
parser_test.go:661: parser error: "no prefix parse function for { found"
parser_test.go:661: parser error: "no prefix parse function for } found"

FAIL
FAIL    monkey/parser   0.007s
```

예상한 대로 TestIfExpression은 통과하지만 TestIfElseExpression은 통과하지 못한다. 이제 if-else-조건식에서 else가 동작할 수 있도록 만들어보자. 무엇보다 else가 존재하는지부터 검사해야 한다. 만약 존재한다면 else 뒤에 따라 나오는 블록문을 파싱해야 한다.

```go
// parser/parser.go

func (p *Parser) parseIfExpression() ast.Expression {
    // [...]
    expression.Consequence = p.parseBlockStatement()

    if p.peekTokenIs(token.ELSE) {
        p.nextToken()

        if !p.expectPeek(token.LBRACE) {
            return nil
        }

        expression.Alternative = p.parseBlockStatement()
    }

    return expression
}
```

매우 단순하다. 메서드 전체가 else를 선택적으로 허용하게 만들었다. 즉 else가 없다고 해서 파서에 에러를 추가하지 않는다. '결과 블록문(consequence-block-statement)'을 파싱하고 나면, 다음 토큰이 token.ELSE인지 확인한다. parseBlockStatement가 끝났을 때, p.curToken은 }를 가리키고 있다. 만약 이때, token.ELSE가 peekToken이면, 토큰을 두 번 진행한다. 첫 번째는 nextToken으로 진행한다. 우리가 모두 알다시피 이때 p.peekToken은 else이다. 그다음은 expectPeek을 호출해서 진행한다. 이번에는 다음 토큰이 블록문을 여는 중괄호여야 하기 때문이다. 그렇지 않으면 프로그램은 유효하지 않은 프로그램이 되어버린다.

지금까지 본 것만 봐도 파싱에서 오프바이원 에러가 얼마나 발생하기 쉬운지 알 수 있다. 토큰을 깜박하고 진행시키지 않거나, nextToken을 잘못 호출하는 일은 예삿일이다. 모든 파싱 함수에 토큰을 진행시키는 엄격한 규약을 강제했기에 토큰 위치를 다루는 데 큰 도움이 되었다. 운이 좋게도 우리에게는 코드가 잘 동작함을 보장해줄 훌륭한 테스트 스윗이 있다.

```
$ go test ./parser
ok   monkey/parser   0.007s
```

덧붙일 말이 없다. 완벽히 잘 해냈다! 우린 또 한 번 해냈다.

함수 리터럴

눈치 빠른 독자라면 방금 작성한 parseIfExpression 메서드가 앞서 작성한 prefixParseFn나 infixParseFn에서보다 배울 거리가 더 많다는 것을 알아챘을 것이다. 가장 큰 이유는 다양한 토큰 타입과 표현식을 다뤄야 했고, 심지어 선택적인 입력까지 다뤄야 했기 때문이다. 다음 목표는 난이도와 토큰 타입의 다양성 측면에서 비슷하다. 우린 '함수 리터럴(function literals)'을 파싱해볼 것이다.

Monkey 언어에서 함수 리터럴은 함수를 정의하는 일과 같다. 함수가 어떤 파라미터를 가져야 하는지, 어떤 일을 할 것인지 등 말이다. 함수 리터럴은 다음과 같다.

```
fn(x, y) {
  return x + y;
}
```

함수 리터럴 선언은 예약어 fn으로 시작한다. 그러고 나서 파라미터 리스트를 나열하고, 뒤에 이어서 블록문을 배치한다. 블록문은 함수의 몸체(body)로서 함수가 호출될 때 실행된다. 함수 리터럴이 가지는 추상화된 구조는 아래와 같다.

```
fn <parameters> <blockstatement>
```

앞에서 봤기에 우린 이미 블록문이 무엇인지, 어떻게 파싱하는지 알고 있다. 파라미터 처리는 처음이지만, 어려울 것도 없다. 파라미터는 콤마(,)로 구분해 괄호로 감싼, 식별자로 구성된 리스트일 뿐이다. 아래를 보자.

```
(<parameter one>, <parameter two>, <parameter three>, ...)
```

리스트는 비어 있을 수도 있다.

```
fn() {
  return foobar + barfoo;
}
```

함수 리터럴이 가지는 구조이다. 그러면 함수 리터럴은 어떤 AST 노드 타입일까? 당연히 표현식이다! 우리는 함수 리터럴을 표현식을 쓸 수 있는 위치면 어디든 사용할 수 있다. 예를 들어 아래는 함수 리터럴을 `let` 문의 표현식으로 쓴 것이다.

```
let myFunction = fn(x, y) { return x + y; }
```

여기서는 다른 함수 리터럴 안에서 `return` 문의 표현식으로 쓰였다.

```
fn() {
  return fn(x, y) { return x > y; };
}
```

아래 코드에서는 함수 리터럴을 함수 호출 인수(argument)로 사용했다.

```
myFunc(x, y, fn(x, y) { return x > y; });
```

복잡하게 보이지만 생각보다 단순하다. 우리가 작성한 파서가 가진 장점은 함수 리터럴을 표현식으로 정의한 뒤, 함수 리터럴을 파싱할 함수만 제공하면 나머지는 잘 동작한다. 멋지지 않은가?

우리는 조금 전에 함수 리터럴이 가지는 가장 중요한 요소 둘을 봤다. 하나는 '파라미터 리스트(the list of parameters)'이고, 나머지 하나는 함수의 몸체인 블록문이다. 두 요소를 기억해두고 AST 노드를 정의해 보자.

```
// ast/ast.go

import (
    // [...]
    "strings"
)
```

```
type FunctionLiteral struct {
    Token      token.Token // 'fn' 토큰
    Parameters []*Identifier
    Body       *BlockStatement
}

func (fl *FunctionLiteral) expressionNode()      {}
func (fl *FunctionLiteral) TokenLiteral() string { return fl.Token.Literal }
func (fl *FunctionLiteral) String() string {

    var out bytes.Buffer

    params := []string{}
    for _, p := range fl.Parameters {
        params = append(params, p.String())
    }

    out.WriteString(fl.TokenLiteral())
    out.WriteString("(")
    out.WriteString(strings.Join(params, ", "))
    out.WriteString(") ")
    out.WriteString(fl.Body.String())

    return out.String()
}
```

Parameterers 필드는 *ast.Identifier 슬라이스(slice)이다. 너무 단순해서 설명이 필요할 것 같진 않다. 그리고 Body는 앞서 본 대로 *ast.BlockStatement이다.

아래 테스트에서는 앞에서 작성한 도움 함수 testLiteralExpression과 testInfixExpression을 재사용한다.

```
// parser/parser_test.go

func TestFunctionLiteralParsing(t *testing.T) {
    input := `fn(x, y) { x + y; }`

    l := lexer.New(input)
    p := New(l)
    program := p.ParseProgram()
    checkParserErrors(t, p)

    if len(program.Statements) != 1 {
```

```
        t.Fatalf("program.Statements does not contain %d statements. got=%d\n",
            1, len(program.Statements))
    }

    stmt, ok := program.Statements[0].(*ast.ExpressionStatement)
    if !ok {
        t.Fatalf("program.Statements[0] is not ast.ExpressionStatement. got=%T",
            program.Statements[0])
    }

    function, ok := stmt.Expression.(*ast.FunctionLiteral)
    if !ok {
        t.Fatalf("stmt.Expression is not ast.FunctionLiteral. got=%T",
            stmt.Expression)
    }

    if len(function.Parameters) != 2 {
        t.Fatalf("function literal parameters wrong. want 2, got=%d\n",
            len(function.Parameters))
    }

    testLiteralExpression(t, function.Parameters[0], "x")
    testLiteralExpression(t, function.Parameters[1], "y")

    if len(function.Body.Statements) != 1 {
        t.Fatalf("function.Body.Statements has not 1 statements. got=%d\n",
            len(function.Body.Statements))
    }

    bodyStmt, ok := function.Body.Statements[0].(*ast.ExpressionStatement)
    if !ok {
        t.Fatalf("function body stmt is not ast.ExpressionStatement. got=%T",
            function.Body.Statements[0])
    }

    testInfixExpression(t, bodyStmt.Expression, "x", "+", "y")
}
```

테스트는 크게 세 부분으로 나뉜다.

- `*ast.FunctionLiteral`이 현재 위치에 있는지 검사한다.
- 파라미터 리스트(parameter list)가 맞는지 검사한다.
- 함수 몸체가 바르게 구성된 명령문인지 검사한다.

마지막 부분은 꼭 필요하지는 않다. 왜냐하면 IfExpression 테스트에서 이미 블록문 파싱을 테스트한 적이 있기 때문이다. 어쨌든 여기선 그냥 중복해서 테스트 단정문(assertion)을 사용할 것이다. 이 단정문은 우리에게 블록문 파싱에 실패했다는 것을 알려줄 것이다.

ast.FunctionLiteral만 정의했기에 달라진 게 없다. 따라서 테스트는 실패한다.

```
$ go test ./parser
--- FAIL: TestFunctionLiteralParsing (0.00s)

parser_test.go:755: parser has 6 errors
parser_test.go:757: parser error: "no prefix parse function for FUNCTION
found"
parser_test.go:757: parser error: "expected next token to be ), got ,
instead"
parser_test.go:757: parser error: "no prefix parse function for , found"
parser_test.go:757: parser error: "no prefix parse function for ) found"
parser_test.go:757: parser error: "no prefix parse function for { found"
parser_test.go:757: parser error: "no prefix parse function for } found"

FAIL
FAIL    monkey/parser   0.007s
```

에러 메시지를 보니 token.FUNCTION과 연관된 prefixParseFn을 등록해야 한다는 것을 알 수 있다.

```
// parser/parser.go

func New(l *lexer.Lexer) *Parser {
    // [...]
    p.registerPrefix(token.FUNCTION, p.parseFunctionLiteral)
    // [...]
}

func (p *Parser) parseFunctionLiteral() ast.Expression {

    lit := &ast.FunctionLiteral{Token: p.curToken}

    if !p.expectPeek(token.LPAREN) {
        return nil
    }
```

```
    lit.Parameters = p.parseFunctionParameters()

    if !p.expectPeek(token.LBRACE) {
        return nil
    }

    lit.Body = p.parseBlockStatement()

    return lit
}
```

parseFunctionParameters 메서드는 함수 리터럴이 갖는 파라미터를 파싱하기 위해 사용한다. 아래를 보자.

```
// parser/parser.go

func (p *Parser) parseFunctionParameters() []*ast.Identifier {
    identifiers := []*ast.Identifier{}

    if p.peekTokenIs(token.RPAREN) {
        p.nextToken()
        return identifiers
    }

    p.nextToken()

    ident := &ast.Identifier{Token: p.curToken, Value: p.curToken.Literal}
    identifiers = append(identifiers, ident)

    for p.peekTokenIs(token.COMMA) {
        p.nextToken()
        p.nextToken()
        ident := &ast.Identifier{Token: p.curToken, Value: p.curToken.Literal}
        identifiers = append(identifiers, ident)
    }

    if !p.expectPeek(token.RPAREN) {
        return nil
    }

    return identifiers
}
```

반복문이 위 코드에서 가장 핵심적인 부분이다. parseFunctionParameters는 파라미터(parameters) 슬라이스를 생성한다. for 문으로, 콤마로 구분된(comma separated) 리스트를 반복하며 식별자(identifies)를 만들어낸다. 만약 리스트가 비어 있으면(바로 닫는 괄호를 만나면) 조기에 종료한다. 또한 리스트의 크기 변화를 조심스럽게 다루고 있다.

parseFunctionParameters와 같은 메서드는 경계 조건(edge cases)만 검사하는 테스트를 별도로 구성하면 정말 도움이 된다. 다음 쪽 테스트에서는 빈 파라미터 리스트, 파라미터가 한 개인 리스트, 파라미터가 여러 개인 리스트를 테스트 입력으로 사용할 것이다.

```
// parser/parser_test.go

func TestFunctionParameterParsing(t *testing.T) {
    tests := []struct {
        input          string
        expectedParams []string
    }{
        {input: "fn() {};", expectedParams: []string{}},
        {input: "fn(x) {};", expectedParams: []string{"x"}},
        {input: "fn(x, y, z) {};", expectedParams: []string{"x", "y", "z"}},
    }

    for _, tt := range tests {
        l := lexer.New(tt.input)
        p := New(l)
        program := p.ParseProgram()
        checkParserErrors(t, p)

        stmt := program.Statements[0].(*ast.ExpressionStatement)
        function := stmt.Expression.(*ast.FunctionLiteral)

        if len(function.Parameters) != len(tt.expectedParams) {
            t.Errorf("length parameters wrong. want %d, got=%d\n",
                len(tt.expectedParams), len(function.Parameters))
        }

        for i, ident := range tt.expectedParams {
            testLiteralExpression(t, function.Parameters[i], ident)
        }
    }
}
```

TestFunctionParameterParsing과 TestFunctionLiteralParsing 모두 통과한다.

```
$ go test ./parser
ok   monkey/parser   0.007s
```

이제 함수 리터럴도 구현했다. 이제 정말 하나만 남았다. 하나만 끝내면 AST 평가(evaluation)에 관해 이야기할 수 있게 된다.

호출 표현식

우리는 함수 리터럴을 어떻게 파싱하는지 알게 됐다. 다음 단계는 함수 '호출 표현식(call expressions)' 파싱이다. 함수 호출 표현식이 갖는 구조는 아래와 같다.

```
<expression>(<comma separated expressions>)
```

이게 전부냐고 물을 수 있는데, 그렇다! 예제는 몇 개면 충분하다. 아래는 모두가 이해하는 호출 표현식이다.

```
add(2, 3)
```

add가 식별자라는 사실에 주목해보자. 그리고 식별자는 표현식이다. 인수로 넘긴 2와 3도 표현식이다. 다시 말해 정수 리터럴이다. 하지만 정수 리터럴뿐만 아니라 모든 표현식을 인수로 넘길 수 있다. 어차피 함수 인수(arguments)는 '표현식 리스트(a list of expressions)'일 뿐이다.

```
add(2 + 2, 3 * 3 * 3)
```

위 코드에서 첫 번째 인수는 중위 표현식 `2 + 2`이고 두 번째 인수는 표현식 `3 * 3 * 3`이다. 그럼 이제 호출할 함수를 살펴보자. 위에서 함수는 식별자 add에 엮여(bound) 있다. 식별자 add는 평가될 때 이 함수를 반환한다. 다시 말해 "소스를 순서대로 읽으면서 식별자는 지나가버리고, add를 함수 리터럴로 대체"한다. 아래 코드를 보자.

```
fn(x, y) { x + y; }(2, 3)
```

유효한 표현식이다. 그럼 아래 코드를 보자. 함수 리터럴을 함수 호출 인수로 사용할 수 있다.

```
callsFunction(2, 3, fn(x, y) { x + y; });
```

구조를 다시 한번 보자.

<expression>(<comma separated expressions>)

호출 표현식은, 평가될 때 함수(function)를 나타내는 표현식과 함수를 호출할 때 사용할 인수(arguments)를 나타내는 표현식 리스트로 구성된다. 아래 코드는 다른 표현식과 마찬가지로 AST 노드이다.

```
// ast/ast.go

type CallExpression struct {
    Token     token.Token // 여는 괄호 토큰 '('
    Function  Expression  // 식별자이거나 함수 리터럴
    Arguments []Expression
}

func (ce *CallExpression) expressionNode()      {}
func (ce *CallExpression) TokenLiteral() string { return ce.Token.Literal }
func (ce *CallExpression) String() string {
    var out bytes.Buffer

    args := []string{}
    for _, a := range ce.Arguments {
        args = append(args, a.String())
    }

    out.WriteString(ce.Function.String())
    out.WriteString("(")
    out.WriteString(strings.Join(args, ", "))
    out.WriteString(")")

    return out.String()
}
```

호출 표현식 테스트 코드는 테스트 스윗의 나머지 부분과 같으며, `*ast.CallExpression` 구조체가 바르게 구성됐는지 검사하고 있다.

```
// parser/parser_test.go

func TestCallExpressionParsing(t *testing.T) {
    input := "add(1, 2 * 3, 4 + 5);"

    l := lexer.New(input)
    p := New(l)
    program := p.ParseProgram()
    checkParserErrors(t, p)

    if len(program.Statements) != 1 {
        t.Fatalf("program.Statements does not contain %d statements. got=%d\n",
            1, len(program.Statements))
    }

    stmt, ok := program.Statements[0].(*ast.ExpressionStatement)
    if !ok {
        t.Fatalf("stmt is not ast.ExpressionStatement. got=%T",
            program.Statements[0])
    }

    exp, ok := stmt.Expression.(*ast.CallExpression)
    if !ok {
        t.Fatalf("stmt.Expression is not ast.CallExpression. got=%T",
            stmt.Expression)
    }

    if !testIdentifier(t, exp.Function, "add") {
        return
    }

    if len(exp.Arguments) != 3 {
        t.Fatalf("wrong length of arguments. got=%d",
            len(exp.Arguments))
    }

    testLiteralExpression(t, exp.Arguments[0], 1)
    testInfixExpression(t, exp.Arguments[1], 2, "*", 3)
    testInfixExpression(t, exp.Arguments[2], 4, "+", 5)
}
```

함수 리터럴과 파라미터를 파싱할 때, 인수 파싱(argument parsing) 용도로 별도의 테스트를 추가하면 정말 좋다. 모든 경계 조건(corner case)이 잘 동작하는지 확인하고 테스트 하나당 경계 조건 하나를 다룬다. TestCallExpressionParameterParsing이라는 테스트 함수를 작성해 뒀다. TestCallExpressionParameterParsing은 앞서 말한 경계 조건을 테스트한다. 이 테스트 함수는 책과 함께 제공하는 코드에 실어놨으니 꼭 보기 바란다.

지금까진 매우 익숙하다. 하지만 조금씩 변형될 것이다. 테스트를 돌려보면 아래와 같은 에러 메시지를 볼 수 있다.

```
$ go test ./parser
--- FAIL: TestCallExpressionParsing (0.00s)

parser_test.go:853: parser has 4 errors
parser_test.go:855: parser error: "expected next token to be ), got , instead"
parser_test.go:855: parser error: "no prefix parse function for , found"
parser_test.go:855: parser error: "no prefix parse function for , found"
parser_test.go:855: parser error: "no prefix parse function for ) found"

FAIL
FAIL    monkey/parser    0.007s
```

뭔가 이상하지 않은가? 왜 (함수 호출 표현식을 파싱할) prefixParseFn을 등록하라는 메시지가 없을까? 왜냐하면 호출 표현식에는 '새로 등장한 토큰 타입이 없기 때문'이다. 그렇다면, prefixParseFn을 등록하는 대신 무엇을 해야 할까? 아래 코드를 보자.

```
add(2, 3);
```

add는 식별자이므로 prefixParseFn인 parseIdentifier가 add를 파싱한다. 그리고 식별자 다음에 token.LPAREN이 나온다. token.LPAREN은 식별자와 인수 리스트 사이, 정중앙에 위치한다. 그렇다, 우리는 token.LPAREN과 연관된 infixParseFn을 등록해야 한다. 이렇게 해야 함수로 사용할 표현식(식별자 혹은 함수 리터럴)을 파싱하고 token.LPAREN과 연관된 infixParseFn을 검사한 뒤, 그 함수가 있으면 가져와서 이미 파싱한 표현식을 인수로 넘겨서 호출한다. 그리고 언급한 infixParseFn 안에서 인수 리스트를 파싱할 것이다. 완벽하다!

```
// parser/parser.go

func New(l *lexer.Lexer) *Parser {
    // [...]
    p.registerInfix(token.LPAREN, p.parseCallExpression)
    // [...]
}

func (p *Parser) parseCallExpression(function ast.Expression) ast.Expression {
    exp := &ast.CallExpression{Token: p.curToken, Function: function}
    exp.Arguments = p.parseCallArguments()
    return exp
}

func (p *Parser) parseCallArguments() []ast.Expression {
    args := []ast.Expression{}

    if p.peekTokenIs(token.RPAREN) {
        p.nextToken()
        return args
    }

    p.nextToken()
    args = append(args, p.parseExpression(LOWEST))

    for p.peekTokenIs(token.COMMA) {
        p.nextToken()
        p.nextToken()
        args = append(args, p.parseExpression(LOWEST))
    }

    if !p.expectPeek(token.RPAREN) {
        return nil
    }

    return args
}
```

parseCallExpression 메서드는 미리 파싱해둔 함수를 인수로 받아서 *ast.CallExpression 노드를 만든다. 인수 리스트(argument list) 파싱

은 parseCallArguments를 호출해서 처리한다. parseCallArguments는 parseFunctionParameters와 매우 유사하다. 단지 parsrCallArguments가 좀 더 일반화(generic)되어 있고, *ast.Identifier 슬라이스가 아닌 *ast.Expression 슬라이스를 반환한다는 점만 다르다.

모두 친숙한 코드일 것이다. 우린 앞서 infixParseFn 하나를 새로 등록했다. 그런데도 테스트는 실패한다. 다음 결과를 보자.

```
$ go test ./parser
--- FAIL: TestCallExpressionParsing (0.00s)

parser_test.go:853: parser has 4 errors
parser_test.go:855: parser error: "expected next token to be ), got , instead"
parser_test.go:855: parser error: "no prefix parse function for , found"
parser_test.go:855: parser error: "no prefix parse function for , found"
parser_test.go:855: parser error: "no prefix parse function for ) found"

FAIL
FAIL    monkey/parser    0.007s
```

테스트를 통과하지 못한 이유는 add(1, 2) 호출 표현식에 여는 괄호가 중위 연산자로 사용됐는데, 우선순위(precedence)를 지정한 적이 없기 때문이다. 따라서 (는 알맞은 '의존 정도(stickiness)'를 가지지 않았고, parseExpression이 우리가 원하는 표현식을 반환하지 않았다. 한편, 호출 표현식은 가장 높은 우선순위를 가지므로, 가장 중요한 변경점은 우선순위 테이블(precedences)을 고치는 것이다.

```
// parser/parser.go

var precedences = map[token.TokenType]int{
    // [...]
    token.LPAREN: CALL,
}
```

호출 표현식이 가장 높은 우선순위 값을 가지는지 확인하기 위해 TestOperatorPrecedenceParsing 테스트 함수를 확장하자. 아래 코드를 보자.

```
// parser/parser_test.go

func TestOperatorPrecedenceParsing(t *testing.T) {
    tests := []struct {
        input    string
        expected string
    }{
        // [...]

        {
            "a + add(b * c) + d",
            "((a + add((b * c))) + d)",
        },
        {

            "add(a, b, 1, 2 * 3, 4 + 5, add(6, 7 * 8))",
            "add(a, b, 1, (2 * 3), (4 + 5), add(6, (7 * 8)))",
        },
        {

            "add(a + b + c * d / f + g)",
            "add((((a + b) + ((c * d) / f)) + g))",
        },
    }

    // [...]
}
```

테스트를 다시 돌리면, 모든 테스트가 통과된다는 것을 알 수 있다.

```
$ go test ./parser
ok   monkey/parser   0.008s
```

우리가 작성한 모든 테스트(단위 테스트, 인수 파싱 테스트, 우선순위 테스트)를 통과했다. 테스트가 충분하지 않다고 생각할 수 있는데, 이 정도면 됐다. 마침내 파서를 만들어냈다. 4장에서 다시 돌아와 한 번 더 파서를 확장할 예정이지만, 지금은 이 정도로 충분하다! AST를 모두 정의했고 파서도 잘 동작한다. 이제 평가(evaluation)라는 주제로 넘어갈 차례다.

넘어가기 전에 코드에 남겨둔 TODO를 하나씩 제거하고 REPL에 파서를 통합해보자.

TODO 지우기

let 문과 return 문을 파싱하는 코드를 작성할 때, 편법으로 표현식 파싱을 지나가는 코드를 작성한 적이 있다(파서의 첫 단계: Let 문 파싱 절(40쪽) 참고).

```
// parser/parser.go

func (p *Parser) parseLetStatement() *ast.LetStatement {
    stmt := &ast.LetStatement{Token: p.curToken}

    if !p.expectPeek(token.IDENT) {
        return nil
    }

    stmt.Name = &ast.Identifier{Token: p.curToken, Value: p.curToken.Literal}

    if !p.expectPeek(token.ASSIGN) {
        return nil
    }

    // TODO: 세미콜론을 만날 때까지 표현식을 건너뛴다.
    for !p.curTokenIs(token.SEMICOLON) {
        p.nextToken()
    }

    return stmt
}
```

똑같은 TODO가 parseReturnStatement에도 있다. 이제 이 TODO를 날려버릴 시간이다. 더 이상의 편법은 없다. 무엇보다도, 테스트를 확장해서 let 문이나 return 문의 일부로 파싱된 표현식이 해당 위치에 존재하는지 확인해야 한다. (테스트의 초점을 흐리지 않는) 도움 함수와 여러 표현식 타입을 활용해서 테스트를 확장해볼 것이다. 이렇게 우리는 parseExpression이 parseLetStatement와 parseReturnStatement에 바르게 통합되었음을 확인할 수 있다.

여기에 TestLetStatement 함수가 있다.[26]

```
// parser/parser_test.go

func TestLetStatements(t *testing.T) {
    tests := []struct {
        input              string
        expectedIdentifier string
        expectedValue      interface{}
    }{
        {"let x = 5;", "x", 5},
        {"let y = true;", "y", true},
        {"let foobar = y;", "foobar", "y"},
    }

    for _, tt := range tests {
        l := lexer.New(tt.input)
        p := New(l)
        program := p.ParseProgram()
        checkParserErrors(t, p)

        if len(program.Statements) != 1 {
            t.Fatalf("program.Statements does not contain 1 statements. got=%d",
                len(program.Statements))
        }

        stmt := program.Statements[0]
        if !testLetStatement(t, stmt, tt.expectedIdentifier) {
            return
        }

        val := stmt.(*ast.LetStatement).Value
        if !testLiteralExpression(t, val, tt.expectedValue) {
            return
        }
    }
}
```

같은 처리를 TestReturnStatements에도 해주어야 한다. 변경량은 미미한 수준이다. 왜냐하면 앞에서 잘 만들어둔 코드가 있기 때문이다. 우린

26 (옮긴이) 여기서 TestLetStatement는 앞서 작성한 기존 코드를 대체한다. 그리고 이어서 언급하는 TestReturnStatements 역시 기존 코드를 대체한다. TestReturnStatements는 책에 실려 있지 않으므로 함께 제공된 코드를 참조하기 바란다.

그저 parseReturnStatement와 parseLetStatement 안에 parseExpression을 넣어주기만 하면 된다. 또한 추가로 입력될 수 있는 세미콜론을 처리해야 한다. 세미콜론 처리는 앞서 parse ExpressionStatement에서 다룬 적이 있다. 다음 코드는 업데이트되어 잘 동작하는 parseReturn Statement와 parseLetStatement이다.

```
// parser/parser.go

func (p *Parser) parseReturnStatement() *ast.ReturnStatement {
    stmt := &ast.ReturnStatement{Token: p.curToken}

    p.nextToken()

    stmt.ReturnValue = p.parseExpression(LOWEST)

    if p.peekTokenIs(token.SEMICOLON) {
        p.nextToken()
    }

    return stmt
}

func (p *Parser) parseLetStatement() *ast.LetStatement {
    stmt := &ast.LetStatement{Token: p.curToken}

    if !p.expectPeek(token.IDENT) {
        return nil
    }

    stmt.Name = &ast.Identifier{Token: p.curToken, Value: p.curToken.Literal}

    if !p.expectPeek(token.ASSIGN) {
        return nil
    }

    p.nextToken()

    stmt.Value = p.parseExpression(LOWEST)

    if p.peekTokenIs(token.SEMICOLON) {
        p.nextToken()
    }
```

```
    return stmt
}
```

이제 모든 TODO를 처리했다. 이제 우리가 만든 파서에 시동을 걸어보자!

Read-Parse-Print-Loop

조금 전까지 우리 REPL은 REPL보다는 RLPL(Read-Lex-Print-Loop)이라 보는 게 맞았다. 아직 코드를 어떻게 평가(evaluate)하는지 모르기 때문에, 'Lex'를 'Evaulate'로 대체하기엔 아직 이르다. 그러나 파싱은 어떻게 하는지 잘 알고 있으니 'Lex'를 'Parse'로 바꿔 RPPL(Read-Parse-Print-Loop)로 만들어보자.

```
// repl/repl.go

import (
   "bufio"
   "fmt"
   "io"
   "monkey/lexer"
   "monkey/parser"
)

func Start(in io.Reader, out io.Writer) {
   scanner := bufio.NewScanner(in)

   for {
       fmt.Fprintf(out, PROMPT)
       scanned := scanner.Scan()
       if !scanned {
           return
       }

       line := scanner.Text()
       l := lexer.New(line)
       p := parser.New(l)

       program := p.ParseProgram()
       if len(p.Errors()) != 0 {
           printParserErrors(out, p.Errors())
           continue
```

```
        }

        io.WriteString(out, program.String())
        io.WriteString(out, "\n")
    }
}

func printParserErrors(out io.Writer, errors []string) {
    for _, msg := range errors {
        io.WriteString(out, "\t"+msg+"\n")
    }
}
```

위 코드에서 반복문을 확장해서 REPL에 입력한 행을 파싱하게 바꿨다. 파서는 `*ast.Program`이 가진 `String` 메서드를 호출해서 콘솔에 출력한다. 이때, `*ast.Program`에 담긴 모든 명령문을 재귀적으로 호출하면서 출력한다. 이제 파서를 한번 돌려볼 때가 됐다. 대화식으로 커맨드 라인에 Monkey 코드를 입력해보자.

```
$ go run main.go
Hello mrnugget! This is the Monkey programming language!
Feel free to type in commands
>> let x = 1 * 2 * 3 * 4 * 5
let x = ((((1 * 2) * 3) * 4) * 5);
>> x * y / 2 + 3 * 8 - 123
((((x * y) / 2) + (3 * 8)) - 123)
>> true == false
(true == false)
>>
```

짜릿하지 않은가! `String` 메서드를 호출하는 대신, 우리가 원하는 문자열 기반 표현 방법으로 AST를 출력할 수 있게 됐다. `PrettyPrint` 같은 메서드를 추가해서 AST 노드가 가진 타입을 출력하고, 노드가 가진 자식 노드를 알맞게 들여쓰기 해볼 수도 있다. 혹은 ASCII 색상 코드를 사용할 수도 있고, ASCII 그래프를 출력할 수도 있다. 뭐가 됐든 상관없다. 제약이란 없다!

그런데, 우리 RPPL에 심각한 결점이 있다. 아래는 파서에 에러가 발생했을 때 출력된 결과이다.

```
$ go run main.go
Hello mrnugget! This is the Monkey programming language!
Feel free to type in commands
>> let x 12 * 3;
    expected next token to be =, got INT instead
>>
```

에러 메시지가 친절하지 않다. 물론, 에러를 출력하긴 하지만 그리 친절하지는 않다. 나는 Monkey 프로그래밍 언어가 더 친절했으면 한다. 아래는 좀 더 사용자 친화적인 에러 메시지를 출력한다. `printParserErrors` 함수가 더 나은 사용자 경험(user-experience)을 제공한다.

```
// repl/repl.go

const MONKEY_FACE = `            __,__
   .--.  .-"     "-.  .--.
  / .. \/  .-. .-.  \/ .. \
 | |  '|  /   Y   \  |'  | |
 | \   \  \ 0 | 0 /  /   / |
  \ '- ,\.-"""""""-./, -' /
   ''-' /_   ^ ^   _\ '-''
       |  \._   _./  |
       \   \ '~' /   /
        '._ '-=-' _.'
           '-----'
`

func printParserErrors(out io.Writer, errors []string) {
    io.WriteString(out, MONKEY_FACE)
    io.WriteString(out, "Woops! We ran into some monkey business here!\n")
    io.WriteString(out, " parser errors:\n")
    for _, msg := range errors {
        io.WriteString(out, "\t"+msg+"\n")
    }
}
```

훨씬 낫다! 이제 파서에 에러가 발생할 때마다, 우린 원숭이 한마리를 볼 수 있게 되었다.

```
$ go run main.go
Hello mrnugget! This is the Monkey programming language!
Feel free to type in commands
>> let x 12 * 3
```

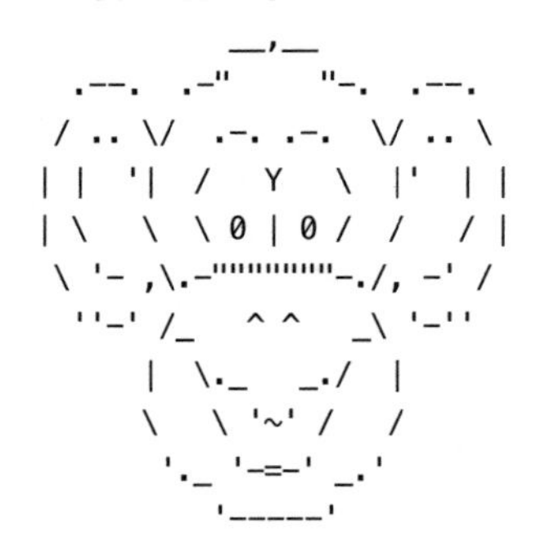

```
Woops! We ran into some monkey business here!
parser errors:
    expected next token to be =, got INT instead
>>
```

어쨌든, 이제 AST를 평가해볼 때가 됐다.

3장

W r i t i n g   A n   I n t e r p r e t e r   I n   G o

평가

심벌에 의미 담기

드디어 도착했다. 이제 평가(evaluation)를 해볼 차례다. REPL에서 E는 평가(Evaluation)를 의미하며, 인터프리터가 소스코드를 처리하는 마지막 프로세스이기도 하다. 평가를 거치면 비로소 소스코드가 의미를 갖게 된다. 예를 들어 `1 + 2`라는 표현식은 평가라는 프로세스 없이는 그저 문자열이거나 토큰 혹은 트리 구조에 불과할 뿐 어떤 의미도 갖지 않는다. 그러나 평가되고 나면, `1 + 2`는 `3`이 되고, `5 > 1`은 `true`, `5 < 1`은 `false`가 되며, `puts("Hello World!")`는 `Hello World!`와 같은 친숙한 메시지를 출력해준다.

인터프리터의 평가 프로세스는 '번역(interpret)'된 언어의 동작 방식을 정의한다.

```
let num = 5;
if (num) {
  return a;
} else {
  return b;
}
```

위 코드가 a를 반환할지 아니면 b를 반환할지는 인터프리터가 가진 평가 프로세스가 정수 5를 참 같은 값(truthy)으로 평가하는지에 달려 있다. 어떤 언어는 참 같은 값으로 평가하는 반면, 또 어떤 언어는 `5 != 0`과 같이 표현식을 사용해 불값으로 만들어야 한다.

아래 코드를 보자.

```
let one = fn() {
  printLine("one");
  return 1;
};

let two = fn() {
  printLine("two");
  return 2;
};

add(one(), two());
```

위 코드는 one을 먼저 출력하고 two를 다음으로 출력할까? 아니면 반대의 순서로 출력할까? 어떤 순서로 출력할지는 언어 명세(specification)에 달렸는데, 결국 명세를 구현하는 인터프리터와 인터프리터가 호출 표현식(call expression)의 인수(arguments)를 평가하는 순서에 달려 있다.

이번 장에서는 Monkey가 어떻게 동작하게 만들지, 인터프리터가 Monkey 소스코드를 어떻게 평가할지와 같은 자잘한 선택 사항을 많이 접하게 될 것이다.

파서를 만들면 재밌을 것이라던 말에 어떤 독자는 회의적이었을지도 모른다. 하지만 나를 믿어주었으면 한다. 평가야말로 이 책에서 가장 재밌는 내용이다. 이 장에서 여러분은 Monkey 프로그래밍 언어에 생명을 불어넣고, 소스코드가 살아 숨 쉬도록 만들 것이다.

평가 전략

(번역하려는 언어와 상관없이) 평가는 인터프리터 구현체가 가장 다양

하게 분기하게 만드는 주제이다. 소스코드를 평가할 때 선택할 수 있는 전략은 매우 다양하다. 이미 이 책의 도입부에서 인터프리터의 아키텍처를 요약해서 설명하기 위해 평가 전략을 짧게 언급하고 넘어갔다. 지금은 AST도 구현했기 때문에, AST로 해야 하는 일이 무엇인지, 이 반짝이는 트리를 어떻게 평가해야 하는지 생각해보는 게 어느 때보다 중요하다. 그래서 평가 전략에는 어떤 것이 있는지 살펴보는 게 크게 도움이 된다.

한편 시작하기에 앞서, 인터프리터와 컴파일러 사이의 경계선이 흐릿하다는 점을 다시 한번 강조하고 싶다. 인터프리터는 컴파일러와는 다르게 실행 가능한 중간 생성물(executable artifacts)을 남기지 않는다고 했는데, 고도로 최적화된 실제 프로그래밍 언어를 살펴보면 중간생성물을 남기는지 아닌지 판단하기 쉽지 않다.

어쨌든 AST를 활용하는 가장 고전적이면서 분명한 선택지는 AST를 그냥 '번역(interpret)'하는 것이다. 즉 AST를 순회하고 각각의 노드를 방문해서 노드가 갖는 의미(문자열 출력, 두 수의 덧셈, 함수 몸체 실행 등)대로 '즉시(on the fly)' 처리한다. 이런 방식으로 동작하는 인터프리터를 '트리 순회 인터프리터(tree-walking interpreters)'라고 부르며 대다수 인터프리터의 원형(archetype)이다. 트리 순회 인터프리터에서는 평가가 이루어지기 전에 몇 가지 최적화를 수행하기도 한다. 예를 들어 안 쓰는 변수를 제거하는 방식으로 AST를 재구성하거나, AST를 재귀 혹은 반복 평가에 더욱 적합한 중간 표현물(intermediate representation, 이하 IR)로 변경한다.

어떤 인터프리터는 똑같이 AST를 순회하지만, AST를 그대로 번역하는 대신 '바이트코드(bytecode)'로 변환한다. 바이트코드 역시 IR의 한 형태이며, 바이트코드 하나에는 AST를 나타내는 정보가 빽빽하게 들어가 있다. 바이트코드가 구성되는 구체적 형식과 어떤 명령코드(opcode: 바이트코드를 구성하는 명령어 집합)로 구성되는지는 게스트(guest) 언어와 호스트(host) 언어에 따라 달라진다. 그렇지만 일반적으로 명령코드(opcodes)는 '어셈블리어[1] 니모닉(mnemonics of assembly languages)'[2]과 상당히 유사하다. 왜냐하면 대다수 바이트코드는 스택 연산(stack operations)을 위해 푸시(push)와 팝(pop)에 대응하는 명령코드를 정의하고 있기 때문이다. 그러나 바이트코드는 네이티브 머신 코드(machine code, 기계어)도 아니고 어셈블리어도 아니다. 따라서 운영체제나 (인터프리터가 구동되고 있는) CPU는 바이트코드를 실행할 수도 없고, 실행해서도 안 된다. 대신, 바이트코드는 인터프리터의 일부인 가상 머신(virtual machine)이 번역하는 대상이다. 마치 VMWare나 VirtualBox[3]가 실제 머신과 CPU를 모방(emulate)하는 것처럼, 가상 머신(virtual machine)도 특정 바이트코드 형식을 이해하는 시스템을 모방한다. 바이트코드를 사용하는 방식은 성능상의 이점을 크게 만드는 전략이다.

또 다른 전략은 AST를 애초에 고려하지 않는다. 파서는 AST를 만들어내는 대신 바이트코드를 직접 배출(emit)한다. 우리가 지금 인터프리터를 주제로 이야기하고 있는지 아니면 컴파일러를 주제로 이야기하고 있는지 구별할 수 있겠는가? 배출한 바이트코드를 인터프리터로 '번역'(혹은 '실행')하는 동작은 컴파일러가 해야 하는 동작이라고 봐야 하지 않을까? 앞서 말했듯이 경계가 흐릿해진다. 더 모호하게 만들어보겠다. 어떤 프로그래밍 언어 구현체가 있다. 이 언어는 소스코드를 파싱하고 AST를 구성한 다음 이것을 바이트코드로 변환한다. 그런데 바이트코드에 담긴 연산을 가상 머신에서 직접 실행하지 않는다. 가상 머신이 바이트코드를 네이티브 머신 코드(native machine code)로 컴파일하는데, 실행 직전에 즉석에서(just in time) 컴파일한다. 이런 인터프리터나 컴파일러를 'JIT(just in time의 줄임)' 인터프리터/컴파일러라고 부른다.

1 (옮긴이) 어셈블리어(assembly languages): 저수준(low-level) 언어로서, 일반적으로 머신 코드 명령어(machine code instruction)와 일대일로 대응된다. 머신 코드 명령어에 의존하기 때문에 모든 어셈블리어는 특정 아키텍처에 맞게 설계된다.

2 (옮긴이) 니모닉(mnemonics): 니모닉은 프로그래머가 명령코드를 쉽게 기억하고 대상화할 수 있게 해준다. 위에서 언급한 push, pop과 같은 이름을 말한다.

3 VMWare 와 VirtualBox, 둘 다 가상화(virtualization) 소프트웨어이다.

또 어떤 구현체는 바이트코드로 컴파일하는 작업을 지나친다. 재귀적으로 AST를 순회하지만, AST의 특정 가지(branch)를 실행하기 전에, 노드를 네이티브 머신 코드로 컴파일한다. 그리고 컴파일하는 '즉시(just in time)' 실행한다.

이런 방식을 또 한 번 변형한 형태가 있다. 인터프리터가 재귀적으로 AST를 평가하고, AST의 특정 가지(branch)를 여러 번 평가하고 난 후에야, 그 가지를 머신 코드(machine code)로 컴파일하는 방식이다.

놀랍지 않은가? 평가(evaluation)라는 작업을 이렇게 다양한 방법으로 할 수 있다는 것도 놀랍고, 따라서 다양한 변형이 있다는 사실도 놀랍다.

대개 번역 대상이 되는 언어가 요구하는 성능과 이식성, 구현자가 구현하고자 하는 목표치에 따라 평가 전략을 선택한다. AST를 재귀적으로 평가하는 트리 순회 인터프리터(tree-walking interpreter)는 아마도 여러 전략 중 성능 면에서는 가장 느릴 것이다. 그러나 구현과 확장이 쉽고 (결과물을) 설명하기도 쉽다. 그리고 인터프리터를 구현할 때 사용한 언어만큼 이식성을 갖는다.

바이트코드로 컴파일되고 그 바이트코드를 평가하기 위해 가상 머신을 사용하는 인터프리터는 앞으로 더욱 빨라질 것이다. 한편 더 복잡해지고 만들기도 어려워질 것이다. JIT 기계어 컴파일까지 고려하고, ARM과 x86 CPU에서 모두 동작하기를 원한다면 다중 머신 아키텍처도 고려해야 한다.

이런 다양한 접근법은 모두 실제 프로그래밍 언어에서 찾을 수 있다. 그리고 대부분은 언어 생명주기에 맞춰 접근법도 변화했다. Ruby가 아주 좋은 예시이다. Ruby는 1.8 버전까지는 트리 순회 인터프리터를 사용했지만, 1.9 버전부터는 가상 머신 아키텍처로 바꿨다. 이제 Ruby 인터프리터는 소스코드를 파싱하고, AST를 만든 다음, AST를 바이트코드로 컴파일하고, 컴파일된 바이트코드는 가상 머신에서 실행된다. 이에 따라 성능이 엄청나게 좋아졌다.

WebKit JavaScript 엔진인 JavaScriptCore와 JavaScriptCore의 인터프

리터인 'Squirrelfish' 역시 AST를 순회하고 바로 실행하는 전략을 택하고 있었다. 그런데 2008년에는 가상 머신을 활용하여 바이트코드 번역 방식으로 변경했다. 그리고 요즘 JavaSciprtCore는 JIT 컴파일을 수행하는 단계를 무려 네 개나 갖고 있다. 각각의 컴파일 단계는 번역된 프로그램 생명주기 안에서 (최고 성능을 내야 하는 지점에 따라) 각기 다른 시점에 수행된다.

Lua[4] 역시 좋은 예시이다. Lua의 주요 구현체는 처음에는 바이트코드로 컴파일되는 인터프리터로 만들어졌다. 그리고 바이트코드를, 레지스터 기반으로 만들어진 가상 머신에서 실행했다. 첫 릴리스 이후 12년이 지나고 'LuaJIT'라는 Lua의 새로운 구현체가 탄생했다. LuaJIT를 만든 마이크 폴(Mike Pall)의 목표는 아주 분명했다. 마이크 폴은 가장 빠른 Lua 구현체를 만들고 싶었고 목표를 달성했다. JIT로 밀도 높은 바이트코드 형식을 고도로 최적화된 기계 코드로 컴파일해냈는데, 아키텍처별로 다르게 컴파일함으로써 기존 Lua와 비교해 모든 벤치마크(benchmark)에서 앞서는 성능을 보여줬다. 그냥 조금 이긴 수준이 아니라 50배나 빨랐다.

이처럼 다양한 인터프리터 구현체들이 성능을 올릴 여지를 남겨두고 단순한 구현체로부터 시작했다. 우리도 같은 방식을 따르려 한다. 빠른 인터프리터를 만드는 방법은 다양하지만 그렇다고 이해하기 쉬운 것은 아니다. 우리는 배우려는 사람들이다. 우리가 만든 코드를 바탕으로 인터프리터를 이해하고 만들기 위해 이 책을 펼치지 않았는가?

트리 순회 인터프리터

우리는 이제부터 트리 순회 인터프리터(tree-walking interpreter)를 만들어볼 것이다. 파서가 만들어준 AST를 받자마자 번역(interpret)할 것이다. 전처리 단계나 컴파일 단계도 없이 말이다.

4 (옮긴이) Lua(루아)는 강력하고 효율적이면서도, 가볍고 임베딩이 가능한 스크립트 언어이다. 또한 절차 지향 프로그래밍, 객체 지향 프로그래밍, 함수형 프로그래밍 등을 지원하는 다중 패러다임 언어이다.

우리가 만들 인터프리터는 고전적인 Lisp 인터프리터와 상당히 비슷할 것이다. 우리가 사용할 설계는 《컴퓨터 프로그램의 구조와 해석(The Structure and Interpretation of Computer Programs)》[5]에 나온 인터프리터에서 대단히 많은 영감을 받았다. 특히 환경(environments)을 사용하는 방법에서 많은 영감을 받았다. 조금 변명을 하자면, 특정 인터프리터를 베낀다는 뜻이 아니라, 다른 수많은 인터프리터에서도 볼 수 있는 어떤 청사진을 쓰겠다는 뜻이다. 이처럼 많이 쓰이는 설계는 정말 그럴만한 이유가 있기 때문에 많이 쓰인다. 시작하기에 좋고, 배우기 쉬우며, 확장하기도 좋다.

우리가 만들어야 할 것을 요약하면 두 가지다.

- 트리 순회 평가기(tree-walking evaluator)
- 호스트(host) 언어인 Go로 Monkey의 값을 표현할 방법

평가기(Evaluator)라는 단어가 엄청나고 강력한 느낌을 주는 듯하지만, 그냥 eval(평가)이라는 함수일 뿐이다. eval 함수는 AST를 평가한다. 아래 코드는 의사코드 버전으로, AST의 즉시 평가(evaluating on the fly)와 트리 순회(tree-walking)가 무엇인지를 인터프리터라는 문맥에서 보여주고 있다.

```
function eval(astNode) {
  if (astNode is integerliteral) {
    return astNode.integerValue
  } else if (astNode is booleanLiteral) {
    return astNode.booleanValue
  } else if (astNode is infixExpression) {

    leftEvaluated = eval(astNode.Left)
    rightEvaluated = eval(astNode.Right)

    if astNode.Operator == "+" {
```

5 (옮긴이) 《컴퓨터 프로그램의 구조와 해석》(인사이트, 2016): 메사추세츠 공과대학(MIT) 컴퓨터과학 교과 과정의 바탕이 된 책으로, 집필 당시 MIT 교수진이었던 헤럴드 애빌슨(Harold Abelson), 제럴드 제이 서스만(Gerald Jay Sussman), 줄리 서스먼(Julie Sussman)이 함께 쓴 책이다. 마법사 책(Wizard Book)으로도 불린다.

```
      return leftEvaluated + rightEvaluated
    } else if ast.Operator == "-" {
      return leftEvaluated - rightEvaluated
    }
  }
}
```

코드에서 보이듯이, eval 함수는 재귀적이다. astNode is infixExpression이 참이면, eval 함수는 중위 표현식의 왼쪽 표현식 피연산자와 오른쪽 피연산자를 인수로 넘겨 eval을 두 번 재귀 호출한다. 재귀 호출된 eval 함수 안에서는 또 다른 중위 표현식, 정수 리터럴, 불 리터럴, 식별자의 평가로 이어진다. AST를 만들고 테스트하면서 재귀가 동작하는 방식을 확인한 적이 있다. 같은 원리가 여기서도 적용된다. 단, 앞에서는 트리를 만들었다면 여기서는 트리를 평가할 뿐이다.

위 의사코드를 보고 함수를 확장한다고 상상해보자. 아주 쉽게 확장할 수 있을 것 같다. 확장이 쉽다는 것은 우리에게 매우 의미가 크다. 우리는 우리만의 Eval 함수를 만들어서 조금씩 살을 붙여가며 완성해보려 한다. 그리고 Eval 함수에 새로운 조건과 기능을 추가하면서 인터프리터를 확장해볼 것이다.

위 코드에서 가장 재밌는 부분은 return 문이다. eval은 무엇을 반환할까? 아래 두 줄은 함수 호출의 반환값을 변수에 저장하고 있다.

```
leftEvaluated = eval(astNode.Left)
rightEvaluated = eval(astNode.Right)
```

eval 함수는 무엇을 반환할까? 두 반환값은 어떤 타입으로 반환될까? 두 질문에 답하려면 인터프리터가 갖춰야 할 "내부 객체 시스템(internal object system)을 어떻게 정의하는가?"라는 이야기를 해야 한다.

객체 표현하기

"잠깐, 뭐라고요? Monkey가 객체지향적이라고 얘기한 적은 없잖아요!"

그렇다. 난 그렇게 얘기한 적도 없고, Monkey 역시 객체 지향 언어가 아니다.

"그러면 '객체 시스템'이 도대체 왜 필요할까? "

'값 시스템(value system)' 혹은 '객체 표현법(object representation)'이라 불러도 상관없다. 핵심은 'eval' 함수가 무엇을 반환할지 정의할 필요가 있다는 점이다. 우리는 어떤 객체 시스템이 필요한데, 이 시스템은 AST가 나타내는 값을 표현해야 하고, 메모리에서 AST를 평가할 때 만들어내는 값도 표현해야 한다.

아래 Monkey 코드를 평가한다고 가정해보자.

```
let a = 5;
// [...]
a + a;
```

보다시피, 정수 리터럴 5를 변수명 a에 바인딩하고 있다. 마지막 행을 평가할 때 무슨 일이 일어나는지 집중해보자. a + a라는 표현식을 맞닥뜨렸을 때, 우리는 변수명 a에 바인딩되어 있는 값에 접근해야 한다. a + a를 평가하려면 a에 접근해서 5라는 값을 알아내야 하기 때문이다. AST에서는 정수 리터럴이 *ast.IntegerLiteral로 표현되어 있지만, 나머지 AST를 평가하는 동안 5라는 값을 어떻게 나타내고, 또 어떻게 추적할 수 있을까?

번역될 언어에서 사용되는 값을, (호스트 언어로) 내부적으로 표현하는 방법은 아주 다양하다. 세상에 구현되어 있는 모든 인터프리터와 컴파일러 코드에, 내부 표현에 대한 지혜가 정말 많이 담겨 있다. 모든 인터프리터는 값을 표현하는 고유의 방법을 갖고 있다. IR(중간 표현물)을 만들어내는 방식은 이전에 만들어진 인터프리터와는 늘 조금씩 다르게 만들어졌고, 번역될 언어의 요구 사항에 맞춰 조금씩 조정되었다.

어떤 인터프리터는 호스트 언어의 정수, 불과 같은 네이티브 타입(native types)을 사용하여 번역하고자 하는 언어의 값을 표현하되, 감싸지 않은(not wrapped) 형태로 사용한다. 또 어떤 언어에서는 값이나 객체를 포인터로만 표현하는 반면 다른 언어에서는 네이티브 타입과 포인터를 섞어서 사용하기도 한다.

왜 이렇게 다양한 방식이 활용될까? 일단 호스트 언어가 다르기 때문일 것이다. 예를 들어 문자열이라면, 번역될 언어에서 문자열을 표현하는 방법은 번역될 언어가 구현된 언어에서 문자열을 표현하는 방식에 의존하기 마련이다. Ruby 언어로 작성한 인터프리터가 C로 작성한 인터프리터처럼 값을 표현할 수는 없는 노릇이다.

번역될 언어 역시 큰 요인이다. 어떤 언어는 정수, 문자, 바이트와 같은 원시 데이터 타입(premitive data types)만 표현해도 충분하다. 그러나 또 다른 언어는 리스트, 딕셔너리, 함수, 복합 데이터 타입이 필요할 수 있다. 이처럼 값을 표현하는 방법이 모두 다르기 때문에 언어의 요구 사항 역시 크게 달라진다.

게다가 언어와는 별개로, 프로그램을 평가할 때 실행 속도와 메모리 소비량이 값 표현 시스템을 설계하고 구현하는 데 가장 큰 영향을 준다. 만약 빠른 인터프리터를 만들고 싶다면 느리고 메모리를 많이 잡아먹는 객체 시스템을 내버려 둘 수는 없는 노릇이다. 그리고 직접 가비지 컬렉터(garbage collector)를 구현할 생각이라면, 객체 시스템 안에 있는 값을 어떻게 추적할 것인지도 고민해야 한다. 그러나 성능을 고려하지 않는다면, 구체적인 요구 사항이 나오기 전까지는 시스템을 단순하고 이해하기 쉽게 구성하는 편이 합리적이다.

앞서 설명한 것을 요약하면, 호스트 언어를 사용해서 번역될 언어의 값을 다양한 방법으로 표현할 수 있다는 것이다. 이런 다양한 표현법을 익히는 가장 좋은 방법(아마도 유일한 방법)은 유명한 인터프리터를 몇 개 골라서 소스코드를 직접 다 읽어보는 것이다. 진심으로 'Wren'[6] 소스

6 Wren: 《게임 프로그래밍 패턴》(한빛미디어, 2016)의 저자 로버트 나이스트롬(Robert Nystrom)이 만든 스크립트 언어(*https://github.com/wren-lang/wren*).

코드를 읽어보길 바란다. Wren은 두 가지 값 표현법을 갖고 있고, 각각의 표현법을 컴파일러 플래그를 이용해 활성화/비활성화할 수 있다.

한편 호스트 언어 안쪽에서 값을 표현하는 방법과는 별개로, 호스트(host) 언어로 표현한 값과 그리고 값을 표현한 결과물을 게스트(guest) 언어로 사용할 사용자들에게 어떻게 보여주어야 할까? 이런 값을 외부로 노출할 때, '공용 API(public API)'는 어떤 모습을 가져야 할까?

자바를 예로 들면, 사용자에게 '원시 데이터형(primitive data types: int, byte, short, long, float, double, boolean, char)'과 '참조형(reference types)'을 둘 다 제공한다. 원시 데이터형은 자바 구현체 안쪽에서 네이티브 대응체(native counterparts)로 연결될 뿐, 크게 다르지 않게 표현돼 있다. 한편 참조형은 호스트 언어로 정의된 복합 자료구조체를 참조하는 값이다.

Ruby 언어에서는 언어 사용자가 '원시 데이터형(primitive data types)'에 접근할 수 없다. 마치 네이티브 타입 같은 것은 존재하지 않는 것처럼 말이다. 왜냐하면 Ruby에서는 모든 것이 객체이고, 따라서 모든 것이 Ruby 내부 표현법으로 감싸서 표현된다. Ruby는 내부적으로 바이트(byte) 하나와 `Pizza`라는 클래스 인스턴스를 구별하지 않는다. 둘 다 같은 값 타입을 가지며, 단지 감싸고 있는 값이 다를 뿐이다.

데이터를 프로그래밍 언어 사용자에게 노출하는 방법도 수없이 많다. 어떤 방법을 선택할지는 언어 설계에 따라 다르고, 앞서 말했듯 성능 요구 사항에 따라 다르다. 성능을 신경 쓰지 않는다면 선택이 자유로워진다. 하지만 성능이 중요하다면, 목표한 성능을 달성하기 위해 현명한 선택을 해야 할 것이다.

객체 시스템의 기초

아직은 Monkey 인터프리터가 가질 성능은 고민하지 않을 것이다. 그러니 쉽게 만들어보기로 하자. Monkey 소스코드를 평가하면서 확인하는 모든 값을 `Object`라는 인터페이스로 표현할 것이다. 모든 값을 `Object` 인터페이스를 만족하는 구조체로 감쌀(wrap) 것이다.

새로 추가된 object 패키지에, Object 인터페이스와 ObjectType 타입을 정의하자.

```
// object/object.go

package object

type ObjectType string

type Object interface {
    Type() ObjectType
    Inspect() string
}
```

아주 단순하다. token 패키지에서 작성한 Token, TokenType과 아주 비슷하다. 한편 Token은 구조체였지만, Object는 인터페이스이다. Object가 인터페이스인 이유는 모든 값은 내부 표현(internal representation)을 다르게 할 필요가 있기 때문이다. 그리고 불(boolean)과 정수를 동일한 구조체 필드에 끼워 맞추는 것보다 서로 다른 구조체를 두 개 정의하는 게 훨씬 쉽다.

아직은 Monkey 인터프리터가 가진 데이터 타입은 널(null), 불(booleans), 정수(integers) 세 개뿐이다. 정수 표현 구현을 시작으로 우리의 객체 시스템을 만들어보자.

정수

object.Integer 타입은 여러분이 상상했던 형태일 것이다.

```
// object/object.go

import "fmt"

type Integer struct {
    Value int64
}

func (i *Integer) Inspect() string { return fmt.Sprintf("%d", i.Value) }
```

파서는 소스코드에서 정수 리터럴을 만나면 먼저 정수 리터럴을 ast.IntegerLiteral로 바꾼다. 그리고 평가기(evaluator)가 AST 노드를 평가할 때 ast.IntegerLiteral을 object.Integer로 변환한다. 이때 object.Integer 구조체 안에 정수 리터럴이 가진 값을 저장한다. 그리고 AST 노드를 평가할 때, object.Integer 구조체를 가리키는 참조값을 주고받는 형태로 사용한다.

object.Integer는 object.Object 인터페이스를 충족해야 하므로 Type 메서드가 필요하며, Type 메서드는 object.Integer 타입에 대응하는 ObjectType을 반환한다. 앞서 작성한 token.TokenType처럼 ObjectType 별로 상수를 정의해야 한다.

```
// object/object.go

type ObjectType string

const (
    INTEGER_OBJ = "INTEGER"
)
```

앞서 말했듯이, token 패키지에 작성한 코드와 매우 유사하다. 그러고 나서 Type 메서드를 *object.Integer에 아래와 같이 추가하면 된다.

```
// object/object.go

func (i *Integer) Type() ObjectType { return INTEGER_OBJ }
```

정수는 이 정도면 충분하다. 이제 불(boolean) 타입을 정의해보자

Booleans

만약 이 섹션에서 뭔가 대단할 것을 기대했다면, 실망하게 해서 미안하지만 object.Boolean은 object.Integer와 다를 게 거의 없다.

```
// object/object.go

const (
    // [...]
```

```
    BOOLEAN_OBJ = "BOOLEAN"
)

type Boolean struct {
    Value bool
}

func (b *Boolean) Type() ObjectType { return BOOLEAN_OBJ }
func (b *Boolean) Inspect() string  { return fmt.Sprintf("%t", b.Value) }
```

bool 타입의 Value를 감싸는 구조체 Boolean 하나가 전부다.

이제 객체 시스템의 기초 작업을 거의 다 마무리했다. Eval 함수를 작성하기 전에 마지막으로 '객체가 존재하지 않음을 나타내는 값'을 정의해보자.

Null

1965년, 토니 호어(Tony Hoare)[7]는 널 참조(null references)라는 개념을 ALGOL W[8] 언어에 도입했다. 토니 호어는 널 참조를 '10억 달러짜리 실수(billion-dollar mistake)'[9]라고 말했다. 널 참조라는 개념을 도입한 이후 수없이 많은 시스템이 오동작했는데, 이유는 값이 없음을 말하는 '널(null)'을 참조했기 때문이었다. 널(언어에 따라 닐(nil)로 쓰기도 함)을 아무리 포장하더라도 인식이 좋다고는 결코 말할 수 없다.

나는 Monkey에 null을 포함할지 고민했다. 한편으로는 null 값이나 null 참조를 허용하지 않는다면 언어를 더 안전하게 사용할 수 있으리라 생각했다. 다른 한편으로는 우리는 배우려는 것이지 바퀴를 다시 만들려는 것(reinvent the wheel)[10]은 아니라고 생각했다. 그리고 내가 알게

7 (옮긴이) 토니 호어(Tony Hoare): 영국의 컴퓨터과학자로 퀵 소트(quick sort) 알고리즘을 고안한 것으로 유명하다. 또한 그는 호어 이론(Hoare logic) 및 CSP(Communicating Sequential Processing)로도 잘 알려져 있다.

8 (옮긴이) ALGOL W: 토니 호어와 니클라우스 비어트(Niklaus Wirth)가 설계한 프로그래밍 언어로 ALGOL 60을 계승한 언어이다.

9 billion-dollar mistake - *https://www.infoq.com/presentations/Null-References-The-Billion-Dollar-Mistake-Tony-Hoare/*

10 (옮긴이) 바퀴 다시 만들기(reinvent the wheel): 이미 만들어져 있는 것을 사용하지 않고 구태여 다시 만드는 수고를 들이는 것을 비유적으로 이르는 말.

된 것은, null을 도입하게 되면, null을 쓸지 말지 늘 두 번은 생각하는 것 같다. 마치 위험 물질을 운반하는 차량은 운전을 더 천천히 조심스럽게 해야 하는 것처럼 말이다. 나는 null 덕분에 프로그래밍 언어 설계를 하는 과정에서 특정 기능을 넣을지 뺄지 따져보게 되었다. 나는 이런 과정이 정말로 가치 있다고 생각한다. 그러니, Null 타입을 정의해보고 나중에 조심스럽게 사용하도록 하자.

```
// object/object.go

const (
    // [...]
    NULL_OBJ = "NULL"
)

type Null struct{}

func (n *Null) Type() ObjectType { return NULL_OBJ }
func (n *Null) Inspect() string  { return "null" }
```

object.Null은 앞서 만들었던 object.Boolean과 object.Integer처럼 단순한 구조체이다. 단, object.Null은 어떤 값을 감싸고 있지 않고 그저 값이 없음을 표현한다.

object.Null을 추가했으니, 우리가 작성한 객체 시스템은 불, 정수, null 값을 표현할 수 있게 됐다. 이 정도면 Eval을 작성하기에 충분해 보인다.

표현식 평가

드디어 Eval 함수를 작성할 때가 됐다. 우린 AST를 만들어놨고 새 객체 시스템도 만들었다. 덕분에 객체의 값을 추적하면서 Monkey 소스코드를 실행할 수 있다. 그러니 마지막으로 AST를 '평가(evaluate)'해보자.

아래는 Eval 함수의 첫 번째 버전이며 시그니처(signature)[11]이다.

```
func Eval(node ast.Node) object.Object
```

Eval 함수는 ast.Node를 입력으로 받고 object.Object를 반환한다. 우리가 정의한 모든 노드는 ast.Node 인터페이스를 충족해야 한다. 그러므로 모든 노드는 Eval 함수에 인수로 전달할 수 있다. 이 제약 덕분에 Eval 함수를 재귀적으로 사용할 수 있게 된다. 즉 Eval 함수 안에서 AST의 일부를 평가할 때, Eval 함수를 재귀 호출해서 사용할 수 있다는 말이다. 각각의 AST 노드는 각기 다른 평가 방식으로 평가해야 하는데, Eval 함수 안에 이런 평가 방식을 결정하는 코드를 작성할 것이다. 예를 들어, ast.Program 노드를 Eval 함수에 전달했다고 해보자. Eval 함수가 할 일은 *ast.Program.Statements 각각을 다시 인수로, Eval을 재귀 호출하여 평가하는 것이다. 그리고 가장 바깥쪽 Eval 함수 호출의 결괏값은 마지막으로 호출된 Eval 함수 호출의 결괏값이다.

가장 먼저 '자체평가 표현식(self-evaluating expressions)'을 구현해보려 한다. 자체평가 표현식이란 평가(evaluation) 관점에서 리터럴을 부를 때 쓰는 이름이다. 구체적으로 말하면 불 리터럴과 정수 리터럴이 자체평가 표현식이다. 자체평가 표현식은 Monkey 언어가 가장 평가하기 쉬운 구조이다. 왜냐하면 리터럴은 있는 그대로 평가할 수 있기 때문이다. 만약 5를 REPL에 입력하면 5가 나와야 하고, true를 입력하면 true가 나와야 한다.

정말 쉽지 않은가? 그렇다면 이제 '5를 입력하면 5가 나오는' 동작을 코드로 구현해보자.

11 (옮긴이) 시그니처(signature): 언어에 따라 다르지만, 파라미터와 파라미터가 갖는 타입, 반환값과 반환값이 갖는 타입, 접근 제어 등 함수 혹은 메서드가 갖는 입력, 출력 등을 기술한 정보라고 보면 된다. Go 언어에서는 func 키워드, 입력 파라미터와 타입, 출력 타입이 시그니처이다.

정수 리터럴

코드를 작성하기에 앞서, 다음 문장의 정확한 의미를 생각해보자.

> "정수 리터럴 하나만 포함하는 표현식문이 입력으로 주어졌을 때, 이 정수 리터럴을 평가하여 다시 정수 그 자체를 반환한다."

위 문장을 우리가 작성한 객체 시스템의 어휘로 번역해보면 아래와 같다.

> "`*ast.IntegerLiteral`이 주어졌고, `Eval` 함수는 `*ast.IntegerLiteral`을 사용해서 `*object.Integer`를 반환해야 한다. 반환한 `object.Integer`의 `Value` 필드는, 전달받은 `*ast.IntegerLiteral`의 `Value` 필드와 같은 값을 가져야 한다."

`evaluator` 패키지에 앞서 말한 내용을 테스트하는 코드를 작성해보자.

```
// evaluator/evaluator_test.go

package evaluator

import (
    "monkey/lexer"
    "monkey/object"
    "monkey/parser"
    "testing"
)

func TestEvalIntegerExpression(t *testing.T) {
    tests := []struct {
        input    string
        expected int64
    }{
        {"5", 5},
        {"10", 10},
    }
    for _, tt := range tests {
        evaluated := testEval(tt.input)
        testIntegerObject(t, evaluated, tt.expected)
    }
}
```

```
func testEval(input string) object.Object {
    l := lexer.New(input)
    p := parser.New(l)
    program := p.ParseProgram()
    return Eval(program)
}

func testIntegerObject(t *testing.T, obj object.Object, expected int64) bool {
    result, ok := obj.(*object.Integer)
    if !ok {
        t.Errorf("object is not Integer. got=%T (%+v)", obj, obj)
        return false
    }
    if result.Value != expected {
        t.Errorf("object has wrong value. got=%d, want=%d",
            result.Value, expected)
        return false
    }
    return true
}
```

작은 테스트 하나 작성했을 뿐인데 코드가 참 길다. 파서를 테스트했을 때처럼, 우선 테스트 인프라(testing infrastructure)부터 구축하려 한다. `TestEvalIntegerExpression` 함수는 뒤에서 더 확장해야 한다. 그래서 현재 구조는 확장하기 쉽도록 작성되어 있다. 그리고 `testEval`과 `testIntegerObject`는 당분간 아주 유용하게 쓰일 예정이다.

테스트의 핵심은 `testEval` 안에서 `Eval` 함수를 호출하는 것이다. 입력을 받아서, 렉서에 넘기고, 렉서를 파서에 넘긴 후 AST를 반환받는다. 그러고 나서 새로 도입된 `Eval` 함수에 AST를 인수로 넘긴다. 테스트할 대상은 `Eval` 함수의 반환값이다. 위 코드에서는 `Eval` 함수가 반환한 값은 `object.Integer`이면서 올바른 `.Value` 값을 가져야 한다. 달리 말하면 5라는 입력이 5로 평가되길 바란다는 뜻이다.

테스트는 실패한다. `Eval` 함수를 정의하지 않았으니 당연한 결과다. 한편 `Eval` 함수는 `ast.Node`를 인수로 받아서 `object.Object`를 반환해야 한다. 그리고 `Eval` 함수는 `*ast.IntegerLiteral`을 만날 때마다 올바른 `.Value` 값을 갖는 `*object.Integer`를 반환해야 한다. 지금 말한 내용을 코드로 바꾸고 첫 번째 Eval 함수를 evaluator 패키지에 작성해보면 다음과 같다.

```
// evaluator/evaluator.go

package evaluator

import (
    "monkey/ast"
    "monkey/object"
)

func Eval(node ast.Node) object.Object {
    switch node := node.(type) {
    case *ast.IntegerLiteral:
        return &object.Integer{Value: node.Value}
    }
    return nil
}
```

앞서 말한 대로 코드로 옮겼을 뿐이다. 동작하지 않는다는 것을 빼면 놀라울 게 없다. 테스트 코드는 여전히 실패하는데, Eval 함수가 *object.Integer 대신 nil을 반환했기 때문이다.

```
$ go test ./evaluator
--- FAIL: TestEvalIntegerExpression (0.00s)
evaluator_test.go:36: object is not Integer. got=<nil> (<nil>)
evaluator_test.go:36: object is not Integer. got=<nil> (<nil>)
FAIL
FAIL    monkey/evaluator   0.006s
```

테스트가 실패한 원인은 Eval 함수 안에서 *ast.IntegerLiteral을 만날 일이 없기 때문이다. 다시 말해서 AST를 순회하질 않았다. 순회는 언제나 트리 최상단에서 시작해야 한다. 그런 다음 *ast.Program을 인수로 받아서 AST에 포함된 모든 노드를 순회한다. 지금 언급한 이 동작을 하게 만들어야 한다. 우린 *ast.IntegerLiteral를 어떻게 처리하는지만 구현했을 뿐이다. 그럼 실제로 트리를 순회하고 *ast.Program의 모든 명령문을 평가하도록 고쳐보자.

```
// evaluator/evaluator.go

func Eval(node ast.Node) object.Object {
    switch node := node.(type) {

    // 명령문
    case *ast.Program:
        return evalStatements(node.Statements)

    case *ast.ExpressionStatement:
        return Eval(node.Expression)

    // 표현식
    case *ast.IntegerLiteral:
        return &object.Integer{Value: node.Value}
    }

    return nil
}

func evalStatements(stmts []ast.Statement) object.Object {
    var result object.Object

    for _, statement := range stmts {
        result = Eval(statement)
    }

    return result
}
```

이제 Monkey 프로그램의 모든 명령문을 평가할 수 있게 됐다. 그리고 만약 명령문이 *ast.ExpressionStatemnet이면 노드가 가진 표현식 필드를 평가할 것이다. 5와 같은 입력이 전달됐을 때의 AST를 떠올려보자. 이런 프로그램은 5라는 명령문 하나로 되어 있고, (return 문도 let 문도 아닌) 정수 리터럴을 표현식으로 갖는 표현식문이다.

```
$ go test ./evaluator
ok    monkey/evaluator    0.006s
```

테스트를 통과한다! 우리는 정수 리터럴을 평가할 수 있게 됐다. 이제 (REPL에) 숫자를 입력하면 숫자가 나온다. 이 동작을 구현하기 위해 얼마나 많은 코드와 테스트를 작성했던가! 인정한다. 그 정도까진 아니었다. 하지만 이제 시작일 뿐이다. 이제서야 평가(evaluation)가 어떻게 동작하는지 눈으로 확인했고 어떻게 평가기(evaluator)를 확장해야 할지 알게 됐다. 앞으로 `Eval` 함수가 갖는 구조는 변하지 않을 것이다. 우리는 단지 이 구조에 기능을 추가하고 확장할 것이다.

다음으로 다룰 자체평가(self-evaluating) 표현식은 '불 리터럴(boolean literals)'이다. 한편 불 리터럴을 다루기에 앞서, 우리가 첫 번째 평가 프로세스를 구현했다는 사실을 축하해보자! 다 축하했다면, REPL에 세 번째 글자인 E를 구현해보자.

REPL 완성하기

지금까지 우리 REPL에서 E는 없었다. 우리가 구현한 것은 RPPL이었다. Read-Parse-Print-Loop 말이다. 그러나 이제 `Eval` 함수를 구현했으니 진짜 Read-Evaluate-Print-Loop, REPL을 만들 수 있게 됐다!

`repl` 패키지에서 평가기를 사용하게 만드는 일은 예상대로 어려울 게 전혀 없다.

```
// repl/repl.go

import (
    // [...]
    "monkey/evaluator"
)

// [...]

func Start(in io.Reader, out io.Writer) {
    scanner := bufio.NewScanner(in)

    for {
        fmt.Fprintf(out, PROMPT)
        scanned := scanner.Scan()
        if !scanned {
            return
        }
```

```
        line := scanner.Text()
        l := lexer.New(line)
        p := parser.New(l)

        program := p.ParseProgram()
        if len(p.Errors()) != 0 {
            printParserErrors(out, p.Errors())
            continue
        }

        evaluated := evaluator.Eval(program)
        if evaluated != nil {
            io.WriteString(out, evaluated.Inspect())
            io.WriteString(out, "\n")
        }
    }
}
```

(파서가 반환한 AST인) program을 출력하는 대신, program을 Eval에 넘긴다.

만약 Eval이 nil이 아닌 object.Object를 반환하면 해당 객체의 Inspect 메서드를 호출한다. *object.Integer의 Inspect 메서드를 호출하면 *object.Integer가 감싸는 정수(.Value)를 문자열로 표현한 값을 출력할 것이다.

이제 드디어 우리가 작성한 REPL이 제대로 동작하기 시작한다.

```
$ go run main.go
Hello mrnugget! This is the Monkey programming language!
Feel free to type in commands
>> 5
5
>> 10
10
>> 999
999
>>
```

훌륭하다! 우리가 만든 REPL이 렉싱, 파싱, 평가를 모두 갖췄다. 장족의 발전이다!

불 리터럴

정수 리터럴과 마찬가지로 불 리터럴도 값 자체로 평가된다. true는 true로 평가되고 false는 false로 평가된다. 따라서 Eval 함수에 정수 리터럴과 같은 동작을 아주 쉽게 구현할 수 있다. 테스트 코드 역시 쉽기는 마찬가지다.

```
// evaluator/evaluator_test.go

func TestEvalBooleanExpression(t *testing.T) {
    tests := []struct {
        input    string
        expected bool
    }{
        {"true", true},
        {"false", false},
    }

    for _, tt := range tests {
        evaluated := testEval(tt.input)
        testBooleanObject(t, evaluated, tt.expected)
    }
}

func testBooleanObject(t *testing.T, obj object.Object, expected bool) bool {
    result, ok := obj.(*object.Boolean)
    if !ok {
        t.Errorf("object is not Boolean. got=%T (%+v)", obj, obj)
        return false
    }
    if result.Value != expected {
        t.Errorf("object has wrong value. got=%t, want=%t",
            result.Value, expected)
        return false
    }
    return true
}
```

불로 평가되는 표현식을 더 많이 지원할 수 있게 됐을 때, tests 슬라이스를 확장할 것이다. 지금은 true나 false를 입력했을 때, 출력이 바른지만 확인한다. 늘 그랬듯이 테스트는 아래와 같이 실패한다.

```
$ go test ./evaluator
--- FAIL: TestEvalBooleanExpression (0.00s)
evaluator_test.go:42: object is not Boolean. got=<nil> (<nil>)
evaluator_test.go:42: object is not Boolean. got=<nil> (<nil>)
FAIL
FAIL    monkey/evaluator    0.006s
```

테스트 결과에 초록불이 들어오게 하고 싶다면, `*ast.IntegerLiteral`과 식별자 두 개만 바꿔서 복사/붙여넣기 하면 된다.

```
// evaluator/evaluator.go

func Eval(node ast.Node) object.Object {
    // [...]
    case *ast.Boolean:
        return &object.Boolean{Value: node.Value}
    // [...]
}
```

이제 REPL을 구동해보자!

```
$ go run main.go
Hello mrnugget! This is the Monkey programming language!
Feel free to type in commands
>> true
true
>> false
false
>>
```

멋지게 동작한다! 그런데 질문을 하나 던져보겠다.

"`true`나 `false`를 만날 때마다 `object.Boolean`을 다시 만들어야 할까?"

이상하지 않은가? 앞에 만들어진 `true`와 다음에 만들어질 `true` 간에는 차이가 없다. 당연히 `false`도 마찬가지다. 인스턴스를 매번 새로 만들 필요가 없다는 말이다. `object.Boolean`이 가질 수 있는 값은 단 두 개뿐이다. 그러니 매번 새로 만들지 말고 미리 만들어둔 인스턴스를 참조(reference)하도록 바꿔보자.

```
// evaluator/evaluator.go

var (
    TRUE  = &object.Boolean{Value: true}
    FALSE = &object.Boolean{Value: false}
)

func Eval(node ast.Node) object.Object {
    // [...]
    case *ast.Boolean:
        return nativeBoolToBooleanObject(node.Value)
    // [...]
}

func nativeBoolToBooleanObject(input bool) *object.Boolean {
    if input {
        return TRUE
    }
    return FALSE
}
```

이제 evaluator 패키지에는 object.Boolean 타입을 갖는 인스턴스는 TRUE와 FALSE 둘 뿐이다. 앞으로 object.Boolean이 필요하면, object.Boolean 타입 인스턴스를 새로 할당하지 않고 만들어둔 인스턴스를 참조한다. 꽤 납득할 만한 방법이면서 노력을 크게 들이지 않고도 성능 향상을 꾀하는 방법이다. 그럼 하는 김에 널(null)도 한번 다뤄보자.

널(Null)

true와 false 인스턴스를 각각 하나씩만 만든 것처럼, 널(null) 역시 참조 가능한 객체를 단 하나만 만들려 한다. 널(null)은 다양한 형태로 존재하지 않는다. 그냥 널(null)이거나 널(null)이 아닐 뿐이다. 그럼 평가 과정 전반에 걸쳐 참조할 유일한 NULL인 object.NULL을 만들어보자.

```
// evaluator/evaluator.go

var (
    NULL  = &object.Null{}
    TRUE  = &object.Boolean{Value: true}
    FALSE = &object.Boolean{Value: false}
)
```

코드는 간단하다. 참조해서 사용할 유일한 NULL을 만들어냈다.

위와 같이 정수 리터럴과 NULL, TRUE, FALSE 트리오(trio)를 만들었으니, 다음 주제인 '연산자 표현식(operator expressions)' 평가로 넘어가자.

전위 표현식

Monkey 언어에서 가장 단순한 형태를 보이는 연산자 표현식(operator expressions)은 '전위 표현식(prefix expression)'이다. 전위 표현식은 '단항 연산자 표현식(unary operator expression)'으로서 하나의 피연산자가 뒤따라 나온다. 파서에서는 많은 Monkey 언어 개체를 전위 표현식처럼 다뤘다. 왜냐하면 그렇게 처리하는 게 가장 쉬운 파싱 방법이기 때문이다. 그러나 이번 섹션의 전위 표현식은 연산자와 피연산자가 각각 하나씩 있는 연산자 표현식일 뿐이다. Monkey 언어는 전위 연산자를 두 개 지원한다. !과 -이다.

연산자 표현식 평가는 그리 어렵지 않다. 특히 전위 연산자같이 피연산자가 하나밖에 없으면 더욱 쉽다. 평가를 작은 단계로 나누어서 해보려 한다. 그리고 구현하고자 하는 동작을 조금씩 완성해갈 것이다. 한편 구현에 대단히 주의를 기울여야 한다. 우리가 지금 구현하려는 동작은 평가 프로세스 전반에 큰 영향을 준다. 내가 3장 초반부에 했던 말을 떠올려보자.

> 평가(evaluation) 프로세스를 거치고 나면 입력 언어는 의미를 갖게 된다.

지금 우리는 Monkey 프로그래밍 언어의 '의미론(semantics)'[12]을 정의하고 있다는 말이다. 연산자 표현식을 평가하는 방법을 조금만 바꿔도 전혀 관계없어 보이는 다른 부분에 의도치 않은 영향을 줄 수 있다. 이제부터 작성할 테스트는 의도한 동작을 파악하는 데 도움을 주고, 명세

12 (옮긴이) 어떤 구문(syntax)이 실제로 어떤 의미를 갖는지 정의하는 행위

(specification) 역할도 하게 된다.

! 연산자 평가부터 구현해보자. 아래 테스트는 ! 연산자가 해야 할 일을 보여준다. 피연산자를 불값으로 변환(convert)한 다음, 변환한 값을 부정(negate)해야 한다.

```
// evaluator/evaluator_test.go

func TestBangOperator(t *testing.T) {
    tests := []struct {
        input    string
        expected bool
    }{
        {"!true", false},
        {"!false", true},
        {"!5", false},
        {"!!true", true},
        {"!!false", false},
        {"!!5", true},
    }

    for _, tt := range tests {
        evaluated := testEval(tt.input)
        testBooleanObject(t, evaluated, tt.expected)
    }
}
```

앞서 언어가 어떻게 동작해야 하는지 우리가 결정해야 한다고 말한 적이 있는데, 지금이 바로 그 순간이다. 위 테스트에서 `!true`와 `!false` 같은 표현식과 기댓값은 상식적인 결과를 담고 있다. 그러나 `!5`는 다른 언어 설계자라면 에러를 반환해야 한다고 생각할 수 있다. 그러나 우리는 5가 참 같은 값(truthy)처럼 동작하게 만들려 한다.

물론, 테스트는 통과하지 않는다. `Eval` 함수가 `TRUE`나 `FALSE`가 아닌 `nil`을 반환했기 때문이다. 전위 표현식을 평가하는 첫 번째 단계는 피연산자를 평가하고 나서, 평가한 값을 전위 연산자를 평가할 때 사용하는 것이다.

```
// evaluator/evaluator.go

func Eval(node ast.Node) object.Object {
    // [...]
    case *ast.PrefixExpression:
        right := Eval(node.Right)
        return evalPrefixExpression(node.Operator, right)
    // [...]
}
```

첫 번째 Eval 함수 호출 뒤에, right는 *object.Integer이거나, *object.Boolean 혹은 NULL일 것이다. 피연산자 right를 evalPrefixExpression 함수에 인수로 넘긴다. evalPrefixExpression 함수는 전달받은 연산자를 지원하는지 검사한다. 아래 코드를 보자.

```
// evaluator/evaluator.go

func evalPrefixExpression(operator string, right object.Object) object.Object {
    switch operator {
    case "!":
        return evalBangOperatorExpression(right)
    default:
        return NULL
    }
}
```

만약 지원하지 않는 연산자를 인수로 전달하면, NULL을 반환하기로 하자. 그런데 설계 관점에서 NULL을 반환하는 게 과연 최선의 선택일까? 그럴 수도 있고 아닐 수도 있다. 우린 아직 에러 처리를 구현하지 않았기에 현재로서는 가장 쉬운 선택이라고는 볼 수 있다.

아래 evalBangOperatorExpression 함수는 !을 처리하는 동작을 구현하고 있다.

```
// evaluator/evaluator.go

func evalBangOperatorExpression(right object.Object) object.Object {
    switch right {
    case TRUE:
        return FALSE
    case FALSE:
```

```
            return TRUE
        case NULL:
            return TRUE
        default:
            return FALSE
        }
}
```

이제 테스트를 통과한다.

```
$ go test ./evaluator
ok   monkey/evaluator   0.007s
```

다음으로는 전위 연산자 -를 평가해보자. TestEvalIntegerExpression 테스트 함수를 확장하여 통합해보자.

```
// evaluator/evaluator_test.go

func TestEvalIntegerExpression(t *testing.T) {
    tests := []struct {
        input    string
        expected int64
    }{
        {"5", 5},
        {"10", 10},
        {"-5", -5},
        {"-10", -10},
    }
    // [...]
}
```

나는 전위 연산자 -용으로 따로 테스트를 작성하지 않고 위 테스트를 확장하기로 했다. 이렇게 결정한 데는 두 가지 이유가 있다. 첫 번째 이유는 전위 연산자 -가 가질 수 있는 피연산자는 정수밖에 없기 때문이다. 두 번째 이유는 이 테스트 함수는 나중에 확장할 텐데, 모든 정수 연산을 아우르도록 확장해서, 구현하려는 동작을 테스트 함수 한곳에서 분명하고 깔끔하게 보여주고 싶기 때문이다.

앞서 작성한 evalPrefixExpression 함수를 확장해야만 테스트를 통과할 것이다. switch 문에 새로운 case를 추가해야 한다.

```
// evaluator/evaluator.go
func evalPrefixExpression(operator string, right object.Object) object.Object {
    switch operator {
    case "!":
        return evalBangOperatorExpression(right)
    case "-":
        return evalMinusPrefixOperatorExpression(right)
    default:
        return NULL
    }
}
```

evalMinusPrefixOperatorExpression 함수는 아래와 같다.

```
// evaluator/evaluator.go

func evalMinusPrefixOperatorExpression(right object.Object) object.Object {
    if right.Type() != object.INTEGER_OBJ {
        return NULL
    }
    value := right.(*object.Integer).Value
    return &object.Integer{Value: -value}
}
```

가장 먼저 피연산자가 정수인지 확인해보자. 만약 아니라면 NULL을 반환한다. 만약 정수라면 *object.Integer가 가지는 값을 추출(extract)한다. 그러고 나서 새로 객체를 할당하여 이 값을 부정(negate)하는 값을 감싸게 만든다.

코드가 짧지만 자기가 할 일은 다 하고 있다.

```
$ go test ./evaluator
ok   monkey/evaluator   0.007s
```

훌륭하다! 다음 주제인 중위 표현식(infix expressions) 평가로 넘어가기 전에, 전위 표현식을 REPL에서 돌려보자.

```
$ go run main.go
Hello mrnugget! This is the Monkey programming language!
Feel free to type in commands
>> -5
```

```
-5
>> !true
false
>> !-5
false
>> !!-5
true
>> !!!!-5
true
>> -true
null
```

멋지군!

중위 표현식

기억을 상기할 목적으로 아래 Monkey 언어가 지원하는 중위 연산자 8개를 가져왔다.

```
5 + 5;
5 - 5;
5 * 5;
5 / 5;

5 > 5;
5 < 5;
5 == 5;
5 != 5;
```

위 8가지 연산자들은 중위 표현식 결과가 불(boolean)인 그룹과 불이 아닌 그룹으로 나눌 수 있다. 첫 번째 그룹에 포함된 연산자(+, -, *, /)를 먼저 평가할 수 있도록 구현해보자. 정수 피연산자와 조합되는 경우를 먼저 다뤄볼 것이다. 코드가 잘 동작한다면, 양쪽 피연산자에 불이 오는 경우를 추가할 것이다.

테스트 인프라는 이미 잘 구축해 두었으니, `TestEvalIntegerExpression` 테스트 함수를 확장해보자. 아래와 같이 두 번째 그룹을 테스트할 테스트 케이스를 몇 개 추가하면 된다.

```
// evaluator/evaluator_test.go

func TestEvalIntegerExpression(t *testing.T) {
    tests := []struct {
        input    string
        expected int64
    }{
        {"5", 5},
        {"10", 10},
        {"-5", -5},
        {"-10", -10},
        {"5 + 5 + 5 + 5 - 10", 10},
        {"2 * 2 * 2 * 2 * 2", 32},
        {"-50 + 100 + -50", 0},
        {"5 * 2 + 10", 20},
        {"5 + 2 * 10", 25},
        {"20 + 2 * -10", 0},
        {"50 / 2 * 2 + 10", 60},
        {"2 * (5 + 10)", 30},
        {"3 * 3 * 3 + 10", 37},
        {"3 * (3 * 3) + 10", 37},
        {"(5 + 10 * 2 + 15 / 3) * 2 + -10", 50},
    }
    // [...]
}
```

물론 테스트 케이스는 중복된 내용을 담고 있어서 어떤 케이스는 삭제해도 된다. 왜냐하면 테스트하려는 것이 동일하거나 테스트할 내용이 바뀐 게 없는 경우도 있기 때문이다. 솔직히 말하자면 구현이 너무 잘 동작하는 바람에 이것저것 넣다 보니 테스트 케이스가 많아졌다.

테스트 케이스를 모두 통과하려면, 가장 먼저 Eval 함수 안에 switch 문을 확장해야 한다.

```
// evaluator/evaluator.go

func Eval(node ast.Node) object.Object {
    // [...]
    case *ast.InfixExpression:
        left := Eval(node.Left)
        right := Eval(node.Right)
        return evalInfixExpression(node.Operator, left, right)
    // [...]
}
```

*ast.PrefixExpression 함수와 마찬가지로 피연산자를 먼저 평가한다. 우리는 AST 노드 left와 right가 어느 표현식과 다를 바 없다는 것을 잘 알고 있다. 호출 표현식일 수도, 정수 리터럴일 수도, 연산자 표현식일 수도 있다. 뭐가 됐든 중요치 않다. 그냥 Eval 함수가 처리하게 만들면 된다.

피연산자를 평가하고 나서 평가한 값과 연산자를 evalIntegerInfixExpressions 함수에 인수로 전달하여 호출한다. 구현은 아래와 같다.

```
// evaluator/evaluator.go

func evalInfixExpression(
    operator string,
    left, right object.Object,
) object.Object {
    switch {
    case left.Type() == object.INTEGER_OBJ && right.Type() == object.INTEGER_OBJ:
        return evalIntegerInfixExpression(operator, left, right)
    default:
        return NULL
    }
}
```

피연산자 둘 다 정수가 아니면 NULL을 반환한다. 물론, 이 함수를 뒤에 다시 돌아와서 확장할 것이다. 그러나 지금은 테스트만 통과하게 만드는 정도로 충분하다. 그리고 사실 핵심적인 내용은 evalIntegerInfixExpression 함수 안쪽에 구현되어 있다. *object.Integer가 감싸고 있는 값을 더하고 빼고 곱하고 나누는 일은 모두 evalIntegerInfixExpression 함수 안에서 벌어진다.

```
// evaluator/evaluator.go

func evalIntegerInfixExpression(
    operator string,
    left, right object.Object,
) object.Object {
    leftVal := left.(*object.Integer).Value
    rightVal := right.(*object.Integer).Value
    switch operator {
```

```
    case "+":
        return &object.Integer{Value: leftVal + rightVal}
    case "-":
        return &object.Integer{Value: leftVal - rightVal}
    case "*":
        return &object.Integer{Value: leftVal * rightVal}
    case "/":
        return &object.Integer{Value: leftVal / rightVal}
    default:
        return NULL
    }
}
```

믿거나 말거나 테스트는 통과한다.

```
$ go test ./evaluator
ok   monkey/evaluator   0.007s
```

연산자를 몇 개 더 추가하면서 맘대로 가지고 놀아도 좋다. 어쨌든, 다시 원래 얘기로 돌아와서, ==, !=, <, >와 같이 불(boolean)로 평가되는 연산자를 추가해보자.

==, !=, <, >와 같은 불(boolean) 연산자는 모두 불을 생성하므로 테스트를 추가해 `TestEvalBooleanExpression` 테스트 함수를 확장해보자.

```
// evaluator/evaluator_test.go

func TestEvalBooleanExpression(t *testing.T) {
    tests := []struct {
        input    string
        expected bool
    }{
        {"true", true},
        {"false", false},
        {"1 < 2", true},
        {"1 > 2", false},
        {"1 < 1", false},
        {"1 > 1", false},
        {"1 == 1", true},
        {"1 != 1", false},
        {"1 == 2", false},
        {"1 != 2", true},
    }
```

```
    // [...]
}
```

evalIntegerInfixExpression에 추가된 행은 아래가 전부다. 테스트를 통과하게 만드는 데 필요한 만큼이다.

```
// evaluator/evaluator.go

func evalIntegerInfixExpression(
    operator string,
    left, right object.Object,
) object.Object {
    leftVal := left.(*object.Integer).Value
    rightVal := right.(*object.Integer).Value
    switch operator {
    // [...]
    case "<":
        return nativeBoolToBooleanObject(leftVal < rightVal)
    case ">":
        return nativeBoolToBooleanObject(leftVal > rightVal)
    case "==":
        return nativeBoolToBooleanObject(leftVal == rightVal)
    case "!=":
        return nativeBoolToBooleanObject(leftVal != rightVal)
    default:
        return NULL
    }
}
```

nativeBoolToBooleanObject 함수는 이미 불 리터럴을 평가할 때 사용한 적이 있다. 여기서는 TRUE나 FALSE를 반환하되, 풀어낸(unwrapped) 값을 기반으로 찾을 때 쓰인다.

됐다! 적어도 정수는 끝났다. 우리는 양쪽 피연산자가 정수일 때만 8개 연산자를 모두 지원하고 있다. 그럼 이제 남은 섹션에서는 불(Boolean)이 피연산자일 때의 평가 방법을 다루어보려 한다.

Monkey 언어는 피연산자가 불일 때에는 동등 비교 연산자(equality operators)인 ==와 !=만 지원한다. 즉, 불을 사용한 더하기/빼기/나누기/곱하기는 지원하지 않는다. true나 false를 피연산자로 삼아서 >나 < 연

산자로 값을 비교하는 동작 역시 지원하지 않는다. 이런 정책에 따라, 우리는 == 과 !=, 두 연산자만을 지원하면 된다.

가장 먼저 테스트를 추가해야 한다. 전과 같이 기존에 작성해둔 테스트를 확장해보자. 우린 TestEvalBooleanExpression을 사용할 것이고 여기에 ==와 !=를 다루는 테스트 케이스를 추가해보자.

```
// evaluator/evaluator_test.go

func TestEvalBooleanExpression(t *testing.T) {
    tests := []struct {
        input    string
        expected bool
    }{
        // [...]
        {"true == true", true},
        {"false == false", true},
        {"true == false", false},
        {"true != false", true},
        {"false != true", true},
        {"(1 < 2) == true", true},
        {"(1 < 2) == false", false},
        {"(1 > 2) == true", false},
        {"(1 > 2) == false", true},
    }
    // [...]
}
```

엄밀히 말해서 테스트 케이스 처음 다섯 개만 있으면 새로 만든 동작을 테스트하기에 충분하다. 그렇지만 추가로 4개의 테스트 케이스를 더 추가해서 생성된 불값과 비교검사를 해보자.

지금까진 잘 되고 있다. 놀랄 만한 것도 없다. 그냥 실패하는 테스트일 뿐이다.

```
$ go test ./evaluator
--- FAIL: TestEvalBooleanExpression (0.00s)
evaluator_test.go:121: object is not Boolean. got=*object.Null (&{})
evaluator_test.go:121: object is not Boolean. got=*object.Null (&{})
evaluator_test.go:121: object is not Boolean. got=*object.Null (&{})
evaluator_test.go:121: object is not Boolean. got=*object.Null (&{})
evaluator_test.go:121: object is not Boolean. got=*object.Null (&{})
```

```
evaluator_test.go:121: object is not Boolean. got=*object.Null (&{})
evaluator_test.go:121: object is not Boolean. got=*object.Null (&{})
evaluator_test.go:121: object is not Boolean. got=*object.Null (&{})
evaluator_test.go:121: object is not Boolean. got=*object.Null (&{})
FAIL
FAIL	monkey/evaluator	0.007s
```

아래는 테스트 케이스를 통과하게 만들어줄 고마운 코드이다.

```
// evaluator/evaluator.go

func evalInfixExpression(
    operator string,
    left, right object.Object,
) object.Object {
    switch {
    // [...]
    case operator == "==":
        return nativeBoolToBooleanObject(left == right)
    case operator == "!=":
        return nativeBoolToBooleanObject(left != right)
    default:
        return NULL
    }
}
```

테스트를 통과하기 위해 evalInfixExpression에 추가한 코드는 단 네 줄뿐이다. 두 불(Boolean) 사이의 동등성을 포인터 비교(left == right)로 검사한다. 포인터 비교만으로 확인할 수 있는 이유는 우리는 객체를 활용할 때 언제나 포인터를 쓰며, 더욱이 불 객체는 TRUE와 FALSE 단 두 객체만 사용하기 때문이다. 따라서 어떤 값이 TRUE와 같은 값(같은 메모리 주소)을 갖는다면 그 값은 true이다. 이 동작은 NULL 객체에도 똑같이 적용할 수 있다.

한편 이런 동작은 정수나 후에 나올 다른 데이터 타입에는 적용할 수 없다. *object.Integer 객체를 만들 때는 언제나 새로운 인스턴스를 할당할 것이고, 따라서 새로운 포인터를 갖게 된다. 따라서 포인터를 활용해서 *object.Integer 둘을 비교할 수 없다. 만약 포인터 비교를 한다면 5 == 5가 false로 평가될 텐데, 두 정수가 다르게 평가되는 것은 우리가 기대하는 결과가 아니다. 따라서 이럴 때는 명시적으로 두 값을 비교해야 하고 객체가 아니라 감싸고 있는 값 자체를 비교해야 한다.

이것이 우리가 정수 피연산자를 `switch` 문 상단에 배치해 더 먼저 `case`에 매칭되도록 만들어야 하는 이유다. 포인터 비교문에 도달하기 전에 피연산자의 타입만 잘 처리한다면 별문제 없이 코드가 잘 동작할 것이다.

10년이 지나 Monkey가 유명한 프로그래밍 언어가 되고, 언어 설계자의 아집 때문에 수많은 개발자가 토론을 하고 있고, 우리 모두 부자가 되고 유명해진 어느 날, 어떤 사람이 스택오버플로우(StackOverflow)에 질문을 했다.

Q: Monkey 언어에서는 왜 정수 비교가 불 비교보다 느린가요?

아마도 나나 여러분이 답글을 달 것이다.

A: Monkey 객체 시스템에서는 정수 객체를 비교할 때 포인터 비교를 허용하지 않습니다. 따라서 정수 객체를 비교할 때는 비교하기에 앞서 값을 풀어내고(unwrap) 꺼낸 값을 비교해야 합니다. 따라서 불 객체를 비교하는 동작이 더 빠를 수밖에 없습니다. [출처: 직접 작성]

그리고 왜 이렇게 만들었느냐고 사람들에게 비난을 받겠지...

잠시 망상을 해봤다. 다시 (축하라는) 주제로 돌아가보자. 우리가 해냈다! 내가 칭찬에 과할 정도로 너그럽다는 사실을 알고 있을 것이다. 조금이라도 칭찬할 구석이 보이면 바로 해버리니 말이다. 어쨌든 지금은 아래 실행 결과를 보면서 샴페인을 터뜨리고 우리가 인터프리터를 만들어냈다는 사실에 기뻐하자!

```
$ go run main.go
Hello mrnugget! This is the Monkey programming language!
Feel free to type in commands
```

```
>> 5 * 5 + 10
35
>> 3 + 4 * 5 == 3 * 1 + 4 * 5
true
>> 5 * 10 > 40 + 5
true
>> (10 + 2) * 30 == 300 + 20 * 3
true
>> (5 > 5 == true) != false
false
>> 500 / 2 != 250
false
```

이제 완전히 동작하는 (발전 가능성이 있는) 계산기를 만들어냈다. 그럼 이제 우리 계산기에 더 많은 기능을 추가해보자. 그럴싸한 프로그래밍 언어를 만들어보자!

조건식

평가기에 조건식(conditionals)을 추가하는 게 얼마나 쉬운지 놀랄 것이다. 언제(when), 무엇(what)을 평가할지 결정하는 일이 좀 까다로울 뿐, 조건에 따라서 대상을 평가한다는 점이 조건식이 의미하는 전부이기 때문이다. 아래 코드를 보자.

```
if (x > 10) {
  puts("everything okay!");
} else {
  puts("x is too low!");
  shutdownSystem();
}
```

위 `if-else`-표현식을 평가할 때, 올바른 분기(branch)만 평가하는 것이 가장 중요하다. 만약 조건이 참이라면, `else`-분기는 평가를 아예 하지 않아야 한다. 즉 `if`-분기만 평가해야 한다는 뜻이다. 그리고 만약 조건이 거짓이라면, `else`-분기만 평가해야 한다.

표현을 달리하면, 우리는 조건식의 조건인 `x > 10`이 참이 아니라면 `else`-분기만 평가해야 한다. 그런데 도대체 '참이 아니다'라는 게 정확히 무슨 뜻일까? 조건이 `true`일 때만 **<consequence>** 블록("everything okay!"를 출력하는 분기)을 평가해야 할까? 아니면 참 같은 값(truthy)일 때, 그러니까 `false`도 아니고 `null`도 아닌 값일 때에도 평가해야 할까?

이런 결정을 내리는 게 가장 까다롭다. 왜냐하면 설계를 결정하는 문제이기 때문이다. 정확히는 프로그래밍 언어 설계를 결정해야 하는 일이다. 그리고 이런 결정 사항들은 프로그래밍 언어 전반에 광범위하게 영향을 준다.

Monkey 언어에서, 조건식의 **<consequence>**는 조건이 '참 같은 값(truthy)'인 경우에 평가된다. 여기서 '참 같은 값'이 의미하는 바는, `null` 또는 `false`가 아니라는 뜻이다. 반드시 `true`일 필요는 없다.

```
let x = 10;
if (x) {
  puts("everything okay!");
} else {
  puts("x is too high!");
  shutdownSystem();
}
```

위 예제는 "everything okay!"를 출력할 것이다. 왜냐하면 변수 `x`에는 `10`이 바인딩되어 있기 때문이다. 따라서 `10`으로 평가되고, `10`은 `null`도 아니고 `false`도 아니므로, 'truthy'하다. 이것이 Monkey에서 조건식이 동작하는 방식이다.

조건식을 어떻게 설계할지 결정했으므로, 명세(specification)를 테스트 케이스 몇 개로 만들어내면 된다.

```
// evaluator/evaluator_test.go

func TestIfElseExpressions(t *testing.T) {
    tests := []struct {
        input    string
        expected interface{}
    }{
        {"if (true) { 10 }", 10},
        {"if (false) { 10 }", nil},
```

```
        {"if (1) { 10 }", 10},
        {"if (1 < 2) { 10 }", 10},
        {"if (1 > 2) { 10 }", nil},
        {"if (1 > 2) { 10 } else { 20 }", 20},
        {"if (1 < 2) { 10 } else { 20 }", 10},
    }

    for _, tt := range tests {
        evaluated := testEval(tt.input)
        integer, ok := tt.expected.(int)
        if ok {
            testIntegerObject(t, evaluated, int64(integer))
        } else {
            testNullObject(t, evaluated)
        }
    }
}

func testNullObject(t *testing.T, obj object.Object) bool {
    if obj != NULL {
        t.Errorf("object is not NULL. got=%T (%+v)", obj, obj)
        return false
    }
    return true
}
```

코드에서 테스트 함수는 아직 우리가 다루지 않은 동작을 보여준다. 조건식이 값으로 평가되지 않았을 때, NULL을 반환하게 되어 있다. 아래 예를 보자.

```
if (false) { 10 }
```

위 조건식에는 else가 없다. 따라서 조건식은 NULL을 만들어내야 한다.

기댓값 필드에 nil을 허용하기 위해 타입을 단정(type assertion)하고 변환할 필요가 있어서 코드가 좀 덕지덕지 붙은 느낌이 있다. 그렇지만 테스트 코드는 가독성 있게 작성되어 있고 원하는 동작과 지정한 동작을 잘 보여주고 있다. 테스트는 물론 실패한다. 왜냐하면 우리가 *object.Integer나 NULL을 반환하지 않았기 때문이다.

```
$ go test ./evaluator
--- FAIL: TestIfElseExpressions (0.00s)
evaluator_test.go:125: object is not Integer. got=<nil> (<nil>)
evaluator_test.go:153: object is not NULL. got=<nil> (<nil>)
evaluator_test.go:125: object is not Integer. got=<nil> (<nil>)
evaluator_test.go:125: object is not Integer. got=<nil> (<nil>)
evaluator_test.go:153: object is not NULL. got=<nil> (<nil>)
evaluator_test.go:125: object is not Integer. got=<nil> (<nil>)
evaluator_test.go:125: object is not Integer. got=<nil> (<nil>)
FAIL
FAIL	monkey/evaluator	0.007s
```

이번 섹션 초입에서, 조건식을 아주 쉽게 구현할 수 있다고 말한 적이 있다. 믿지 못하겠다면, 테스트를 통과하게 만드는 데 코드가 몇 줄이나 필요한지 두 눈을 크게 뜨고 보길 바란다.

```
// evaluator/evaluator.go

func Eval(node ast.Node) object.Object {
    // [...]
    case *ast.BlockStatement:
        return evalStatements(node.Statements)
    case *ast.IfExpression:
        return evalIfExpression(node)
    // [...]
}

func evalIfExpression(ie *ast.IfExpression) object.Object {
    condition := Eval(ie.Condition)

    if isTruthy(condition) {
        return Eval(ie.Consequence)
    } else if ie.Alternative != nil {
        return Eval(ie.Alternative)
    } else {
        return NULL
    }
}

func isTruthy(obj object.Object) bool {
    switch obj {
    case NULL:
        return false
    case TRUE:
```

```
        return true
    case FALSE:
        return false
    default:
        return true
    }
}
```

앞서 말했듯이, "무엇을 평가해야 하는지"가 가장 어렵다. 무엇을 평가할지에 대한 결정이 `evalIfExpression`에 깔끔하게 캡슐화(encapsulation)[13]되어 있다. `isTruthy`는 자체로 의도를 잘 드러내고 있다. `evalIfExpression`과 `isTruthy`와는 별개로 `Eval` 함수에 `*ast.BlockStatement`을 처리하는 `case`를 추가해야 한다. 왜냐하면 `*ast.IfExpressions`의 `.Consequence`와 `.Alternative` 필드는 모두 블록문(block statements)이기 때문이다.

우린 Monkey 프로그래밍 언어의 의미론(semantics)을 분명하게 보여주는 함수 두 개(`evalIfExpression`, `isTruthy`)를 새로 정의했다. 그리고 두 함수는 우리가 앞서 구현한 함수를 적절히 다시 사용하고 있고, 결과적으로 Monkey 언어에서 '조건식(conditionals)'을 사용할 수 있게 만들고, 테스트도 통과하게 하였다. 우리 인터프리터는 이제 `if-else-`표현식을 지원한다! 우리가 만든 인터프리터가 이제 계산기의 영역을 떠나 프로그래밍 언어의 영역으로 들어가고 있다.

```
$ go run main.go
Hello mrnugget! This is the Monkey programming language!
Feel free to type in commands
>> if (5 * 5 + 10 > 34) { 99 } else { 100 }
99
>> if ((1000 / 2) + 250 * 2 == 1000) { 9999 }
9999
>>
```

13 (옮긴이) 캡슐화(encapsulation): 여기서는 추상화(abstraction)의 의미로 쓰였다.

Return 문

이번 섹션에서 우리가 다룰 내용은 일반적인 계산기에는 없는 기능이다. 바로 'return 문'이다. 다른 언어와 마찬가지로 Monkey 언어도 return 문을 갖고 있다. return 문은 함수 몸체 안에서 사용이 되는데, Monkey 프로그램 최상단에서도 동작한다. 그러나 어디서 사용되는지는 그리 중요하지 않다. 왜냐하면 동작 방식은 사용된 위치에 따라 달라지지 않기 때문이다. return 문은 명령문(a series of statements)의 평가를 멈추고, 명령문 안에 포함된 (return 문이 아니라면 평가했어야 할) 표현식을 남겨두고 나와버린다.

아래는 Monkey 프로그램 최상단에 return 문이 있을 때를 보여준다.

```
5 * 5 * 5;
return 10;
9 * 9 * 9;
```

위 프로그램은 평가됐을 때 10을 반환해야 한다. 만약 이 명령문들이 함수 몸체 안에 있었다면, 함수 호출은 10을 반환해야 한다. 마지막 행인 9 * 9 * 9 표현식이 가장 중요한데, 이 표현식은 절대로 평가되지 않을 것이다.

return 문을 구현하는 몇 가지 방법이 있다. 호스트 언어에 따라서, 어떤 언어는 'goto'[14]나 '예외(exceptions)'를 사용한다. 그러나 Go 언어에서는 'rescue'[15]나 'catch'[16]를 사용할 수 없을뿐더러, 우리는 goto를 깔끔하게 사용할 수 있는 방안도 갖고 있지 않다. 따라서 우리는 return 문을 지원하기 위해서, '반환값(return value)'을 평가기에 넘길 것이다. 평가하는 도중에 return 문을 만나면 원래 반환해야 할 값을 객체 하나

14 (옮긴이) goto 내지 goto 문은 프로그램의 flow를 특정 위치로 직접 이동시킨다. 기계 코드(machine code) 레벨에서 봤을 때, jump 혹은 branch의 한 형태이다. 참고로 Go 언어에서는 goto 문을 지원한다.

15 (옮긴이) rescue: Ruby 언어에서 예외를 처리하기 위해 사용하는 키워드

16 (옮긴이) catch: C++, Java, Javascript, Python 등의 언어에서 예외를 처리하기 위해 사용하는 키워드

로 감싸서 처리한다. 그래야 평가기가 이 객체를 추적할 수 있기 때문이다. 이 객체를 추적해야 하는 이유는 평가 도중에 평가를 계속할지 말지 결정할 때, 이 객체가 필요하기 때문이다.

코드는 위에서 언급한 처리를 보여주는 구현체인 `object.ReturnValue`이다.

```
// object/object.go

const (
    // [...]
    RETURN_VALUE_OBJ = "RETURN_VALUE"
)

type ReturnValue struct {
    Value Object
}

func (rv *ReturnValue) Type() ObjectType { return RETURN_VALUE_OBJ }
func (rv *ReturnValue) Inspect() string  { return rv.Value.Inspect() }
```

`ReturnValue`는 다른 객체를 감싸는 래퍼(wrapper)[17]일 뿐이므로 별다른 내용은 없다. 한편 `object.ReturnValue`가 어디서 사용되고 어떻게 사용되는지는 꽤 흥미롭다.

아래 테스트는 `return` 문이 Monkey 프로그램 문맥에서(최상단에서) 어떤 동작을 가져야 하는지 보여준다.

```
// evaluator/evaluator_test.go

func TestReturnStatements(t *testing.T) {
    tests := []struct {
        input    string
        expected int64
    }{
        {"return 10;", 10},
        {"return 10; 9;", 10},
```

17 (옮긴이) 래퍼(wrapper)는 문맥에 따라 다양한 여러 가지 의미로 사용되지만, 이들의 공통점은, 단어 그대로 대상을 감싸는(wrap) 역할을 해서 추상화 계층을 더한다는 점이다. 여기서는 단순히 반환값 `Object`를 감싸는 용도로 사용되었다.

```
        {"return 2 * 5; 9;", 10},
        {"9; return 2 * 5; 9;", 10},
    }

    for _, tt := range tests {
        evaluated := testEval(tt.input)
        testIntegerObject(t, evaluated, tt.expected)
    }

}
```

테스트를 통과하게 만들려면 앞서 구현한 evalStatments 함수를 변경해야 한다. 그리고 Eval 함수에 *ast.ReturnStatement를 처리하는 case를 추가하자.

```
// evaluator/evaluator.go

func Eval(node ast.Node) object.Object {
    // [...]
    case *ast.ReturnStatement:
        val := Eval(node.ReturnValue)
        return &object.ReturnValue{Value: val}
    // [...]
}

func evalStatements(stmts []ast.Statement) object.Object {
    var result object.Object

    for _, statement := range stmts {
        result = Eval(statement)

        if returnValue, ok := result.(*object.ReturnValue); ok {
            return returnValue.Value
        }
    }

    return result
}
```

첫 번째로 변경한 내용은 *ast.ReturnValue를 평가하는 코드이다. 해당 코드는 return 문과 연관된 표현식을 평가한다. 그리고 Eval 함수를 호출한 결과를 새로 작성한 object.ReturnValue로 감싸서 추적할 수 있게 만든다.

evalProgramStatements와 evalBlockStatemnts는 명령문을 여럿 평가하기 위해 evalStatements 함수를 사용한다. evalStatements 안에서는 마지막 평가 결과가 object.ReturnValue인지 검사해서, 맞다면 평가를 멈추고 object.ReturnValue가 감싸고 있는 값을 반환한다. 값을 반환한다는 점은 아주 중요하다. 즉 object.ReturnValue를 반환하지 않고, 감싸는 값(.Value)만 반환한다는 말이다. 그리고 이것이 언어 사용자가 기대하는 반환 결과이다.

그런데 때로는 object.ReturnValue를 더 오래 추적해야 하므로, 평가기가 object.ReturnValue를 만나자마자 바로 값을 풀 수 없을(unwrap) 때가 있다. 블록문과 함께 사용됐을 때 이런 문제가 생길 수 있다.

```
if (10 > 1) {
  if (10 > 1) {
    return 10;
  }

  return 1;
}
```

위 프로그램은 10을 반환해야 한다. 그런데 현재 구현만으로는 1을 반환한다. 이를 확인하기 위한 테스트 케이스는 아래와 같다.

```
// evaluator/evaluator_test.go

func TestReturnStatements(t *testing.T) {
    tests := []struct {
        input    string
        expected int64
    }{
    // [...]
        {
            `
if (10 > 1) {
  if (10 > 1) {
    return 10;
  }
```

```
  return 1;
}
`,
                10,
            },
        }
    // [...]
    }
```

테스트는 예상했던 메시지를 출력하고 실패한다.

```
$ go test ./evaluator
--- FAIL: TestReturnStatements (0.00s)
evaluator_test.go:159: object has wrong value. got=1, want=10
FAIL
FAIL    monkey/evaluator    0.007s
```

나는 여러분이 현재 구현체가 가진 문제점을 이미 알아냈으리라 생각한다. 그래도 굳이 글로 풀어서 써보자면 아래와 같다. 만약 프로그램 안에 중첩된(nested) 블록문이 있다면, `object.ReturnValue`를 바로 풀어버릴(unwrap) 수 없다. 왜냐하면 `object.ReturnValue`가 가진 값을 추적해서 가장 바깥쪽 블록문이 실행을 중단할 수 있어야 하기 때문이다.

중첩되지 않은(non-nested) 블록문은 현재 구현만으로도 잘 동작한다. 그러나 중첩된 블록문도 동작하게 만들려면, 가장 먼저 `evalStatements` 함수를 블록문을 평가하는 데 다시 사용할 수 없다는 사실을 인지해야 한다. 그렇기 때문에 `evalStatements` 함수를 `evalProgram`으로 이름을 바꿔서 덜 일반적(less generic)으로 만들려 한다.

```
// evaluator/evaluator.go

func Eval(node ast.Node) object.Object {
    // [...]
    case *ast.Program:
        return evalProgram(node)
    // [...]
}
```

```
func evalProgram(program *ast.Program) object.Object {
    var result object.Object

    for _, statement := range program.Statements {
        result = Eval(statement)

        if returnValue, ok := result.(*object.ReturnValue); ok {
            return returnValue.Value
        }
    }

    return result
}
```

*ast.BlockStatment를 평가하기 위해, evalBlockstatments라는 함수를 새로 도입했다.

```
// evaluator/evaluator.go

func Eval(node ast.Node) object.Object {
    // [...]
    case *ast.BlockStatement:
        return evalBlockStatement(node)
    // [...]
}

func evalBlockStatement(block *ast.BlockStatement) object.Object {
    var result object.Object

    for _, statement := range block.Statements {
        result = Eval(statement)

        if result != nil && result.Type() == object.RETURN_VALUE_OBJ {
            return result
        }
    }

    return result
}
```

명시적으로 반환값을 풀지(unwrap) 않고 각 평가 결과의 Type만 검사한다. 만약 평가 결과가 object.RETURN_VALUE_OBJ라면 평가 결과인 object.ReturnValue를 풀지 않고 그대로 반환한다. 그러면 바깥쪽 블록문 어딘가에서 실행을 멈추게 되고, evalProgram까지 타고 올라간다. evalProgram에 도착해서야 값을 풀어낸다(이 마지막 부분은 우리가 함수 호출을 평가할 수 있게 됐을 때 변경할 것이다).

그러고 나면 테스트를 통과한다.

```
$ go test ./evaluator
ok    monkey/evaluator    0.007s
```

return 문을 구현해냈다. 우리가 만들고 있는 평가기(evaluator)는 정말 더는 계산기라고 말할 수 없다. 그리고 evalProgram과 evalBlockStatemnts가 아직 생생하게 머릿속에 남아 있을 테니, 작업을 계속해보자.

에러 처리

우리가 앞에서 그냥 NULL을 반환한 코드가 꽤 있었다. 그리고 나는 다시 돌아가서 고칠 것이니 걱정하지 말라고 했다. 이제부터 그 작업을 해보려 한다. 더 늦기 전에 Monkey 언어에 진짜 에러 처리를 구현해보자. 더 늦으면 브레이크를 세게 밟아야 할지도 모른다. 여기서 브레이크 페달을 살짝 밟고 이전에 작성한 코드를 고쳐보자. 그렇게 많이 고치지는 않을 것이다. 우리는 에러 처리를 최우선 과제로 삼지 않았다. 솔직하게 털어놓자면 에러 처리보다는 표현식을 파싱하고 구현하는 주제를 먼저 다루는 게 훨씬 재밌다고 생각했기 때문이다. 그러나 이제는 에러 처리를 구현해야 한다. 그렇지 않으면 얼마 지나지 않아 인터프리터 사용과 디버깅 모두가 아주 골치 아픈 일이 되기 때문이다.

무엇보다 '진짜 에러 처리'가 무엇인지 정의해보자. 사용자 정의 예외(user-defined exceptions)를 말하는 게 아니다. 내부 에러 처리(internal error handling)를 말하는 것이다. 여기서 내부 에러란, 잘못된 연산자를 쓰거나 지원되지 않는 연산을 한다거나 혹은 그 밖에 실행 중에 일어날 수 있는 사용자 또는 내부 에러를 말한다.

단번에 이해되지 않겠지만, 앞서 말한 에러 구현체는 return 문의 처리 방식과 거의 같은 방식으로 구현한다. 왜냐하면 에러와 return 문 모두 다수의 명령문을 평가하다가 도중에 멈추게 해야 한다는 점이 같기 때문이다.

먼저 에러 객체를 정의해보자.

```
// object/object.go

const (
    // [...]
    ERROR_OBJ = "ERROR"
)

type Error struct {
    Message string
}

func (e *Error) Type() ObjectType { return ERROR_OBJ }
func (e *Error) Inspect() string  { return "ERROR: " + e.Message }
```

보다시피 object.Error는 정말로 단순하다. 에러 메시지를 나타내는 문자열을 감싸는 게 전부다. 상용(production-ready) 인터프리터라면 '스택 트레이스(stack trace)'[18]를 다는 게 좋을지도 모른다. 문제가 발생한 지점의 행과 열 번호를 같이 넣어서 단순한 메시지보다 더 많은 정보를 줄 수도 있다. 그리고 구현이 그렇게 어렵지도 않다. 단, 렉서가 토큰에 행과 열 번호를 달아놨을 때 어렵지 않다는 뜻이다. 우리가 작성한 렉서는 이런 일을 하지 않으므로 단순하게 에러 메시지만 사용하도록 하자. 이 정도로도 충분히 피드백을 받을 수 있고 코드 실행을 중단할 수 있다.

코드 몇 군데에 에러 처리 코드를 추가해보자. 나중에 인터프리터가 할 수 있는 일이 더 많아지면 적절한 곳에 에러 처리 코드를 좀 더 추가하자. 아래 테스트 함수는 우리가 구현할 에러 처리 기능에 기대하는 바를 보여주고 있다.

18 스택 트레이스(stack trace): 프로그램의 특정 시점에서 스택 프레임에 대한 리포트(참고 *https://en.wikipedia.org/wiki/Stack_trace*).

```
// evaluator/evaluator_test.go

func TestErrorHandling(t *testing.T) {
    tests := []struct {
        input           string
        expectedMessage string
    }{
        {
            "5 + true;",
            "type mismatch: INTEGER + BOOLEAN",
        },
        {
            "5 + true; 5;",
            "type mismatch: INTEGER + BOOLEAN",
        },
        {
            "-true",
            "unknown operator: -BOOLEAN",
        },
        {
            "true + false;",
            "unknown operator: BOOLEAN + BOOLEAN",
        },
        {
            "5; true + false; 5",
            "unknown operator: BOOLEAN + BOOLEAN",
        },
        {
            "if (10 > 1) { true + false; }",
            "unknown operator: BOOLEAN + BOOLEAN",
        },
        {
            `
if (10 > 1) {
  if (10 > 1) {
    return true + false;
  }

  return 1;
}
`,
            "unknown operator: BOOLEAN + BOOLEAN",
        },
    }

    for _, tt := range tests {
```

```
            evaluated := testEval(tt.input)

            errObj, ok := evaluated.(*object.Error)
            if !ok {
                t.Errorf("no error object returned. got=%T(%+v)",
                    evaluated, evaluated)
                continue
            }

            if errObj.Message != tt.expectedMessage {
                t.Errorf("wrong error message. expected=%q, got=%q",
                    tt.expectedMessage, errObj.Message)
            }
        }
    }
}
```

테스트를 실행하면, 다시 한번 우리의 오랜 벗, NULL을 만날 수 있다.

```
$ go test ./evaluator
--- FAIL: TestErrorHandling (0.00s)
evaluator_test.go:193: no error object returned. got=*object.Null(&{})
evaluator_test.go:193: no error object returned.\
got=*object.Integer(&{Value:5})
evaluator_test.go:193: no error object returned. got=*object.Null(&{})
evaluator_test.go:193: no error object returned. got=*object.Null(&{})
evaluator_test.go:193: no error object returned.\
got=*object.Integer(&{Value:5})
evaluator_test.go:193: no error object returned. got=*object.Null(&{})
evaluator_test.go:193: no error object returned.\
got=*object.Integer(&{Value:10})
FAIL
FAIL    monkey/evaluator    0.007s
```

그런데 실행 결과에서 예상치 못한 *object.Integer가 보이는데, 테스트 케이스에서 실제로는 두 가지 동작을 의도하고 있기 때문이다. 즉 지원되지 않는 연산을 만났을 때, 에러를 만들어내는 동작과 평가(evaluation)를 중단하는 동작이다. 테스트가 *object.Integer를 반환해 실패했는데, 평가 중단이 올바르게 동작하지 않았다.

Eval 함수에서 에러를 생성하고 주고받는 일은 간단하다. 도움 함수를 하나 작성해서 필요할 때마다 새로운 *object.Error를 만들어서 반환하면 된다.

```go
// evaluator/evaluator.go

import (
    // [...]
    "fmt"
)

func newError(format string, a ...interface{}) *object.Error {
    return &object.Error{Message: fmt.Sprintf(format, a...)}
}
```

newError 함수는 앞서 작성한 코드에서 어떤 동작으로 처리해야 할지 몰라, 그냥 NULL을 반환한 모든 코드를 대체할 것이다.

```go
// evaluator/evaluator.go

func evalPrefixExpression(operator string, right object.Object) object.Object {
    switch operator {
    // [...]
    default:
        return newError("unknown operator: %s%s", operator,
            right.Type())
    }
}

func evalInfixExpression(
    operator string,
    left, right object.Object,
) object.Object {
    switch {
    // [...]
    case left.Type() != right.Type():
        return newError("type mismatch: %s %s %s",
            left.Type(), operator, right.Type())
    default:
        return newError("unknown operator: %s %s %s",
            left.Type(), operator, right.Type())
    }
}

func evalMinusPrefixOperatorExpression(right object.Object) object.Object {
    if right.Type() != object.INTEGER_OBJ {
        return newError("unknown operator: -%s", right.Type())
    }
```

```
    // [...]
}

func evalIntegerInfixExpression(
    operator string,
    left, right object.Object,
) object.Object {
    // [...]
    switch operator {
    // [...]
    default:
        return newError("unknown operator: %s %s %s",
            left.Type(), operator, right.Type())
    }
}
```

코드를 변경하고 나서 실패하는 테스트가 두 개로 줄었다.

```
$ go test ./evaluator
--- FAIL: TestErrorHandling (0.00s)
evaluator_test.go:193: no error object returned.\
got=*object.Integer(&{Value:5})
evaluator_test.go:193: no error object returned.\
got=*object.Integer(&{Value:5})
FAIL
FAIL    monkey/evaluator   0.007s
```

실행 결과는 에러 생성은 잘하고 있지만 평가를 멈추는 동작은 여전히 작동하지 않고 있다는 것을 보여준다. 어떤 코드를 고쳐야 하는지 느낌이 오는가? 그렇다. evalProgram과 evalBlockStatement를 봐야 한다. 아래는 두 함수에 에러 처리를 추가한 코드이다.

```
// evaluator/evaluator.go

func evalProgram(program *ast.Program) object.Object {
    var result object.Object

    for _, statement := range program.Statements {
        result = Eval(statement)

        switch result := result.(type) {
        case *object.ReturnValue:
```

```
            return result.Value
        case *object.Error:
            return result
        }
    }

    return result
}

func evalBlockStatement(block *ast.BlockStatement) object.Object {
    var result object.Object

    for _, statement := range block.Statements {
        result = Eval(statement)
        if result != nil {
            rt := result.Type()
            if rt == object.RETURN_VALUE_OBJ || rt == object.ERROR_OBJ {
                return result
            }
        }
    }

    return result
}
```

evalProgram에 추가한 에러 처리 코드는 한눈에 들어온다. 한편 evalBlockStatement에 추가한 코드는 조금 더 주의를 기울여야 찾을 수 있다. result가 가진 타입을 검사하는 조건식을 보면 된다.

두 함수를 변경했기에 평가 프로세스가 올바른 곳에서 중단되고 따라서 테스트를 통과한다.

```
$ go test ./evaluator
ok    monkey/evaluator    0.010s
```

그런데 마지막으로 해야 할 일이 하나 남았다. Eval 안에서 Eval을 호출할 때마다 에러를 검사해야 한다. 그래야만 에러가 전달되거나, 발생한 지점에서 타고 올라가는 일을 막을 수 있다.

```
// evaluator/evaluator.go

func isError(obj object.Object) bool {
```

```
    if obj != nil {
        return obj.Type() == object.ERROR_OBJ
    }
    return false
}

func Eval(node ast.Node) object.Object {
    switch node := node.(type) {

    // [...]
    case *ast.ReturnStatement:
        val := Eval(node.ReturnValue)
        if isError(val) {
            return val
        }
        return &object.ReturnValue{Value: val}

    // [...]
    case *ast.PrefixExpression:
        right := Eval(node.Right)
        if isError(right) {
            return right
        }
        return evalPrefixExpression(node.Operator, right)

    case *ast.InfixExpression:
        left := Eval(node.Left)
        if isError(left) {
            return left
        }

        right := Eval(node.Right)
        if isError(right) {
            return right
        }

        return evalInfixExpression(node.Operator, left, right)

    // [...]
}

func evalIfExpression(ie *ast.IfExpression) object.Object {
    condition := Eval(ie.Condition)
    if isError(condition) {
        return condition
    }
```

```
    // [...]
}
```

마침내 에러 처리 구현을 끝마쳤다.

바인딩과 환경

이제부터 우리 인터프리터에 바인딩(bindings) 기능을 추가하려 한다. 바인딩을 추가하려면 `let` 문 역시 지원해야 한다. 또한 `let` 문만 지원할 게 아니라, 식별자를 평가하는 동작 역시 구현해야 한다. 예를 들어, 우리가 아래와 같은 코드를 평가했다고 가정해보자.

```
let x = 5 * 5;
```

위 명령문을 평가하는 것만으로는 부족하다. 평가한 후에도 x가 25로 평가되도록 만들어야 한다.

따라서, 이번 섹션에서는 `let` 문을 평가하고 식별자를 평가한다. `let` 문 안의 표현식을 평가하고, 그 표현식이 만들어낸 값(value)을 특정 이름(name)으로 추적한다. 이것이 `let` 문을 평가하는 방법이다. 그리고 식별자를 평가하기 위해 바인딩할 이름에 어떤 값이 이미 바인딩되어 있는지 검사해야 한다. 만약 어떤 값이 이미 바인딩되어 있다면, 해당 식별자는 그 값으로 평가될 것이고, 만약 값이 바인딩되어 있지 않다면 에러를 반환할 것이다.

좋은 계획처럼 들리지 않는가? 그럼 테스트부터 작성해보자.

```
// evaluator/evaluator_test.go

func TestLetStatements(t *testing.T) {
    tests := []struct {
        input    string
        expected int64
    }{
        {"let a = 5; a;", 5},
        {"let a = 5 * 5; a;", 25},
        {"let a = 5; let b = a; b;", 5},
```

```
        {"let a = 5; let b = a; let c = a + b + 5; c;", 15},
    }

    for _, tt := range tests {
        testIntegerObject(t, testEval(tt.input), tt.expected)
    }
}
```

테스트 케이스를 통해 확인하고자 하는 동작은 두 가지이다. 첫 번째 동작은 let 문 안에 (값을 만들어내는) 표현식을 평가하는 것이고 두 번째 동작은 이름에 바인딩된 식별자를 평가하는 동작이다. 한편 바인딩되지 않은 식별자를 평가하려 했을 때, 에러를 내는 동작도 테스트해야 한다. 이를 위해서는 단순히 전에 작성한 TestErrorHandling 함수를 확장해 처리하려 한다.

```
// evaluator/evaluator_test.go

func TestErrorHandling(t *testing.T) {
    tests := []struct {
        input           string
        expectedMessage string
    }{
        // [...]
        {
            "foobar",
            "identifier not found: foobar",
        },
    }
    // [...]
}
```

테스트를 통과하게 만들려면 무엇을 해야 할까? Eval 함수에 *ast.LetStatement를 처리하는 case를 하나 더 만들어야 함은 분명하다. 그리고 let 문을 처리하는 case에서 let 문 안에 담긴 표현식을 Eval 함수에 넘겨야 한다. 그럼 코드를 작성해보자.

```
// evaluator/evaluator.go

func Eval(node ast.Node) object.Object {
```

```
    // [...]
    case *ast.LetStatement:
        val := Eval(node.Value)
        if isError(val) {
            return val
        }

    // 이제 뭘 해야 하지?

    // [...]
}
```

주석에서 말하는 그대로이다. **이제 뭘 해야 하지?** 어떻게 해야 값을 추적할 수 있을까? 우린 값을 갖고 있고 그 값이 바인딩된 이름(`node.Name.Value`)도 알고 있다. 어떻게 해야, 이름과 값을 연관시킬 수 있을까?

이제부터는 '환경(environment)'이라는 개념을 도입해야 한다. 환경이란 인터프리터가 값을 추적할 때 사용하는 객체로, 값(value)을 이름(name)과 연관시킨다. 환경이란 이름은 이미 많은 인터프리터에서 사용하고 있는 전통적인 이름이다. 특히 Lisp류(Lispy) 인터프리터에서 많이 사용한다. '환경'이란 이름이 다소 철학적으로 들릴 수 있지만, 사실 핵심은 그저 문자열과 객체를 연관시키는 해시 맵(hash map)에 불과하다. 그리고 우리가 환경을 구현할 때 사용할 것이 바로 맵이다.

`object` 패키지에 `Environment` 구조체를 추가해보자. 보다시피 그냥 맵을 감싸는 래퍼(wrapper)일 뿐이다.

```
// object/environment.go

package object

func NewEnvironment() *Environment {
    s := make(map[string]Object)
    return &Environment{store: s}
}

type Environment struct {
    store map[string]Object
}
```

```
func (e *Environment) Get(name string) (Object, bool) {
    obj, ok := e.store[name]
    return obj, ok
}

func (e *Environment) Set(name string, val Object) Object {
    e.store[name] = val
    return val
}
```

나는 여러분이 지금 무슨 생각을 하고 있을지 알고 있다.

"그냥 맵을(map) 쓰면 안 되나? 왜 감싸야 하는 거지?"

다음 섹션에서 함수를 작성하고, 함수 호출을 작성하기 시작하면 모두 납득이 될 것이다. 지금부터 할 일은 뒤에 나올 구현을 위한 기반 작업이다.

object.Enviroment 메서드는 자기 설명적(self-explanatory)이다. 그런데 Eval 함수 안에서는 object.Environment를 어떻게 사용해야 할까? 어떻게 그리고 어디서 환경을 추적해야 할까? 답은 단순하다. 그냥 Eval 함수에 파라미터로 넘기면 된다.

```
// evaluator/evaluator.go

func Eval(node ast.Node, env *object.Environment) object.Object {
    // [...]
}
```

위와 같이 변경했다면, 아무것도 컴파일되지 않을 것이다. 왜냐하면 Eval 함수를 호출하는 모든 곳에서 환경을 사용하도록 변경해야 하기 때문이다.[19] 그리고 Eval에서 Eval을 호출하는 코드뿐만 아니라, evalProgram이나 evalIfExpression과 같은 함수도 모두 변경해야 한다. 이렇게 변경하는 작업은 에디터로 일일이 수정하는 일이므로, 어디를 변경해야 하는지 굳이 지면을 할애해 다루진 않겠다.

19 (옮긴이) 여기서 변경되는 부분은 제공하는 소스코드를 참고하면 좋다.

REPL에서 Eval 함수를 호출할 때도 환경을 사용해야 하고, 테스트 스윗에서 Eval 함수를 호출할 때도 역시 환경을 사용해야 한다. REPL에서는 환경을 단 하나만 사용한다.

```
// repl/repl.go

import (
    // [...]
    "bufio"
    "io"
    "monkey/object"
)

func Start(in io.Reader, out io.Writer) {
    scanner := bufio.NewScanner(in)
    env := object.NewEnvironment()

    for {
        // [...]
        evaluated := evaluator.Eval(program, env)

        if evaluated != nil {
            io.WriteString(out, evaluated.Inspect())
            io.WriteString(out, "\n")
        }
    }
}
```

REPL에서 사용하는 환경인 env는 Eval 함수 호출과 호출 사이에서 유지된다. 만약 유지되지 않는다면, REPL에서 이름에 변수를 바인딩하는 행위는 아무런 효과도 만들어내지 못한다. 왜냐하면 다음 행이 평가되자마자, 이전에 만들어둔 관계(association)는 새 환경에 존재하지 않을 것이기 때문이다.

그런데 테스트 스윗에서는 환경이 유지되지 않도록 만들어야 한다. 각각의 테스트 함수와 테스트 케이스 간에 상태가 유지되면 안 된다. testEval을 호출할 때마다 새로운 환경을 가져야 한다. 그래야만 전역 상태가 만들어내는 기이한 버그가 생기지 않는다. 테스트가 실행되는 순서에 따라 전역 상태가 매번 달라질 수 있기 때문이다. 따라서 테스트 스윗에서는 Eval 함수를 호출할 때마다 항상 새로운 환경으로 호출되도록 구현하려 한다.

```
// evaluator/evaluator_test.go

func testEval(input string) object.Object {
    l := lexer.New(input)
    p := parser.New(l)
    program := p.ParseProgram()
    env := object.NewEnvironment()

    return Eval(program, env)
}
```

업데이트된 Eval 함수를 호출하도록 바꾸면, 테스트가 다시 컴파일될 것이다. 따라서 이제부터는 테스트를 통과하는 데 집중할 수 있다. 그리고 *object.Environment를 사용하면 어렵지 않게 작업할 수 있다. *ast.LetStatement를 처리하는 case 안에서, 이미 알고 있는 이름(name)과 값(value)을 사용해서 현재 환경에 저장하면 된다.

```
// evaluator/evaluator.go

func Eval(node ast.Node, env *object.Environment) object.Object {
    // [...]
    case *ast.LetStatement:
        val := Eval(node.Value, env)
        if isError(val) {
            return val
        }
        env.Set(node.Name.Value, val)
    // [...]
}
```

이제 let 문을 평가할 때, 환경에 (바인딩) 관계를 추가한다. 한편 우리는 이렇게 추가한 값이 식별자를 평가할 때도 접근할 수 있도록 만들어야 한다. 그리고 이런 동작은 꽤 쉽게 구현할 수 있다. 다음 코드를 보자.

```
// evaluator/evaluator.go

func Eval(node ast.Node, env *object.Environment) object.Object {
```

```
    // [...]
    case *ast.Identifier:
        return evalIdentifier(node, env)
    // [...]
}

func evalIdentifier(
    node *ast.Identifier,
    env *object.Environment,
) object.Object {
    val, ok := env.Get(node.Value)
    if !ok {
        return newError("identifier not found: " + node.Value)
    }

    return val
}
```

evalIdentifier는 다음 섹션에서 확장해보기로 하자. 지금은 단순히 현재 환경에서 어떤 값이 어떤 이름과 연관되어 있는지 검사한다. 만약 연관되어 있다면 값을 반환하고 그렇지 않다면 에러를 반환한다.

실행 결과를 보자.

```
$ go test ./evaluator
ok   monkey/evaluator   0.007s
```

위 실행 결과가 의미하는 바를 눈치챘을 것이다! 우리가 만든 인터프리터가 프로그래밍 언어의 땅에 견고하게 세워졌다는 뜻이다.

```
$ go run main.go
Hello mrnugget! This is the Monkey programming language!
Feel free to type in commands
>> let a = 5;
>> let b = a > 3;
>> let c = a * 99;
>> if (b) { 10 } else { 1 };
10
>> let d = if (c > a) { 99 } else { 100 };
>> d
99
>> d * c * a;
245025
```

함수와 함수 호출

우린 이번 섹션을 위해 달려왔다고 해도 과언이 아니다. 클라이맥스라고 생각해도 좋다. 이제부터 우리 인터프리터가 함수와 함수 호출을 평가할 수 있게 만들어보자. 이번 섹션을 마치고 나면, REPL에서 아래와 같은 동작을 해볼 수 있다.

```
>> let add = fn(a, b, c, d) { return a + b + c + d };
>> add(1, 2, 3, 4);
10
>> let addThree = fn(x) { return x + 3 };
>> addThree(3);
6
>> let max = fn(x, y) { if (x > y) { x } else { y } };
>> max(5, 10)
10
>> let factorial = fn(n) { if (n == 0) { 1 } else { n * factorial(n - 1) } };
>> factorial(5)
120
```

만약 별 감흥이 없었다면 아래 코드를 보자. 함수를 주고받을 수 있고, 고차 함수(higher-order functions)와 클로저(closure)도 동작할 것이다.

```
>> let callTwoTimes = fn(x, func) { func(func(x)) };
>> callTwoTimes(3, addThree);
9
>> callTwoTimes(3, fn(x) { x + 1 });
5
>> let newAdder = fn(x) { fn(n) { x + n } };
>> let addTwo = newAdder(2);
>> addTwo(2);
4
```

앞서 본 모든 동작을 REPL에서 해볼 수 있게 된다.

목표한 구현체를 만들려면, 두 가지 작업이 필요하다. 첫 번째로 우리 객체 시스템에 함수를 나타내는 내부 표현을 정의해야 한다. 두 번째로 `Eval` 함수가 함수 호출을 평가할 수 있어야 한다.

그리 어렵지 않으니 걱정할 것 없다. 지난 섹션에서 해두었던 작업 덕을 볼 수 있기 때문이다. 앞서 만들어둔 코드를 충분히 재사용하고 얼마든지 확장할 수 있다. 이번 섹션 어느 시점부터는 흩어져 있던 퍼즐 조각들이 하나씩 맞추어지는 느낌을 받게 될 것이다.

지금까지 우리는 '한 번에 하나씩'이라는 전략 덕에 여기까지 왔다. 이제 와서 갑자기 방식을 달리할 이유가 없다. 하나씩 시작해보자. 첫 단계는 함수 내부 표현을 정의하는 것이다.

함수를 내부적으로 표현해야 하는 이유는 Monkey 언어가 함수를 다른 나머지 값과 똑같이 취급하기 때문이다. 함수를, 이름에 바인딩하고, 표현식에 사용하며, 다른 함수에 인수로 넘기기도 하고, 함수의 반환값으로 사용할 수도 있다. 따라서 다른 값과 마찬가지로 함수 역시 우리 객체 시스템 안에서 표현할 방법이 필요하다. 그래야 함수를 넘기고 변수에 할당하고 반환할 수 있다.

그런데 함수를 내부적으로 어떻게 객체로 표현해야 할까? 아래 ast.FunctionLiteral 정의를 디딤돌 삼아 시작해보자.

```
// ast/ast.go

type FunctionLiteral struct {
    Token      token.Token // 'fn' 토큰
    Parameters []*Identifier
    Body       *BlockStatement
}
```

함수 객체는 Token 필드가 필요치 않다. 한편 Parameters와 Body 필드는 들어가야 한다. 또한 함수 몸체와 함수가 가진 파라미터를 알지 못하면 함수를 평가할 수 없다. 게다가 Parameters와 Body 말고도 우리 함수 객체에는 필드가 하나 더 필요하다. 아래 코드를 보자.

```
// object/object.go

import (
    "bytes"
    "monkey/ast"
```

```
    "strings"
)

const (
    // [...]
    FUNCTION_OBJ = "FUNCTION"
)

type Function struct {
    Parameters []*ast.Identifier
    Body       *ast.BlockStatement
    Env        *Environment
}

func (f *Function) Type() ObjectType { return FUNCTION_OBJ }
func (f *Function) Inspect() string {
    var out bytes.Buffer

    params := []string{}
    for _, p := range f.Parameters {
        params = append(params, p.String())
    }

    out.WriteString("fn")
    out.WriteString("(")
    out.WriteString(strings.Join(params, ", "))
    out.WriteString(") {\n")
    out.WriteString(f.Body.String())
    out.WriteString("\n}")

    return out.String()
}
```

object.Function은 Parameters와 Body 필드를 갖는다. 또한, Env 필드를 갖는데, object.Environment에 대한 포인터를 나타낸다. Env 필드가 필요한 이유는 Monkey 언어에서 함수는 자기 환경과 같이 움직이기 때문이다. 그리고 이런 동작이 클로저가 동작할 수 있는 근거를 마련해준다. 클로저는 클로저가 정의된 환경을 '담아 놓고(close over)' 나중에 접근할 수 있게 한다. 이 동작은 우리가 Env 필드를 구현해서 사용하면 무슨 뜻인지 쉽게 이해될 것이다.

Function 구조체를 정의했으니, 이제 테스트를 작성해서 우리 인터프리터가 함수를 만들어낼 수 있는지 확인해보자.

```
// evaluator/evaluator_test.go

func TestFunctionObject(t *testing.T) {
    input := "fn(x) { x + 2; };"

    evaluated := testEval(input)
    fn, ok := evaluated.(*object.Function)
    if !ok {
        t.Fatalf("object is not Function. got=%T (%+v)", evaluated,
            evaluated)
    }

    if len(fn.Parameters) != 1 {
        t.Fatalf("function has wrong parameters. Parameters=%+v",
            fn.Parameters)
    }

    if fn.Parameters[0].String() != "x" {
        t.Fatalf("parameter is not 'x'. got=%q", fn.Parameters[0])
    }

    expectedBody := "(x + 2)"

    if fn.Body.String() != expectedBody {
        t.Fatalf("body is not %q. got=%q", expectedBody,
            fn.Body.String())
    }
}
```

테스트 함수는 함수 리터럴 평가가 올바른 파라미터(.Parameters)와 몸체(.Body)를 가진 *object.Function을 결과로 가져오는지 확인한다. 함수가 가진 환경(.Env)은 뒤에 나올 다른 테스트에서 암묵적으로 처리하려 한다. 아래 코드와 같이 Eval에 *ast.FunctionLiteral을 처리하는 case를 추가하고 코드를 몇 줄 작성하면 테스트를 통과한다.

```
// evaluator/evaluator.go

func Eval(node ast.Node, env *object.Environment) object.Object {
    // [...]
```

```
    case *ast.FunctionLiteral:
        params := node.Parameters
        body := node.Body
        return &object.Function{Parameters: params, Env: env, Body: body}
    // [...]
}
```

정말 쉽지 않은가? 테스트를 통과했다. 우리는 그저 AST 노드에 정의된 `Parameters`와 `Body` 필드를 재사용했을 뿐이다. 함수 객체를 만들 때 현재 환경을 어떻게 사용했는지는 눈여겨봐야 한다.

상대적으로 저수준에 속하는 테스트를 통과했다. 또한 함수를 내부적으로 표현하는 `Function` 구조체를 올바르게 정의했기에, '함수 적용(function application)'이라는 주제로 넘어가도 될 것 같다. 바꿔 말하면 인터프리터를 확장해 함수를 호출할 수 있도록 코드를 고치겠다는 말이다. 이를 위한 테스트는 아래와 같다. 읽기도 쉽고 코드 작성도 어렵지 않다.

```
// evaluator/evaluator_test.go

func TestFunctionApplication(t *testing.T) {
    tests := []struct {
        input    string
        expected int64
    }{
        {"let identity = fn(x) { x; }; identity(5);", 5},
        {"let identity = fn(x) { return x; }; identity(5);", 5},
        {"let double = fn(x) { x * 2; }; double(5);", 10},
        {"let add = fn(x, y) { x + y; }; add(5, 5);", 10},
        {"let add = fn(x, y) { x + y; }; add(5 + 5, add(5, 5));", 20},
        {"fn(x) { x; }(5)", 5},
    }

    for _, tt := range tests {
        testIntegerObject(t, testEval(tt.input), tt.expected)
    }
}
```

각 테스트 케이스는 모두 다음과 같이 동작한다. 즉 함수를 정의하고, 인수로 함수를 적용(apply)해서 호출하고, 만들어진 값이 맞도록 단정한다. 테스트 케이스 간에 차이는 크게 없어 보이지만 서로 미묘하게 다르며 각각 아래 나열된 중요한 몇 가지를 테스트한다.

- tests[0]: 암묵적인 값 반환
- tests[1]: return 문을 사용해서 반환
- tests[2]: 함수 파라미터를 표현식에서 사용하기
- tests[3]: 다중 파라미터
- tests[4]: 함수에 전달하기 전에 인수 평가

또한 *ast.CallExpression 노드의 두 가지 형태를 테스트한다. 첫 번째는 함수 객체로 평가되는 식별자 형태이고, 두 번째는 함수 리터럴 형태이다. 한편, 형태가 무엇인지는 중요치 않다. 우린 이미 식별자와 함수 리터럴을 평가하는 방법을 잘 알고 있다. 아래 코드를 보자.

```
// evaluator/evaluator.go

func Eval(node ast.Node, env *object.Environment) object.Object {
    // [...]
    case *ast.CallExpression:
        function := Eval(node.Function, env)
        if isError(function) {
            return function
        }
    // [...]
}
```

그냥 Eval 함수를 호출해서 우리가 호출해야 하는 함수를 가져온다. 가지고 온 개체가 *ast.Identifier든지 *ast.FunctionLiteral이든지 상관없다. 에러가 나지 않았다고 가정했을 때, 어차피 Eval 함수는 *object.Function을 반환한다.

그런데 도대체 어떻게 *object.Function을 호출하는 것일까? 첫 단추는 호출 표현식의 인수를 평가하는 동작이다. 이유는 간단하다.

```
let add = fn(x, y) { x + y };
add(2 + 2, 5 + 5);
```

위 코드에서 우리는 4와 10을 인수로 add 함수에 넘기고 싶다. 2 + 2, 5 + 5와 같은 표현식이 아니라 값으로 넘기고 싶다는 말이다.

인수를 평가하는 동작은, 표현식 리스트를 평가하는 동작과 다를 바 없다. 표현식 리스트를 평가할 때는 각 표현식을 평가하고 생산된 값을 추적한다. 한편 에러를 만나면 평가 프로세스를 중단한다는 점을 기억하자. 이 동작을 코드로 옮기면 아래와 같다.

```
// evaluator/evaluator.go

func Eval(node ast.Node, env *object.Environment) object.Object {
    // [...]
    case *ast.CallExpression:
        function := Eval(node.Function, env)
        if isError(function) {
            return function
        }
        args := evalExpressions(node.Arguments, env)
        if len(args) == 1 && isError(args[0]) {
            return args[0]
        }
    // [...]
}

func evalExpressions(
    exps []ast.Expression,
    env *object.Environment,
) []object.Object {
    var result []object.Object

    for _, e := range exps {
        evaluated := Eval(e, env)
        if isError(evaluated) {
            return []object.Object{evaluated}
        }
        result = append(result, evaluated)
    }

    return result
}
```

역시 특별한 것은 없다. ast.Expression 리스트를 반복(iterate)하면서 현재 환경에서 각 요소(ast.Expression)를 평가하면 된다. 만약 에러를 만나면 평가를 중단하고 에러를 반환한다. 또한 여기서 인수가 평가되는 방향(왼쪽에서 오른쪽)을 결정할 수 있다. 우리가 Monkey 언어에서 인수가 평가되는 순서를 보장하는 테스트 코드를 작성하진 않을 테지만, 그런 코드를 작성하게 된다면 우리는 프로그래밍 언어 설계를 보수적이고 안전하게 하는 것이다.

함수와 평가를 마친 인수 리스트가 모두 준비됐다. 어떻게 함수를 호출할까? 어떻게 함수 인수에 함수를 적용(apply)할까?

함수 몸체(body)를 평가해야 하는 것은 분명해 보인다. 그리고 알다시피, 함수 몸체는 그저 블록문(block statement)일 뿐이다. 따라서 우리가 알고 있는 처리 방법을 활용하면 된다. 그냥 `Eval` 함수에 함수 몸체를 넘겨서 평가하게 만들면 어떨까? 아쉽게도 '함수 인수(arguments)' 때문에 그렇게 할 수 없다. 함수 몸체는 함수 파라미터를 가리키는 참조값을 담을 수 있다. 그리고 함수 몸체를 그냥 현재 환경에서 평가하면 알 수 없는 이름을 참조하는 결과로 이어질 수 있다. 알 수 없는 이름을 참조해 에러가 발생하는 것은 우리가 원하는 결과가 아니다. 따라서 함수 몸체를 있는 그대로 현재 환경에서 평가하면 제대로 동작하지 않는다.

대신에 우리는 함수가 평가될 환경을 바꾸는 동작을 구현해야 한다. 그래야만 함수 몸체 안에서 파라미터를 가리키는 참조가 올바른 인수로 환원(resolve)된다. 그렇다고 현재 환경에 전달된 인수를 그냥 추가하는 것은 안 될 말이다. 그냥 추가하면 이전에 있던 바인딩을 덮어쓰는 일이 발생하기 때문이다. 이 역시도 우리가 원하는 일이 아니다. 우리가 원하는 동작을 코드로 보이면 아래와 같다.

```
let i = 5;
let printNum = fn(i) {
  puts(i);
};

printNum(10);
puts(i);
```

puts 함수는 행을 출력하는 함수인데, 위 코드에서는 행을 두 번 출력해야 한다. 한 번은 10을 출력해야 하고 다음은 5를 출력해야 한다. 만약 현재 환경을 printNum 몸체를 평가하기 전에 덮어쓰면 마지막 행은 10을 출력하게 될 것이다.

따라서 함수 호출 인수를 현재 환경에 추가해 함수 몸체 안에서 접근하도록 만드는 동작은 문제를 해결하지 못한다. 우리는 새로운 환경을 만들고 동시에 이전 환경을 보존하는 동작을 구현해야 한다. 이러한 동작을 '환경 확장(extending the enviroment)'이라고 부르기로 하자.

환경 확장(Extending the environment)은 확장할 환경을 가리키는 포인터를 갖는 object.Environment 인스턴스를 만드는 것을 말한다. 이렇게 함으로써, 우리는 이미 존재하는 환경으로 새롭게 비어있는 환경을 감싸게 된다.

새로운 환경에서 Get 메서드가 호출되고, 새로운 환경이 주어진 이름과 연관된 값을 갖고 있지 않다면, 이 환경은 자신을 감싸는(enclosing) 환경에서 Get 메서드를 호출한다. 이럴 때, 안쪽 환경이 바깥쪽 환경을 확장한다고 말한다. 그리고 만약 감싸는 환경도 값을 갖고 있지 않다면, 한 번 더 타고 올라가서 Get 메서드를 호출한다. (값을 찾기 전까지는) 더 이상 감싸는 환경이 없을 때까지 같은 동작을 반복한다. 마침내 주어진 이름과 연관된 값을 찾을 수 없게 됐을 때, '**Error: 알 수 없는 식별자: foobar**'와 같은 에러 메시지를 출력한다.

```
// object/environment.go

package object

func NewEnclosedEnvironment(outer *Environment) *Environment {
    env := NewEnvironment()
    env.outer = outer
    return env
}

func NewEnvironment() *Environment {
    s := make(map[string]Object)
    return &Environment{store: s, outer: nil}
```

```
}

type Environment struct {
    store map[string]Object
    outer *Environment
}

func (e *Environment) Get(name string) (Object, bool) {
    obj, ok := e.store[name]
    if !ok && e.outer != nil {
        obj, ok = e.outer.Get(name)
    }
    return obj, ok
}

func (e *Environment) Set(name string, val Object) Object {
    e.store[name] = val
    return val
}
```

object.Environment는 이제 outer라는 새로운 필드를 갖게 됐다. outer 필드는 다른 object.Environment를 가리키는 참조값을 담는다. 현재 환경을 감싸는(확장하는) 환경을 가리키는 참조를 담고 있다는 말이다. NewEnclosedEnvironment 함수는 이렇게 감싸진 환경을 쉽게 만들기 위해 정의한 함수이다. 그리고 Get 메서드 역시 변경되어야 한다. 현재 환경뿐만 아니라 감싸는 환경에도 값이 있는지 검사해야 한다.

Get 메서드에 추가된 동작은 우리가 일반적으로 생각하는 변수 스코프(variable scopes)의 개념을 반영하고 있다.

> 안쪽 스코프(inner scope)가 있고 바깥쪽 스코프(outer scope)가 있다. 만약 안쪽 스코프에서 값을 찾지 못했다면, 바깥쪽 스코프를 찾아본다. 바깥쪽 스코프는 안쪽 스코프를 '감싼'다. 안쪽 스코프는 바깥쪽 스코프를 '확장'한다.

object.Environment가 갖는 기능성을 확장했으니, 함수 몸체를 올바르게 평가할 수 있게 됐다. 잠시 우리가 풀고자 했던 문제가 무엇이었는지 떠올려보자. 함수 호출 인수를 함수 호출 몸체에서 함수 파라미터 이름으로 바인딩할 때, 현재 환경에 이미 정의된 바인딩을 덮어쓸 공산이 있다는 문제였다. 이제 변수 바인딩을 덮어쓰는 대신에 새로운 환경을 만들어낸다. 그리고 새로운 환경을 현재 환경이 감싸고 있으며 현재 환경이 갖는 바인딩을 새롭게 빈 환경에 추가해준다.

그러나 우리는 현재 환경을 감싸는 환경으로 사용하지 않을 것이다. 정확히 말하면 사용할 수 없다. 대신 `*object.Function`이 담고 있는 환경(`.Env`)을 감싸는 환경으로 사용한다. 앞서 했던 말을 기억하는가? `*object.Function`이 담고 있는 환경이 함수가 정의한 환경이다.

아래는 업데이트된 `Eval` 함수이다. '함수 호출'을 올바르게 처리하고 있다.

```
// evaluator/evaluator.go

func Eval(node ast.Node, env *object.Environment) object.Object {
    // [...]
    case *ast.CallExpression:
        function := Eval(node.Function, env)
        if isError(function) {
            return function
        }
        args := evalExpressions(node.Arguments, env)
        if len(args) == 1 && isError(args[0]) {
            return args[0]
        }

        return applyFunction(function, args)

    // [...]
}

func applyFunction(fn object.Object, args []object.Object) object.Object {
    function, ok := fn.(*object.Function)
    if !ok {
        return newError("not a function: %s", fn.Type())
    }

    extendedEnv := extendFunctionEnv(function, args)
    evaluated := Eval(function.Body, extendedEnv)
    return unwrapReturnValue(evaluated)
}
```

```
func extendFunctionEnv(
    fn *object.Function,
    args []object.Object,
) *object.Environment {
    env := object.NewEnclosedEnvironment(fn.Env)

    for paramIdx, param := range fn.Parameters {
        env.Set(param.Value, args[paramIdx])
    }

    return env
}

func unwrapReturnValue(obj object.Object) object.Object {
    if returnValue, ok := obj.(*object.ReturnValue); ok {
        return returnValue.Value
    }

    return obj
}
```

새로 구현한 applyFunction 함수는 전달받은 fn이 정말로 *object.Function 객체인지 검사할 뿐만 아니라 fn을 *object.Function 타입의 참조값으로 변환한다. *object.Function 타입의 참조값으로 변환하는 이유는 함수 객체가 가진 .Env와 .Body 필드에 접근하기 위해서다.

extendFunctionEnv 함수는 *object.Environment를 새로 만들어낸다. 새로 만든 환경을 함수가 가진 환경이 감싼다. 새로 만든 환경 안에서 함수 호출 인수(args[paramIdx])를 함수가 가진 파라미터 이름(param.Value)에 바인딩한다.

이제 업데이트된 환경에서 함수 몸체가 평가된다. 평가 결과는 *object.ReturnValue면 풀어서 반환된다(unwrapReturnValue 참고). 이렇게 풀어 반환하지 않으면 return 문이 함수 몇 개를 타고 올라가 평가를 중단시킬 수 있기 때문이다. 우리가 진행을 멈추고 싶은 것은 마지막으로 호출된 함수 몸체에서 진행되는 평가다. 이렇게 풀어서 반환해야 evalBlockStatement가 바깥쪽 함수에서 명령문(statements) 평가를 중단하지 않는다. 또한 나는 앞서 작성한 TestReturnStatements 함수에 테스트 케이스를 몇 개 추가해 이런 동작이 잘 동작하도록 만들어놓았다.

이렇게 마지막 퍼즐 조각을 맞췄다. 정말이다! 이제 아래 실행 결과를 확인해보자.

```
$ go test ./evaluator
ok   monkey/evaluator   0.007s

$ go run main.go
Hello mrnugget! This is the Monkey programming language!
Feel free to type in commands
>> let addTwo = fn(x) { x + 2; };
>> addTwo(2)
4
>> let multiply = fn(x, y) { x * y };
>> multiply(50 / 2, 1 * 2)
50
>> fn(x) { x == 10 }(5)
false
>> fn(x) { x == 10 }(10)
true
```

정말로 동작한다! 마침내 함수를 정의하고 호출하는 데 성공했다. "식은 죽 먹기"[20]라는 속담이 있다. 이건 뜨거운 죽 먹기였다! 결코 쉬운 일은 아니었다. 샴페인을 터뜨리기 전에, 함수와 환경 간에 상호 작용을 유심히 봐두자. 또한 함수 적용이라는 게 무엇을 의미하는지 유심히 살펴볼 필요가 있다. 여태까지 본 내용이 전부가 아니다. 우리는 작성한 코드로 아직 더 많은 것을 만들 수 있다.

나는 여러분 마음속에 아직도 한 가지 의문이 꿈틀대고 있을 것으로 생각한다.

> "왜 함수의 환경을 확장하지? 현재 환경이 아니라?"

대답은 다음 코드로 대신하겠다.

20 (옮긴이) 원문은 this is nothing to write home about이었으나 한글 속담에 맞게 조금 각색해서 표현했다.

```
// evaluator/evaluator_test.go

func TestClosures(t *testing.T) {
    input := `
let newAdder = fn(x) {
  fn(y) { x + y };
};

let addTwo = newAdder(2);
addTwo(2);`

    testIntegerObject(t, testEval(input), 4)
}
```

테스트를 통과한다. 정말로 통과한다!.

```
$ go run main.go
Hello mrnugget! This is the Monkey programming language!
Feel free to type in commands
>> let newAdder = fn(x) { fn(y) { x + y } };
>> let addTwo = newAdder(2);
>> addTwo(3);
5
>> let addThree = newAdder(3);
>> addThree(10);
13
```

Monkey는 클로저를 갖고 있고 그 클로저가 이미 인터프리터에서 잘 동작하고 있다. 이 얼마나 멋진 일인가! 그러나 클로저와 원래 질문(현재 환경이 아니라 함수의 환경을 확장하는 이유) 간의 관계는 아직도 불분명하다. 클로저는 그 함수가 정의된 환경을 '담아 내는'(close over) 함수이다. 클로저는 자신의 환경을 담고 움직이고 호출됐을 때 그 환경에 접근한다.

위 예제에서 중요한 행은 아래와 같다.

```
let newAdder = fn(x) { fn(y) { x + y } };
let addTwo = newAdder(2);
```

newAdder는 '고차 함수(higher-order function)'이다. 고차 함수는 함수를 반환하거나 다른 함수를 인수로 받는 함수를 말한다. 여기서 newAdder는 함수를 반환하는 고차 함수다.

그러나 클로저는 그냥 함수가 아니다. addTwo에 인수 2를 넘겨서 호출했을 때, addTwo에는 반환한 클로저가 바인딩되어 있다.

무엇이 addTwo를 클로저로 만들까? addTwo가 호출됐을 때, 갖고 있는 바인딩이 addTwo를 클로저로 만든다.

addTwo가 호출됐을 때, addTwo 함수는 호출 인수인 파라미터 y에 접근할 수 있고 newAdder(2)가 호출된 시점에 바인딩된 x에도 접근할 수 있다. 심지어 x는 스코프에서 한참 벗어나 있고, 현재 환경에 존재하지 않는데도 말이다.

```
>> let newAdder = fn(x) { fn(y) { x + y } };
>> let addTwo = newAdder(2);
>> x
ERROR: identifier not found: x
```

x는 최상단 환경에 바인딩되어 있지 않다. 그러나 addTwo는 x에 접근할 수 있다.

```
>> addTwo(3);
5
```

달리 말하면, 클로저 addTwo는 여전히 정의될 당시의 환경에 접근할 수 있다는 말이다. 여기서 '당시'는 newAdder 함수 몸체의 마지막 행이 평가됐을 때이다. 마지막 행은 함수 리터럴이다. 함수 리터럴이 평가될 때, 우리는 object.Function을 만들어냈고 현재 환경에 대한 참조를 .Env 필드에 저장했다는 것을 기억할 것이다. 나중에 addTwo의 몸체를 평가할 때, 현재 환경에서 평가하지 않고 addTwo 함수가 가진 환경에서 평가한다. 그리고 우리는 현재 환경을 Eval에 넘기는 대신에 함수가 가진 환경을 확장해서 Eval 함수에 넘긴다. 정의할 때 사용한 환경을 넘겨야 그 환경으로 정의한 이름에 접근할 수 있다. 정의된 환경에 접근해야 비로소 우리가 클로저를 쓸 수 있다.

함수를 반환하는 함수를 다뤘으니, 함수를 인수로 받는 함수를 어떻게 구현할지 생각해보자. Monkey 언어에서 함수는 일급 시민(first-class citizen)이므로 다른 값과 마찬가지로 주고받는 대상이 될 수 있다.

```
>> let add = fn(a, b) { a + b };
>> let sub = fn(a, b) { a - b };
>> let applyFunc = fn(a, b, func) { func(a, b) };
>> applyFunc(2, 2, add);
4
>> applyFunc(10, 2, sub);
8
```

위 코드에서 `add`와 `sub` 함수를 각각 `applyFunc` 함수에 인수로 전달한다. 그리고 `applyFunc` 함수는 전달받은 함수를 무사히 호출한다. `func` 파라미터는 함수 객체로 결정될 것이고, 이 함수 객체는 인수 두 개를 받아 호출된다. 특별할 게 없는 내용이다. 우리 인터프리터는 이미 잘 동작하고 있다.

나는 여러분이 지금 무슨 생각을 하고 있는지 알고 있다. 여기에 친구에게 보낼 때 쓸 메시지 템플릿을 그냥 주겠다.

> "친애하는 [이름], 내가 언젠가는 대단한 사람이 될 거라고, 사람들이 기억할 만한 멋진 일을 해낼 거라고 말했던 걸 기억할 거야. 오늘이 바로 그날이야. 내가 만든 Monkey 인터프리터가 훌륭하게 동작한다고! 그리고 함수는 물론이고 고차 함수, 클로저, 정수와 산술 연산 등등 많은 기능을 지원하고 있어! 아무튼, 오늘이 내 인생에서 가장 행복한 날이야!"

마침내 해냈다. 우리가 제대로 동작하는 Monkey 인터프리터를 만들어냈다. 함수, 함수 호출, 고차 함수, 클로저도 지원한다. 계속 축하해도 좋다! 나는 잠시 기다리고 있겠다.

누가 쓰레기를 치울까?

책 도입부에서 나는 이런 약속을 했다. 지름길을 택하지 않겠노라고, 그리고 우리 손으로 직접 완전히 동작하는 인터프리터를 작성해볼 것이라고. 처음부터 끝까지 어떤 서드파티(third party) 도구를 쓰지 않고 만들어본다고 말이다. 마침내 우리가 해냈다. 한편, 고백할 것이 좀 있다.

아래 Monkey 코드를 실행하면 우리 인터프리터 안에서는 어떤 일이 일어날까?

```
let counter = fn(x) {
  if (x > 100) {
    return true;
  } else {
    let foobar = 9999;
    counter(x + 1);
  }
};

counter(0);
```

counter의 몸체를 101번 평가하고 나서 'true'를 반환할 것임은 분명하다. 그러나 마지막 재귀 호출 전까지 훨씬 더 많은 일이 일어난다.

첫 번째 평가 대상은 if-else-표현식의 조건인 x > 100이다. 만약 표현식이 만들어낸 값이 참 같은 값(truthy)이 아니라면, if-else-표현식의 ***<alternative>***가 평가된다. 그리고 ***<alternative>***에서 정수 리터럴 9999는 foobar에 바인딩되지만, 결코 다시 참조될 수 없다. 그러고 나서 x + 1이 평가된다. Eval 함수 호출 결과가 다음번 counter 함수를 호출할 때 인수로 사용된다. 이렇게 표현식 x > 100이 TRUE로 평가될 때까지 같은 동작이 반복된다.

요점을 말하자면, counter 함수를 호출할 때마다 많은 객체가 할당된다. Eval 함수와 우리가 정의한 객체 시스템 관점에서 말하면, counter 함수의 몸체를 평가할 때마다 object.Integer 객체 다수가 할당되고 초기화된다. 9999는 사용되지 않는 정수 리터럴이고 표현식 x + 1 역시 할당되고 초기화된다. 심지어 정수 리터럴 100과 1조차 counter 함수의 몸체를 평가할 때마다 새로운 object.Integer를 매번 만든다.

만약 우리 Eval 함수가 &object.Integer{} 타입을 갖는 모든 인스턴스를 추적하도록 만들었다면 이 작은 몇 줄짜리 코드만 갖고도 object.Integers 객체를 400개나 쓰는 비극을 겪을지 모른다.

무엇이 문제일까?

객체는 메모리에 저장된다. 객체를 많이 사용할수록 메모리도 더 많이 필요하다. 예제에서 사용하는 객체의 개수가 다른 프로그램에 비해 훨씬 적은 것은 맞지만, 그렇다고 메모리가 무한한 것은 아니다.

counter 함수를 호출할 때마다, 인터프리터 프로세스의 메모리 사용량(memory usage)이 계속 증가하면, 결국에는 메모리가 부족해 운영체제가 인터프리터 프로세스를 강제 종료(kill)할 것이다. 그런데, 위 코드를 실행하고 메모리를 모니터링하면, 메모리의 사용량이 마냥 오르거나 내려가지 않는다. 메모리 사용량은 오르고 내리기를 반복한다. 왜 그럴까?

내가 고백하겠다는 것이 위 질문에 대한 답이다. 그러니까, 우리는 호스트 언어인 Go 언어의 '가비지 컬렉터(garbage collector)'를 게스트 언어인 Monkey의 가비지 컬렉터로 재사용한다. 우리가 직접 가비지 컬렉터를 작성할 필요가 없다.

위 코드를 실행해도 메모리가 부족해지지 않는 이유는 Go의 가비지 컬렉터(이하 GC)가 우리 대신 메모리를 관리하기 때문이다. 우리가 위 코드보다 더 많이 counter 함수를 호출해서, 더 많은 정수 리터럴과 객체를 추가하고 할당하더라도 메모리가 부족해지는 일은 없다. 왜냐하면 GC가 '접근 가능한(reachable)' object.Integer 객체와 '접근할 수 없는(unreachable)' 객체를 추적하기 때문이다. 만약 어떤 객체에 더 이상 접근할 수 없는 상태가 되면, GC는 그 객체에 할당된 메모리를 수거해 다른 객체가 사용하도록 만든다.

위 예제 코드는 정수 객체를 아주 많이 만든다. 그리고 이 객체들 모두 counter 함수가 한 번 호출하면 다음 호출에서는 접근할 수 없는(unreachable) 객체가 된다. 예를 들어 정수 리터럴 1, 100 그리고

`foobar`에 바인딩된 정체를 알 수 없는 정수 리터럴 `9999`를 보자. `1`과 `100`은 이름에 바인딩되어 있지 않기 때문에, 확실히 접근할 수 없다. 한편 `foobar`에 바인딩되어 있는 `9999` 역시 접근할 수 없다. 왜냐하면 `counter` 함수가 반환되면 `foobar`가 접근 가능한 범위를 벗어나 버리기 때문이다. `counter` 함수 몸체를 평가하기 위해 만들어진 환경은 (Go의 GC에 의해) 파괴되었기 때문에, 그 안에 추가되어 바인딩된 `foobar` 역시 사라진다.

접근할 수 없는 객체는 쓸데없이 메모리만 잡아먹기에 GC는 이런 객체를 수집한 뒤, 사용 메모리를 해제(free)한다.

이는 우리에게 매우 유용한 기능이다. GC 덕분에 작성해야 할 코드의 양이 정말 많이 줄었기 때문이다. 만약 우리가 C 언어와 같이 GC가 없는 언어로 인터프리터를 작성했다면, 인터프리터 사용자를 위해 직접 가비지 컬렉터를 작성해야 했을 것이다.

그럼 만약 GC를 만들어야 한다면 어떤 동작을 구현해야 할까?

1. 객체 할당(object allocations) 추적
2. 객체 참조(references to objects) 추적
3. 미래에 할당할 객체를 위한 충분한 메모리 확보
4. 필요 없는 객체에서 메모리 수거

여기서 마지막 동작(필요 없는 메모리 수거)이 가비지 컬렉션의 전부라고 보아도 된다. GC가 없다면 프로그램에서 메모리 '누수(leak)'가 발생하고 결국에는 메모리 부족으로 이어진다.

위에서 언급한 GC가 가져야 할 동작을 모두 달성하기 위한 수많은 알고리즘과 구현체가 만들어져 있다. 예를 들어, 가장 기초적인 '마크 앤 스윕(mark and sweep)'[21] 알고리즘이 있다. GC를 직접 구현하

21 (옮긴이) 마크 앤 스윕(mark and sweep): 객체 참조가 발생하고 있는 객체를 재귀적으로 탐색해서 표시(mark)한 뒤에 표시가 없는 객체들을 모두 메모리에서 해제(sweep)하는 방법

려면 몇 가지 결정을 내려야 한다. '제너레이셔널 GC(Generational GC)'[22]인지, '스톱 더 월드 GC(Stop-the-world GC)'[23]인지 아니면 '병행성 GC(Concurrent GC)'[24]인지 결정해야 한다. 그리고 메모리 구성 방식과 메모리 파편화 처리 방식도 고려해야 한다. 이런 선택 사항들을 모두 결정한 뒤에도 효율적으로 동작하게 만들려면 정말 많은 작업이 필요하다.

이렇게 생각하는 독자도 있을 거라 생각한다.

> "좋아, Go 언어에 GC가 필요한 건 알겠어.
> 그래도 그냥 우리가 직접 GC를 만들어서 쓰면 안 될까?"

아쉽게도 그럴 수 없다. 우리가 직접 GC를 구현하려면 Go 언어에서 제공하는 GC 옵션을 해제(`GOGC=off`)해야 한다. 그리고 해제했기 때문에 딸려 오는 수많은 의무를 전부 떠안아야 한다. 말이야 쉽지, 직접 구현하려면 쉽지 않다. 메모리를 할당하고 해제하는 작업을 모두 우리가 직접 해야 한다는 말이다. Go 언어에서는 기본값(`GOGC=100`)으로 메모리 할당과 해제를 금지하고 있다.

이런 배경으로 나는 Go가 가진 GC를 재사용하기로 한 것이다. '가비지 컬렉션(garbage collection)'은 그 자체로 정말 넓은 주제이고 기존 GC를 살펴보는 정도로도 이 책이 다루는 범위를 훌쩍 넘어버린다. 이번 섹션을 통해서 GC가 하는 일과 풀고자 하는 문제가 무엇인지 개략적으로나마 전달되었기를 바란다. 어쩌면 어떤 독자는 우리가 만든 인터프리터를 GC가 없는 호스트 언어에서 개발하면 어떻게 해야 할지 이미 알고 있을지도 모른다.

22 (옮긴이) 제너레이셔널 GC(Generational GC): 실증적으로 가장 최근에 생성된 객체일수록 금방 다시 사용하지 않게 될 가능성이 높다는 아이디어에 기반한다. 객체에 세대를 부여해서 추적한다. 세대별로 처리 전략과 관리 위치를 달리한다.

23 (옮긴이) 스톱 더 월드 GC(Stop-the-world GC): 이름에서도 알 수 있듯이 가비지 컬렉션을 하기 위해 프로그램을 중지한다

24 (옮긴이) 병행성 GC(Concurrent GC): 병행적으로 GC를 수행한다. 스톱 더 월드 GC와 대비된다.

어쨌든, 정말 수고했다! 우리가 만든 인터프리터가 동작한다. 이제 인터프리터를 확장하고 사용성을 높이기 위해 데이터 타입과 함수를 추가하는 일 정도만 남아있다.

4장

W r i t i n g A n I n t e r p r e t e r I n G o

인터프리터 확장

데이터 타입과 함수

우리가 작성한 인터프리터는 놀라울 만큼 잘 동작하고 있다. 그리고 함수와 클로저를 일급 시민으로 사용할 수 있을 정도로 훌륭한 기능성도 갖추고 있다. 그런데, Monkey 언어 사용자가 사용할 수 있는 데이터 타입이라고는 정수와 불이 전부다. 기존의 다른 언어와 비교했을 때 사용성이 아주 떨어지며 기능도 많이 부족해 보인다. 이번 장에서는 사용성 향상과 기능 추가에 초점을 맞추려 한다. Monkey 인터프리터에 새로운 데이터 타입을 추가해보자.

새로운 데이터 타입을 추가하면서 인터프리터 전체를 다시 한번 훑어볼 기회가 생겼다. 먼저 토큰 타입을 새로 추가하고, 렉서를 수정해볼 것이다. 그리고 파서를 확장한 다음 마지막에는 새로 추가할 데이터 타입을 우리 객체 시스템과 평가기에 추가해볼 것이다.

그리고 고맙게도 우리가 추가할 데이터 타입은 이미 Go에 구현되어 있다. 다시 말해 우리가 할 일은 이들을 Monkey 언어에서 사용할 수 있도록 만들어주는 게 전부다. 처음부터 구현할 필요가 없기에 시간을 꽤 아낄 수 있다. 이 책의 제목은 'Go로 자료구조 구현하기'가 아니기 때문에 인터프리터 만들기에 집중해야 한다.

데이터 타입 추가와 더불어 함수를 몇 개 새로 추가해서 우리 인터프리터를 더욱 강력하게 만들어보자. 물론 Monkey 인터프리터 사용자로서 그냥 Monkey에 함수를 직접 작성해도 되지만, Monkey 언어로 작성된 함수가 할 수 있는 일은 한계가 있다. 그러므로 새로 구현할 함수는 내장(built-in) 함수 형태로 구현할 예정이다. 보통 내장 함수는 일반 함수보다 훨씬 더 강력한데, 내장 함수는 Monkey 언어의 내부 동작에 접근하기 때문이다.

가장 먼저 추가할 데이터 타입은 모두가 잘 알고 있는 데이터 타입인 문자열(string)이다. 거의 모든 프로그래밍 언어가 문자열 타입을 갖고 있으므로, Monkey 언어도 문자열 타입을 갖도록 만들어주자.

문자열

Monkey 언어에서 문자열은 일련의 문자(a sequence of characters)이다. 문자열은 일급 시민으로 취급하므로, 식별자에 바인딩하고 함수 호출 인수로 사용하며 함수 호출 결과로 반환할 수 있다. 다른 프로그래밍 언어에 구현된 문자열과 마찬가지로 큰따옴표(“”)로 감싸서 문자열임을 나타낸다.

데이터 타입 자체와는 별개로 이번 섹션에서는 + 중위 연산자로 문자열 결합(concatenation)을 지원하려 한다.

모두 구현하면 아래와 같은 연산이 가능해진다.

```
$ go run main.go
Hello mrnugget! This is the Monkey programming language!
Feel free to type in commands
152
>> let firstName = "Thorsten";
>> let lastName = "Ball";
>> let fullName = fn(first, last) { first + " " + last };
>> fullName(firstName, lastName);
Thorsten Ball
```

렉서에서 문자열 지원하기

가장 먼저 렉서로 하여금 문자열 리터럴을 지원하도록 만들어야 한다. 문자열 리터럴이 갖는 기본적인 구조는 아래와 같다.

```
"<sequence of characters>"
```

아주 간단하다. 문자 여럿을 큰따옴표로 감싸면 그만이다. 렉서는 문자열 리터럴마다 토큰을 하나씩 만들어야 한다. 예를 들어 `"Hello World"`라는 문자열을 처리한다고 가정했을 때, `"`, `Hello`, `World`, `"`와 같이 토큰 네 개로 처리하지 않고, 토큰 하나로 처리해야 한다는 뜻이다. 문자열 리터럴을 토큰 하나와 연관되게 만들면 파서에서 문자열 리터럴을 처리하기가 한결 수월해진다. 그리고 렉서에 작성할 메서드 하나로 많은 작업량을 처리할 수 있게 된다.

물론, 문자열 리터럴 하나에 토큰을 여러 개 사용하는 방법이 특정 상황, 특정 파서에서는 더 효과적일 수 있다. 즉, '"를 `token.IDENT`를 감싸는 토큰으로도 사용할 수 있다'는 뜻이다.

그러나 우리는 앞서 작성한 `token.INT` 토큰과 같은 구조로 만들어, 문자열 리터럴 자체를 토큰의 `.Literal` 필드가 들고 다니도록 구현하려 한다.

애매한 부분을 분명히 했으니 토큰과 렉서에 작업을 시작해볼 때가 됐다. 우리는 1장 이후로 토큰과 렉서를 건드린 적이 없지만 그리 어렵지 않으니 걱정할 것 없다.

가장 먼저 `STRING`이라는 새로운 토큰 타입을 토큰 패키지에 추가해보자.

```go
// token/token.go

const (
    // [...]
    STRING = "STRING"

    // [...]
)
```

문자열 토큰 타입을 추가했으니 렉서에 테스트 케이스를 작성해서 문자열 토큰 타입이 제대로 지원되는지 확인해보자. TestNextToken 테스트 함수에 작성된 input을 확장하면 된다.

```
// lexer/lexer_test.go

func TestNextToken(t *testing.T) {
    input := `let five = 5;
let ten = 10;

let add = fn(x, y) {
    x + y;
};

let result = add(five, ten);
!-/*5;
5 < 10 > 5;

if (5 < 10) {
    return true;
} else {
    return false;
}

10 == 10;
10 != 9;
"foobar"
"foo bar"
`

    tests := []struct {
        expectedType    token.TokenType
        expectedLiteral string
    }{
        // [...]
        {token.STRING, "foobar"},
        {token.STRING, "foo bar"},
        {token.EOF, ""},
    }
    // [...]
}
```

입력에 두 행을 더 추가해 우리가 토큰으로 변환하고 싶은 문자열 리터럴을 포함했다. 첫 번째 테스트 케이스에서는 "foobar"라는 문자열 리터럴을 제대로 렉싱하는지 확인한다. 두 번째 테스트 케이스에서는 문자열 리터럴 "foo bar"로 공백이 포함되더라도 올바르게 처리하는지 확인한다.

테스트를 구동해보면 당연히 실패한다. 왜냐하면, 아직 Lexer 코드를 변경하지 않았기 때문이다.

```
$ go test ./lexer
--- FAIL: TestNextToken (0.00s)
lexer_test.go:122: tests[73] - tokentype wrong. expected="STRING",\
got="ILLEGAL"
FAIL
FAIL    monkey/lexer   0.006s
```

테스트를 통과하게 하는 것은 생각보다 정말 쉽다. Lexer에 있는 NextToken 메서드의 switch 문에 "를 처리할 case를 하나 추가하고, 간단한 도움 함수 하나만 작성하면 된다.

```
// lexer/lexer.go

func (l *Lexer) NextToken() token.Token {
    // [...]

    switch l.ch {
    // [...]
    case '"':
        tok.Type = token.STRING
        tok.Literal = l.readString()
    // [...]
    }
    // [...]
}

func (l *Lexer) readString() string {
    position := l.position + 1
    for {
        l.readChar()
        if l.ch == '"' || l.ch == 0 {
            break
```

```
        }
    }

    return l.input[position:l.position]
}
```

의문이 생길 만큼 어려운 코드는 없다. case를 하나 추가했고 readString이라는 도움 함수를 추가했다. readString 함수는 닫는 큰따옴표나 입력의 끝에 도달할 때까지 readChar 함수를 호출한다.

여유가 된다면 입력의 끝에 도달했을 때 단순히 종료하는 대신, readString 메서드에 에러를 보고하는 코드를 넣어도 된다. 혹은 이스케이프 문자(escaping character)[1]를 추가해도 좋다. 예를 들어, "hello \"world\"", "hello\n world", "hello\t\t\tworld"와 같은 문자열 리터럴이 동작하게 만들어도 된다.

어쨌든 테스트는 잘 통과한다.

```
$ go test ./lexer
ok   monkey/lexer   0.006s
```

훌륭하다! 우리 렉서가 문자열 리터럴을 처리할 수 있게 됐다. 다음으로는 파서가 문자열 리터럴을 처리하도록 만들어보자.

문자열 파싱

파서가 token.STRING을 AST 노드로 바꾸도록 만들려면 당연히 노드부터 정의해야 한다. 다행스럽게도 정의는 아주 간단하다. ast.Integerliteral과 매우 유사하다. .Value가 int64가 아니라 string이라는 것만 다를 뿐이다.

```
// ast/ast.go

type StringLiteral struct {
```

1 (옮긴이) 이스케이프 문자(escaping character): 다음 문자가 원래 문자와는 다르게 해석되어야 함을 알리는 문자를 말한다. 주로 \(backslash)를 사용하며, \n은 줄 바꿈, \t는 탭으로 해석된다.

```
    Token token.Token
    Value string
}

func (sl *StringLiteral) expressionNode()      {}
func (sl *StringLiteral) TokenLiteral() string { return sl.Token.Literal }
func (sl *StringLiteral) String() string       { return sl.Token.Literal }
```

물론 문자열 리터럴은 명령문(statements)이 아니라 '표현식(expressions)'이다.

`StringLiteral`은 문자열로 평가된다. 이제 `StringLiteral`을 정의했으니 테스트 케이스를 하나 작성해 파서가 `token.STRING`을 `*.ast.StringLiteral`로 변환할 수 있는지 확인해보자.

```
// parser/parser_test.go

func TestStringLiteralExpression(t *testing.T) {
    input := `"hello world";`

    l := lexer.New(input)
    p := New(l)
    program := p.ParseProgram()
    checkParserErrors(t, p)

    stmt := program.Statements[0].(*ast.ExpressionStatement)
    literal, ok := stmt.Expression.(*ast.StringLiteral)
    if !ok {
        t.Fatalf("exp not *ast.StringLiteral. got=%T",
            stmt.Expression)
    }

    if literal.Value != "hello world" {
        t.Errorf("literal.Value not %q. got=%q", "hello world",
            literal.Value)
    }
}
```

테스트를 실행하면 어디서 많이 본 에러가 눈에 들어온다.

```
$ go test ./parser
--- FAIL: TestStringLiteralExpression (0.00s)
parser_test.go:888: parser has 1 errors
```

```
parser_test.go:890: parser error: "no prefix parse function for STRING found"
FAIL
FAIL    monkey/parser    0.007s
```

이미 많이 본 에러라서 어떻게 고쳐야 할지 알 것이다. `token.STRING`을 처리할 prefixParseFn을 새로 등록하면 된다. 이 파싱 함수가 `*ast.StringLiteral`을 반환해줄 것이다.

```
// parser/parser.go

func New(l *lexer.Lexer) *Parser {
    // [...]
    p.registerPrefix(token.STRING, p.parseStringLiteral)
    // [...]
}
func (p *Parser) parseStringLiteral() ast.Expression {
    return &ast.StringLiteral{Token: p.curToken, Value: p.curToken.Literal}
}
```

코드 단 세 줄로 테스트를 통과하게 만들었다!

```
$ go test ./parser
ok    monkey/parser    0.007s
```

렉서가 문자열 리터럴을 `token.STRING`으로 변환하고, 파서는 `token.STRING`을 `*ast.StringLiteral` 노드로 바꾼다. 이제 객체 시스템과 평가기(evaluator)도 문자열 리터럴을 처리하도록 만들어보자.

문자열 평가하기

3장에서 정수를 객체 시스템으로 표현했던 게 쉬웠던 것처럼, 문자열을 표현하는 것 역시 아주 쉽다. 문자열로 표현하는 일이 어렵지 않은 이유는 Go 언어가 가진 `string` 자료형을 재사용하기 때문이다. 호스트 언어가 내장하지 않은 자료구조로, 게스트 언어에 데이터 타입을 추가한다고 생각해보자. 예를 들어 우리가 C를 호스트 언어로 사용한다면 작업량이 훨씬 많아진다. 문자열 데이터 타입을 직접 구현해야 하기 때문이다. 그러나 우리가 할 일은 문자열을 담을 객체만 정의하면 된다. 아래 코드를 보자.

```
// object/object.go

const (
    // [...]
    STRING_OBJ = "STRING"
)

type String struct {
    Value string
}

func (s *String) Type() ObjectType { return STRING_OBJ }
func (s *String) Inspect() string  { return s.Value }
```

이제 평가기(evaluator)를 확장해서 `*ast.StringLiteral`을 `object.String`으로 변환해보자. 테스트 코드는 변환이 잘되는지 확인하는 일이 전부다.

```
// evaluator/evaluator_test.go

func TestStringLiteral(t *testing.T) {
    input := `"Hello World!"`

    evaluated := testEval(input)
    str, ok := evaluated.(*object.String)
    if !ok {
        t.Fatalf("object is not String. got=%T (%+v)", evaluated,
            evaluated)
    }

    if str.Value != "Hello World!" {
        t.Errorf("String has wrong value. got=%q", str.Value)
    }
}
```

위 코드에서는 `Eval`을 호출하는데, `*object.String`을 반환하지 않고 `nil`을 반환했다.

```
$ go test ./evaluator
--- FAIL: TestStringLiteral (0.00s)
evaluator_test.go:317: object is not String. got=<nil> (<nil>)
FAIL
FAIL	monkey/evaluator	0.007s
```

파서에서 작성한 코드보다 더 짧다. 여기서는 단 두 줄이면 테스트를 통과하게 만들 수 있다.

```
// evaluator/evaluator.go

func Eval(node ast.Node, env *object.Environment) object.Object {
    // [...]

    case *ast.StringLiteral:
        return &object.String{Value: node.Value}

    // [...]
}
```

테스트를 통과했고, 이제 REPL에서 문자열을 쓸 수 있다.

```
$ go run main.go
Hello mrnugget! This is the Monkey programming language!
Feel free to type in commands
>> "Hello world!"
Hello world!
>> let hello = "Hello there, fellow Monkey users and fans!"
>> hello
Hello there, fellow Monkey users and fans!
>> let giveMeHello = fn() { "Hello!" }
>> giveMeHello()
Hello!
```

이제 인터프리터에서 문자열이 완전히 지원된다. 훌륭하다! 아래 실행 결과로 내 기분을 표현해보겠다.

```
>> "This is amazing!"
This is amazing!
```

문자열 결합

문자열 데이터 타입을 사용할 수 있다는 것은 정말 좋은 일이지만, 아직 문자열을 생성하는 일 외에는 문자열로 할 수 있는 일이 많지 않다. 그러니 문자열을 활용할 수 있도록 바꿔보자. 이번 섹션에서는 '문자열 결합(string concatenation)'을 구현해보려 한다. 중위 연산자 +가 문자열 피연산자를 지원하도록 만들어서 문자열 결합 기능을 구현해보자.

아래 테스트가 우리가 만들 기능을 잘 설명해준다.

```
// evaluator/evaluator_test.go

func TestStringConcatenation(t *testing.T) {
    input := `"Hello" + " " + "World!"`

    evaluated := testEval(input)
    str, ok := evaluated.(*object.String)
    if !ok {
        t.Fatalf("object is not String. got=%T (%+v)", evaluated,
            evaluated)
    }

    if str.Value != "Hello World!" {
        t.Errorf("String has wrong value. got=%q", str.Value)
    }
}
```

TestErrorHandling 함수를 확장하면서, + 연산자만 문자열을 피연산자로 추가하도록 보장해보자.

```
// evaluator/evaluator_test.go

func TestErrorHandling(t *testing.T) {
    tests := []struct {
        input           string
        expectedMessage string
    }{
        // [...]
        {
            `"Hello" - "World"`,
            "unknown operator: STRING - STRING",
        },
```

```
        // [...]
    }
    // [...]
}
```

위 테스트 케이스는 이미 통과하는 테스트 케이스이다. 그리고 구현 방향을 제시한다기보다는 명세(specification)이면서 회귀 테스트(regression testing)[2] 역할을 한다. 한편 문자열 결합 테스트 코드는 실패한다.

```
$ go test ./evaluator
--- FAIL: TestStringConcatenation (0.00s)
evaluator_test.go:336: object is not String. got=*object.Error\
(&{Message:unknown operator: STRING + STRING})
FAIL
FAIL    monkey/evaluator    0.007s
```

테스트를 통과하려면 `evalInfixExpression`을 수정해야 한다. 새로운 `case`를 추가해 양쪽 피연산자가 문자열일 때 평가되도록 만들어야 한다.

```
// evaluator/evaluator.go

func evalInfixExpression(
    operator string,
    left, right object.Object,
) object.Object {
    switch {
    // [...]
    case left.Type() == object.STRING_OBJ && right.Type() ==
        object.STRING_OBJ:
        return evalStringInfixExpression(operator, left, right)
        // [...]
    }
}
```

`evalStringInfixExpression`은 최소한의 기능만 갖도록 구현했다.

2 (옮긴이) 회귀 테스트(regression testing): 코드를 변경하더라도 기존 동작이 잘 동작한다는 것을 보장하기 위한 테스트이다. 테스트를 재실행했을 때 오류가 난다면 기존 동작에 문제가 생겼음을 쉽게 알 수 있다.

```go
// evaluator/evaluator.go

func evalStringInfixExpression(
    operator string,
    left, right object.Object,
) object.Object {
    if operator != "+" {
        return newError("unknown operator: %s %s %s",
            left.Type(), operator, right.Type())
    }

    leftVal := left.(*object.String).Value
    rightVal := right.(*object.String).Value
    return &object.String{Value: leftVal + rightVal}
}
```

가장 먼저 올바른 연산자를 썼는지 검사해보자. 만약 지원되는 연산자인 +를 썼다면, 양쪽 피연산자인 문자열 객체를 풀어서(unwrap) 합친 뒤에 새로운 문자열 객체를 만들어 반환한다.

만약 다른 연산자도 문자열을 처리하도록 만들고 싶다면 evalStringInfixExpression에 코드를 추가하면 된다. 만약 ==와 != 같은 연산자로, 문자열 간 동등 비교 기능도 지원하고 싶다면 마찬가지로 evalStringInfixExpression에 코드를 추가하면 된다. 그러나 포인터 비교로 두 문자열의 동등성을 비교할 수는 없다. 왜냐하면 우리는 문자열을 비교할 때, 문자열이 가진 값을 비교하고 싶은 것이지 포인터를 비교하고 싶은 것은 아니기 때문이다.

좋다! 테스트를 통과한다.

```
$ go test ./evaluator
ok   monkey/evaluator   0.007s
```

문자열 리터럴을 쓸 수 있게 됐다. 평가기(evaluator)에서 문자열을 주고받고, 변수명에 바인딩하고, 함수 실행 결과를 반환할 수도 있다. 그리고 문자열끼리 합칠 수도 있다.

```
>> let makeGreeter = fn(greeting) { fn(name) { greeting + " " + name + "!" } };
>> let hello = makeGreeter("Hello");
```

```
>> hello("Thorsten");
Hello Thorsten!
>> let heythere = makeGreeter("Hey there");
>> heythere("Thorsten");
Hey there Thorsten!
```

이제야 인터프리터에서 문자열이 잘 동작한다고 말할 수 있을 것 같다. 한편 문자열을 더 유용하게 활용하려면 추가해야 할 기능이 조금 더 있다.

내장 함수

이번 장에서는 내장 함수를 추가해보려 한다. '내장(built-in)'이라 부르는 이유는, 내장 함수가 사용자가 정의한 함수도, Monkey 코드로 작성한 코드도 아니기 때문이다. 내장 함수는 인터프리터의 내부 즉, Monkey 언어 자체에 직접적으로 구현된다는 뜻이다.

내장 함수는 인터프리터를 만들고 있는 우리가 Go 언어로 작성한다. 그리고 내장 함수는 Monkey 세계와 인터프리터 구현체의 세계를 연결해준다. 수많은 언어 구현체는 (언어 사용자에게) '게스트 언어에서는 제공할 수 없는 기능성'을 더하기 위해서 내장 함수를 제공한다.

예를 들어 설명해보면, 현재 시각을 반환하는 함수가 있다고 해보자. 현재 시각을 알아내기 위해 커널에 물어볼 수도 있고, 다른 컴퓨터에 물어볼 수도 있다. 커널에 물어보고 커널과 소통하는 동작을 시스템 호출(system call)[3]이라 부른다. 그러나 프로그래밍 언어 수준에서 사용자에게 시스템 호출 기능을 제공하지 않는다면, 프로그래밍 언어 구현체(컴파일러든 인터프리터든) 수준에서 사용자를 대신해 시스템을 호출할 무언가를 제공해야 한다.

다시 말하지만, 내장 함수는 인터프리터 작성자인 우리가 직접 정의해 넣어야 한다. 인터프리터 사용자는 내장 함수를 호출만 할 수 있

3 (옮긴이) 시스템 호출(system call): 줄여서 syscall이라고도 한다. 프로그램이 동작하는 운영체제 커널에 어떤 서비스를 요청하는 동작을 말한다.

고 정의는 우리가 한다는 뜻이다. 내장 함수가 어떤 일을 할 수 있는지는 우선 공백으로 남겨두자. 유일한 제약 사항은 내장 함수는 인수로서 object.Object를 0개 이상 받아서, object.Object를 하나 반환한다는 것이다.

```
// object/object.go

type BuiltinFunction func(args ...Object) Object
```

위 코드는 호출 가능한 Go 함수를 정의한 타입이다. 한편 우리는 사용자가 BuiltinFunction을 사용할 수 있도록 만들어야 하므로, BuiltinFunction을 우리 객체 시스템 규격에 맞추어야 한다. 따라서 아래처럼 BuiltinFunction을 감싸는 타입을 정의해보자.

```
// object/object.go

const (
    // [...]
    BUILTIN_OBJ = "BUILTIN"
)

type Builtin struct {
    Fn BuiltinFunction
}

func (b *Builtin) Type() ObjectType { return BUILTIN_OBJ }
func (b *Builtin) Inspect() string  { return "builtin function" }
```

LEN

가장 먼저 만들어볼 내장 함수는 len이다. len 함수는 문자열에 포함된 문자의 개수를 반환한다. Monkey 사용자 자격으로 이런 함수를 정의하는 일은 불가능하다. 그렇기에 len을 내장 함수로 정의해야 한다. len 함수는 아래와 같이 사용할 수 있어야 한다.

```
>> len("Hello World!")
12
>> len("")
0
```

```
>> len("Hey Bob, how ya doin?")
21
```

위 사용 예는 len 함수를 어떻게 만들어야 할지 꽤 명확히 보여준다. 따라서 테스트를 작성하는 것도 어렵지 않다.

```go
// evaluator/evaluator_test.go

func TestBuiltinFunctions(t *testing.T) {
    tests := []struct {
        input    string
        expected interface{}
    }{
        {`len("")`, 0},
        {`len("four")`, 4},
        {`len("hello world")`, 11},
        {`len(1)`, "argument to `len` not supported, got INTEGER"},
        {`len("one", "two")`, "wrong number of arguments. got=2, want=1"},
    }

    for _, tt := range tests {
        evaluated := testEval(tt.input)

        switch expected := tt.expected.(type) {
        case int:
            testIntegerObject(t, evaluated, int64(expected))
        case string:
            errObj, ok := evaluated.(*object.Error)
            if !ok {
                t.Errorf("object is not Error. got=%T (%+v)",
                    evaluated, evaluated)
                continue
            }
            if errObj.Message != expected {
                t.Errorf("wrong error message. expected=%q, got=%q",
                    expected, errObj.Message)
            }
        }
    }
}
```

위 코드에서 각 테스트 케이스는 len 함수를 여러 형태로 호출하고 있다. 빈 문자열로 호출하기도 하고, 일반 문자열로 호출하기도 하며, 공백을 포함한 문자열로 호출하기도 한다. 문자열에 공백이 들어가도 아무 문제 없다. 테스트 케이스에 넣지 않으면 무심코 지나갈 것 같아 넣었다. 그리고 마지막 테스트 케이스 둘은 비교적 흥미로운데, len 함수를 정수 인수로 호출하거나 인수의 개수와 맞지 않게 호출할 때 *object.Error를 반환하도록 한다.

테스트를 실행하면 len 함수가 에러를 반환한다. 그러나 기대와는 달리 다른 곳의 에러를 반환하고 있다.

```
$ go test ./evaluator
--- FAIL: TestBuiltinFunctions (0.00s)
evaluator_test.go:389: object is not Integer. got=*object.Error\
(&{Message:identifier not found: len})
evaluator_test.go:389: object is not Integer. got=*object.Error\
(&{Message:identifier not found: len})
evaluator_test.go:389: object is not Integer. got=*object.Error\
(&{Message:identifier not found: len})
evaluator_test.go:371: wrong error message.\
expected="argument to `len` not supported, got INTEGER",\
got="identifier not found: len"
FAIL
FAIL    monkey/evaluator   0.007s
```

len을 아무리 찾아도 볼 수 없을 텐데, 우리가 아직 len을 정의하지 않았다는 것을 감안하면 당황스러운 일은 아니다.

내장 함수를 정의하려면, 먼저 내장 함수에 접근할 방법부터 마련해야 한다. 예를 들어, 최상단 object.Environment에 내장 함수를 정의하는 방법을 고려해볼 수 있다. 그러면 Eval 함수로 어떤 환경에서든 내장 함수에 접근할 수 있다. 그러나 우리는 별도의 환경을 마련해 내장 함수를 정의하려 한다. 코드를 보자.

```
// evaluator/builtins.go

package evaluator

import "monkey/object"

var builtins = map[string]*object.Builtin{
```

```
    "len": &object.Builtin{
        Fn: func(args ...object.Object) object.Object {
            return NULL
        },
    },
}
```

위 코드를 활용하려면, evalIdentifier 함수를 수정해야 한다. 식별자가 주어졌을 때, 현재 환경에서 바인딩된 값을 찾을 수 없다면, 기본값(fallback)으로 내장 함수를 찾도록 만들어야 한다.

```
// evaluator/evaluator.go

func evalIdentifier(
    node *ast.Identifier,
    env *object.Environment,
) object.Object {
    if val, ok := env.Get(node.Value); ok {
        return val
    }

    if builtin, ok := builtins[node.Value]; ok {
        return builtin
    }

    return newError("identifier not found: " + node.Value)
}
```

이제 식별자(identifier) len으로 내장 함수 len을 찾을 수 있다. 한편 아직 구현을 완료하지 않았기에 호출했을 때 올바르게 동작하지 않는다.

```
$ go run main.go
Hello mrnugget! This is the Monkey programming language!
Feel free to type in commands
>> len()
ERROR: not a function: BUILTIN
>>
```

테스트를 실행하면, 앞서 봤던 에러를 다시 낸다. applyFunction 함수에 *object.Builtin과 object.BuiltinFunction을 알려줘야 한다. 아래 코드를 보자.

```
// evaluator/evaluator.go

func applyFunction(fn object.Object, args []object.Object) object.Object
{
    switch fn := fn.(type) {

    case *object.Function:
        extendedEnv := extendFunctionEnv(fn, args)
        evaluated := Eval(fn.Body, extendedEnv)
        return unwrapReturnValue(evaluated)

    case *object.Builtin:
        return fn.Fn(args...)

    default:
        return newError("not a function: %s", fn.Type())
    }
}
```

기존 코드를 옮기는 일과는 별개로, 코드에서는 *object.Builtin을 처리하는 case를 추가했고, fn이 *object.Builtin 타입이면 object.BuiltinFunction을 호출한다. 해당 함수는 args 슬라이스를 인수로 하여 호출하면 된다.

여기서 우리는 unwrapReturnValue 함수를 호출할 필요가 없다는 사실에 주목하자. 내장 함수에서는 *object.ReturnValue 객체를 반환할 일이 없기 때문이다.

테스트를 실행하면, len 함수를 호출했을 때 NULL이 반환됐다고 불평하고 있다.

```
$ go test ./evaluator
--- FAIL: TestBuiltinFunctions (0.00s)
evaluator_test.go:389: object is not Integer. got=*object.Null (&{})
evaluator_test.go:389: object is not Integer. got=*object.Null (&{})
evaluator_test.go:389: object is not Integer. got=*object.Null (&{})
evaluator_test.go:366: object is not Error. got=*object.Null (&{})
evaluator_test.go:366: object is not Error. got=*object.Null (&{})
FAIL
FAIL    monkey/evaluator    0.007s
```

결과를 보니 len 함수가 제대로 호출되고 있다는 것을 알 수 있다! 단지 NULL을 반환했을 뿐이다. 동작을 고치는 일은 어렵지 않으니 어서 고쳐 보자.

```
// evaluator/builtins.go

import (
    "monkey/object"
)

var builtins = map[string]*object.Builtin{
    "len": &object.Builtin{
        Fn: func(args ...object.Object) object.Object {
            if len(args) != 1 {
                return newError("wrong number of arguments. got=%d, want=1",
                    len(args))
            }

            switch arg := args[0].(type) {
            case *object.String:
                return &object.Integer{Value: int64(len(arg.Value))}
            default:
                return newError("argument to `len` not supported, got %s",
                    args[0].Type())
            }
        },
    },
}
```

가장 중요한 코드는 Go 언어의 len 함수를 호출하는 행과 새로 할당한 object.Integer를 반환하는 행이다. 다른 행에서는 내장 함수를 올바른 인수 개수로 호출하는지 검사하거나 올바른 인수 타입으로 전달했는지 검사한다. 그러고 나면 테스트를 통과한다.

```
$ go test ./evaluator
ok   monkey/evaluator   0.007s
```

위 테스트가 성공했다는 말은 곧 REPL에서 len 함수를 쓸 수 있다는 뜻이다.

```
$ go run main.go
Hello mrnugget! This is the Monkey programming language!
Feel free to type in commands
>> len("1234")
4
>> len("Hello World!")
12
>> len("Woooooohooo!", "len works!!")
ERROR: wrong number of arguments. got=2, want=1
>> len(12345)
ERROR: argument to `len` not supported, got INTEGER
```

완벽하다! 우리가 만든 첫 번째 내장 함수가 제대로 동작하고 있으며, 언제든 사용할 수 있도록 모든 준비를 마쳤다.

배열

이번 섹션에서 Monkey 인터프리터에 추가해볼 데이터 타입은 배열(array)이다. Monkey 언어에서 배열이란 순서를 가진 리스트를 말하며, 요소(element)마다 타입이 다를 수 있다. 사용자는 각 요소에 개별적으로 접근할 수 있다. 배열은 리터럴로 만들어진다. 즉, 대괄호(bracket)로 전체를 감싸고, 각 요소를 콤마로 구분한(comma separated) 리스트와 같은 모양새를 갖는다.

```
[ <element>, <element>, … ]
```

아래의 실행을 보면, 배열을 새로 만들면서, 만든 배열을 변수 이름에 바인딩하고, 개별 요소에 접근하고 있다.

```
>> let myArray = ["Thorsten", "Ball", 28, fn(x) { x * x }];
>> myArray[0]
Thorsten
>> myArray[2]
28
>> myArray[3](2);
4
```

Monkey 언어에서 배열은 각 요소가 갖는 타입에 관심을 두지 않는다. Monkey 언어에서는 어떤 값이든 Monkey 배열의 요소가 될 수 있다. 위의 실행에서 `myArray`는 문자열 두 개, 정수 하나, 함수 하나를 갖는다.

마지막 세 행에서 볼 수 있듯이, 배열 요소에 개별적으로 접근하려면 인덱스 연산자(index operator)라 불리는 새로운 연산자를 활용해야 한다. 인덱스 연산자는 다음과 같이 사용한다.

array[index]

이번 섹션에서는 배열 데이터 타입을 추가하는 것은 물론이고, 내장 함수 `len`이 배열 데이터 타입도 지원하도록 만든다. 또한 배열을 활용하는 내장 함수를 몇 개 추가해보려 한다.

```
>> let myArray = ["one", "two", "three"];
>> len(myArray)
3
>> first(myArray)
one
>> rest(myArray)
[two, three]
>> last(myArray)
three
>> push(myArray, "four")
[one, two, three, four]
```

`[]object.Object` 타입을 갖는 Go 언어 슬라이스가 Monkey 언어 배열 구현체의 기본 데이터 타입이다. 즉, 우리가 직접 새로운 자료구조를 구현할 필요가 없다는 뜻이다. 우리는 그저 Go 언어 슬라이스를 재사용하면 된다.

훌륭하다! 가장 먼저 렉서(lexer)에 새로 정의할 토큰을 몇 개 알려주어야 한다.

렉서에 배열 추가하기

배열 리터럴과 인덱스 연산자(index operator)를 올바르게 파싱하려면, 배열과 인덱스 연산자에 사용할 토큰을 '렉서'가 식별할 수 있어야 한다.

Monkey 언어에서 배열을 만들고 사용할 때 쓰는 토큰은 아래 세 개뿐이다.

- [- 여는 대괄호(opening bracket)
-] - 닫는 대괄호(closing bracket)
- , - 콤마(comma)

렉서는 이미 콤마를 처리할 토큰을 정의하고 있으므로, 우리는 여는 대괄호([)와 닫는 대괄호(])만 추가하면 된다.

가장 먼저 아래와 같이 token 패키지에 새로운 토큰 타입부터 정의해 보자.

```
// token/token.go

const (
    // [...]

    LBRACKET = "["
    RBRACKET = "]"

// [...]
)
```

다음은 렉서 테스트 스윗을 확장할 차례다. 수도 없이 해본 작업이라 어려울 게 없다.

```
// lexer/lexer_test.go

func TestNextToken(t *testing.T) {
input := `let five = 5;
let ten = 10;

let add = fn(x, y) {
    x + y;
};

let result = add(five, ten);
!-/*5;
5 < 10 > 5;
```

```
if (5 < 10) {
    return true;
} else {
    return false;
}

10 == 10;
10 != 9;
"foobar"
"foo bar"
[1, 2];
`

    tests := []struct {
        expectedType    token.TokenType
        expectedLiteral string
    }{
        // [...]
        {token.LBRACKET, "["},
        {token.INT, "1"},
        {token.COMMA, ","},
        {token.INT, "2"},
        {token.RBRACKET, "]"},
        {token.SEMICOLON, ";"},
        {token.EOF, ""},
    }
    // [...]
}
```

input에 새로운 토큰 타입을 포함하고 있는 문자열 [1, 2]를 추가했고, [1, 2]가 올바르게 렉싱되는지 확인할 테스트를 추가하자. 추가된 테스트는 렉서에 구현된 NextToken 메서드가 token.LBRACKET과 token.RBRACKET 토큰을 실제로 반환하는지 검사한다.

테스트를 통과하게 만드는 데 필요한 코드는 달랑 네 줄뿐이다. 아래 코드를 보자.

```
// lexer/lexer.go

func (l *Lexer) NextToken() token.Token {
    // [...]
    case '[':
        tok = newToken(token.LBRACKET, l.ch)
    case ']':
```

```
        tok = newToken(token.RBRACKET, l.ch)
    // [...]
}
```

테스트를 잘 통과한다.

```
$ go test ./lexer
ok   monkey/lexer   0.006s
```

이제 파서가 두 토큰 token.LBRACKET과 token.RBRACKET을 사용해 배열을 파싱하도록 만들어보자.

배열 리터럴 파싱하기

앞서 봤듯이 Monkey 언어에서 배열 리터럴은 콤마로 구분된 표현식 리스트를, 여는 대괄호와 닫는 대괄호로 감싸서 표현하는 형태이다.

```
[1, 2, 3 + 3, fn(x) { x }, add(2, 2)]
```

배열 리터럴에서 각 요소는 어떤 타입을 갖는 표현식이든 상관없다. 정수 리터럴, 함수 리터럴, 전위 표현식, 중위 표현식 등 무엇이 되든 괜찮다.

좀 복잡하게 느껴지지만 걱정할 게 전혀 없다. 우리는 이미 앞에서 콤마로 구분된 표현식을 파싱해본 적이 있다. 앞서 호출 표현식을 처리할 때, 호출 인수를 파싱하는 방법과 동일하다. 그리고 열고 닫는 쌍으로 감싸고 있는 객체를 파싱하는 방법 역시 알고 있다. 따라서, 그냥 시작하면 된다!

가장 먼저 배열 리터럴을 나타낼 AST 노드부터 정의해보자. 이미 핵심적인 요소는 모두 구현해 놓았기에, 아래 정의를 보는 것만으로도 충분한 설명이 된다.

```
// ast/ast.go

type ArrayLiteral struct {
    Token    token.Token // '[' 토큰
```

```
    Elements []Expression
}

func (al *ArrayLiteral) expressionNode()      {}
func (al *ArrayLiteral) TokenLiteral() string { return al.Token.Literal }
func (al *ArrayLiteral) String() string {
    var out bytes.Buffer

    elements := []string{}
    for _, el := range al.Elements {
        elements = append(elements, el.String())
    }

    out.WriteString("[")
    out.WriteString(strings.Join(elements, ", "))
    out.WriteString("]")

    return out.String()
}
```

아래 테스트는 배열 리터럴을 파싱했을 때 `*ast.ArrayLiteral`을 반환하는지 검사한다. 또한 나는 빈 배열 리터럴을 테스트할 함수도 추가해 경계 조건도 검사하고 있다.

```
// parser/parser_test.go

func TestParsingArrayLiterals(t *testing.T) {
    input := "[1, 2 * 2, 3 + 3]"

    l := lexer.New(input)
    p := New(l)
    program := p.ParseProgram()
    checkParserErrors(t, p)

    stmt, ok := program.Statements[0].(*ast.ExpressionStatement)
    array, ok := stmt.Expression.(*ast.ArrayLiteral)
    if !ok {
        t.Fatalf("exp not ast.ArrayLiteral. got=%T", stmt.Expression)
    }

    if len(array.Elements) != 3 {
        t.Fatalf("len(array.Elements) not 3. got=%d",
            len(array.Elements))
    }
```

```
    testIntegerLiteral(t, array.Elements[0], 1)
    testInfixExpression(t, array.Elements[1], 2, "*", 2)
    testInfixExpression(t, array.Elements[2], 3, "+", 3)
}
```

표현식 파싱이 정말로 잘 동작하는지 보기 위해서, 의도적으로 서로 다른 중위 연산자 표현식을 사용했다. 사실 현재 시점에서는 정수 리터럴이나 불 리터럴로도 충분하다. 테스트가 좀 지루한 감은 있지만, 파서가 올바른 길이를 갖는 *ast.ArrayLiteral을 반환하도록 단정한다.

테스트를 통과하려면, 새로운 prefixParseFn을 등록해야 한다. 왜냐하면 배열 리터럴의 첫 번째 토큰인 token.LBRACKET이 전위 연산자이기 때문이다.

```
// parser/parser.go

func New(l *lexer.Lexer) *Parser {
    // [...]
    p.registerPrefix(token.LBRACKET, p.parseArrayLiteral)
    // [...]
}

func (p *Parser) parseArrayLiteral() ast.Expression {
    array := &ast.ArrayLiteral{Token: p.curToken}

    array.Elements = p.parseExpressionList(token.RBRACKET)

    return array
}
```

여태껏 prefixParseFn을 계속 추가해왔기에, 전위 연산자 파싱 함수를 등록하는 코드에 홍미를 끌 만한 코드는 없다. 한편 parseExpressionList 메서드는 유심히 볼 만하다 이 메서드는 parseCallArguments 메서드를 변경해 일반화한 버전이다.

앞에서 parseCallArguments 메서드는 parseCallExpression 메서드 안에서 콤마로 구분된 인수 리스트를 파싱할 때 사용한 적이 있다.

```go
// parser/parser.go

func (p *Parser) parseExpressionList(end token.TokenType) []ast.Expression {
    list := []ast.Expression{}

    if p.peekTokenIs(end) {
        p.nextToken()
        return list
    }

    p.nextToken()
    list = append(list, p.parseExpression(LOWEST))

    for p.peekTokenIs(token.COMMA) {
        p.nextToken()
        p.nextToken()
        list = append(list, p.parseExpression(LOWEST))
    }

    if !p.expectPeek(end) {
        return nil
    }

    return list
}
```

우리는 이런 형태를 보이는 코드를 parseCallArguments 메서드에서 본 적이 있다. parseExpressionList에서 달라진 부분은 메서드 인수이다. end라는 파라미터를 받아서 메서드에게 리스트의 마지막 토큰이 무엇인지 알려준다. 바뀌기 전에 parseCallArguments를 호출하던 parseCallExpression 메서드는 이제 아래와 같다.

```go
// parser/parser.go

func (p *Parser) parseCallExpression(function ast.Expression) ast.Expression {
    exp := &ast.CallExpression{Token: p.curToken, Function: function}
    exp.Arguments = p.parseExpressionList(token.RPAREN)
    return exp
}
```

parseCallArguments 메서드 호출을 지우고, parseExpressionList 메서드에 token.RPAREN을 인수로 넘겨서 호출하도록 변경했다. 코드 몇 줄만 바꿔서 비교적 큰일을 담당하는 메서드를 재사용했다. 훌륭하다! 무엇보다 테스트도 훌륭하게 통과한다!

```
$ go test ./parser
ok   monkey/parser   0.007s
```

드디어 배열 리터럴 파싱도 끝마쳤다.

인덱스 연산자 표현식 파싱하기

Monkey 언어가 배열을 완전히 지원하려면, 배열 리터럴을 파싱함은 물론이고 '인덱스 연산자 표현식(index operator expressions)'도 파싱할 수 있어야 한다. 인덱스 연산자(index operator)라는 단어가 그리 익숙지 않을 수 있는데, 장담하건대 여러분은 이미 알고 있다. 인덱스 연산자 표현식은 아래와 같다.

```
myArray[0];
myArray[1];
myArray[2];
```

다양한 형태가 있지만, 위 표현식이 적어도 가장 기본적인 형태이다. 아래 예제를 보고 숨어 있는 구조를 찾아보자.

```
[1, 2, 3, 4][2];

let myArray = [1, 2, 3, 4];
myArray[2];

myArray[2 + 1];

returnsArray()[1];
```

추측할 수 있겠는가? 기본 구조는 아래와 같다.

```
<expression>[<expression>]
```

보기에는 아주 단순하다. 위 구조를 반영하는 새로운 AST 노드인 `ast.IndexExpression`를 정의해보자.

```
// ast/ast.go

type IndexExpression struct {
    Token token.Token // [ 토큰
    Left  Expression
    Index Expression
}

func (ie *IndexExpression) expressionNode()      {}
func (ie *IndexExpression) TokenLiteral() string { return ie.Token.Literal }
func (ie *IndexExpression) String() string {
    var out bytes.Buffer

    out.WriteString("(")
    out.WriteString(ie.Left.String())
    out.WriteString("[")
    out.WriteString(ie.Index.String())
    out.WriteString("])")

    return out.String()
}
```

여기서 Left와 Index 모두 Expression일 뿐임에 주목하자. Left는 접근의 대상인 객체이다. 앞서 보았듯이 어떤 타입이든 될 수 있다. 식별자, 배열 리터럴, 함수 호출 뭐든지 괜찮다. Index 역시 마찬가지다. Index 역시 어떤 표현식이든 괜찮다. 단, 구문적으로는 어떤 표현식이든 상관없지만, 의미론적으로는 정숫값을 만드는 표현식이어야 한다.

Left와 Index 모두 표현식이기에 파싱 프로세스가 아주 쉬워진다. 왜냐하면 parseExpression 메서드로 파싱하면 되기 때문이다. 한편 우리에게는 테스트 작성이라는 원칙이 있다. 그러니 테스트부터 작성해보자. 아래 테스트 케이스는 파서가 *ast.IndexExpression을 파싱한다는 것을 확인해주는 테스트 코드이다.

```
// parser/parser_test.go

func TestParsingIndexExpressions(t *testing.T) {
    input := "myArray[1 + 1]"

    l := lexer.New(input)
    p := New(l)
```

```
    program := p.ParseProgram()
    checkParserErrors(t, p)

    stmt, ok := program.Statements[0].(*ast.ExpressionStatement)
    indexExp, ok := stmt.Expression.(*ast.IndexExpression)
    if !ok {
        t.Fatalf("exp not *ast.IndexExpression. got=%T",
            stmt.Expression)
    }

    if !testIdentifier(t, indexExp.Left, "myArray") {
        return
    }

    if !testInfixExpression(t, indexExp.Index, 1, "+", 1) {
        return
    }
}
```

테스트 코드는 파서가 단일 표현식문을 나타내는 올바른 AST를 출력하는지 검사한다. 그리고 AST(`stmt`)는 인덱스 표현식을 담고 있어야 한다. 중요한 점은 파서가 인덱스 연산자가 갖는 우선순위를 올바르게 처리해야 한다는 것이다. 인덱스 연산자는 모든 연산자 중에서 가장 높은 우선순위를 갖는다. 이를 보장하는 방법은 아주 간단하다. 이 동작을 확인하기 위해, 앞서 작성한 `TestOperatorPrecedenceParsing` 테스트 함수를 확장하자.

```
// parser/parser_test.go

func TestOperatorPrecedenceParsing(t *testing.T) {
    tests := []struct {
        input    string
        expected string
    }{
        // [...]
        {
            "a * [1, 2, 3, 4][b * c] * d",
            "((a * ([1, 2, 3, 4][(b * c)])) * d)",
        },
        {
            "add(a * b[2], b[1], 2 * [1, 2][1])",
```

```
            "add((a * (b[2])), (b[1]), (2 * ([1, 2][1])))",
        },
    }
    // [...]
}
```

*ast.IndexExpression에 구현된 String 메서드는 출력 결과물에 부가적으로, 여는 괄호(()와 닫는 괄호())를 붙인다. 덕분에 테스트를 작성할 때 도움이 된다. 왜냐하면 인덱스 연산자의 우선순위를 시각적으로 보여주기 때문이다. 추가된 테스트 케이스에서, 인덱스 연산자의 우선순위가 호출 표현식의 우선순위 또는 중위 표현식 * 연산자보다 높기를 기대한다. 한편 테스트는 실패한다. 파서가 아직 인덱스 표현식을 다루는 법을 전혀 알지 못하기 때문이다.

```
$ go test ./parser
--- FAIL: TestOperatorPrecedenceParsing (0.00s)
parser_test.go:393: expected="((a * ([1, 2, 3, 4][(b * c)])) * d)",\
got="(a * [1, 2, 3, 4])([(b * c)] * d)"
parser_test.go:968: parser has 4 errors
parser_test.go:970: parser error: "expected next token to be ), got [ instead"
parser_test.go:970: parser error: "no prefix parse function for , found"
parser_test.go:970: parser error: "no prefix parse function for , found"
parser_test.go:970: parser error: "no prefix parse function for ) found"
--- FAIL: TestParsingIndexExpressions (0.00s)
parser_test.go:835: exp not *ast.IndexExpression. got=*ast.Identifier
FAIL
FAIL    monkey/parser   0.007s
```

테스트 결과는 prefixParseFn이 없다고 말하고 있다. 한편 우리에게 필요한 것은 전위 연산자 파싱 함수가 아닌 infixParseFn이다. 눈치챘는가? 인덱스 표현식은 피연산자를 양옆에 둔 일반적인 연산자의 형태가 아니다. 그러나 큰 문제 없이 파싱하려면 마치 일반적인 중위 연산자처럼 파싱해야 한다. 앞서 호출 표현식에서 했던 것처럼 말이다. 구체적으로 말하면, myArray[0]에 있는 [를 중위 연산자, myArray를 왼쪽 피연산자, 0을 오른쪽 피연산자로 처리해야 한다는 뜻이다.

위 문단에서 말한 것처럼 구현체를 만들면, 파서 구조에 딱 맞아 들어가게 만들 수 있다.

```
// parser/parser.go

func New(l *lexer.Lexer) *Parser {
    // [...]
    p.registerInfix(token.LBRACKET, p.parseIndexExpression)
    // [...]
}

func (p *Parser) parseIndexExpression(left ast.Expression) ast.Expression {
    exp := &ast.IndexExpression{Token: p.curToken, Left: left}

    p.nextToken()
    exp.Index = p.parseExpression(LOWEST)

    if !p.expectPeek(token.RBRACKET) {
        return nil
    }

    return exp
}
```

훌륭하다! 하지만 그렇다고 테스트를 통과하는 것은 아니다.

```
$ go test ./parser
--- FAIL: TestOperatorPrecedenceParsing (0.00s)
parser_test.go:393: expected="((a * ([1, 2, 3, 4][(b * c)])) * d)",\
got="(a * [1, 2, 3, 4])([(b * c)] * d)"
parser_test.go:968: parser has 4 errors
parser_test.go:970: parser error: "expected next token to be ),
got [ instead"
parser_test.go:970: parser error: "no prefix parse function for , found"
parser_test.go:970: parser error: "no prefix parse function for , found"
parser_test.go:970: parser error: "no prefix parse function for ) found"
--- FAIL: TestParsingIndexExpressions (0.00s)
parser_test.go:835: exp not *ast.IndexExpression. got=*ast.Identifier
FAIL
FAIL    monkey/parser    0.008s
```

테스트가 실패하는 이유는, 우리 구현체인 프랫 파서의 기반이 연산자 우선순위인데, 아직 인덱스 연산자의 우선순위를 정의하지 않았기 때문이다.

```
// parser/parser.go

const (
    _ int = iota
    // [...]
    INDEX // array[index]
)

var precedences = map[token.TokenType]int{
    // [...]
    token.LBRACKET: INDEX,
}
```

상수 블록에서 INDEX의 정의가 가장 마지막 행에 있다는 것이 중요하다. iota를 사용한 상수 블록에서 가장 마지막 행에 있기 때문에, INDEX는 정의된 모든 우선순위 상수 중에서 가장 높은 값을 갖게 된다. 또한 precedences에 추가된 엔트리가 token.LBRACKET에 가장 높은 우선순위를 부여한다. 그러고 나면 아래와 같이 멋지게 동작한다.

```
$ go test ./parser
ok   monkey/parser   0.007s
```

렉서와 파서에서 할 수 있는 모든 처리를 끝마쳤다. 그럼 평가기(evaluator)에서 배열을 처리해보자.

배열 리터럴 평가하기

배열 리터럴을 평가하는 작업 역시 어려울 게 없다. Monkey 배열을 Go 슬라이스에 대응시키면 아주 쉽고 깔끔하게 구현할 수 있다. 배열 리터럴을 처리할 새로운 자료구조를 만들 필요가 없다는 뜻이다. 우리는 배열 리터럴이 평가된 결과인 object.Array 타입만 정의하면 된다. 그리고 object.Array의 정의 역시 아주 간단하다. 왜냐하면, Monkey 언어에서 배열은 단순히 객체 리스트이기 때문이다.

```
// object/object.go

const (
```

```
    // [...]
    ARRAY_OBJ = "ARRAY"
)

type Array struct {
    Elements []Object
}

func (ao *Array) Type() ObjectType { return ARRAY_OBJ }
func (ao *Array) Inspect() string {
    var out bytes.Buffer

    elements := []string{}
    for _, e := range ao.Elements {
        elements = append(elements, e.Inspect())
    }

    out.WriteString("[")
    out.WriteString(strings.Join(elements, ", "))
    out.WriteString("]")

    return out.String()
}
```

여러분도 코드에서 제일 복잡한 부분이 Inspect 메서드라는 데 동의할 것이다. Inspect 메서드조차 사실 아주 쉽게 이해할 수 있다. 아래 코드는 배열 리터럴을 처리할 평가기 테스트 코드이다.

```
// evaluator/evaluator_test.go

func TestArrayLiterals(t *testing.T) {
    input := "[1, 2 * 2, 3 + 3]"

    evaluated := testEval(input)
    result, ok := evaluated.(*object.Array)
    if !ok {
        t.Fatalf("object is not Array. got=%T (%+v)", evaluated,
            evaluated)
    }

    if len(result.Elements) != 3 {
        t.Fatalf("array has wrong num of elements. got=%d",
            len(result.Elements))
    }
```

```
    testIntegerObject(t, result.Elements[0], 1)
    testIntegerObject(t, result.Elements[1], 4)
    testIntegerObject(t, result.Elements[2], 6)
}
```

파서에서 했던 것처럼, 이미 작성한 코드를 재활용해서 테스트를 통과하게 만들 수 있다. 그리고 우리가 재사용하려는 코드는 원래 호출 표현식을 처리하기 위해 작성한 코드이다. 아래 추가된 case에서는 *ast.ArrayLiteral을 평가해 배열 객체를 만들어낸다.

```
// evaluator/evaluator.go

func Eval(node ast.Node, env *object.Environment) object.Object {
    // [...]

    case *ast.ArrayLiteral:
        elements := evalExpressions(node.Elements, env)
        if len(elements) == 1 && isError(elements[0]) {
            return elements[0]
        }
        return &object.Array{Elements: elements}
    }

    // [...]
}
```

프로그래밍의 커다란 재미 중 하나는 기존 코드를 크게 변경하지 않고 재사용하는 것이다.

테스트를 통과했다. 이제 REPL에서 배열 리터럴로 배열을 만들 수 있게 됐다.

```
$ go run main.go
Hello mrnugget! This is the Monkey programming language!
Feel free to type in commands
>> [1, 2, 3, 4]
[1, 2, 3, 4]
>> let double = fn(x) { x * 2 };
>> [1, double(2), 3 * 3, 4 - 3]
[1, 4, 9, 1]
>>
```

훌륭하게 동작한다. 정말 놀랍지 않은가? 그러나 아직도 우리는 배열 요소에 접근조차 할 수 없다. 아직 인덱스 연산자를 REPL에서 사용할 수 없다는 뜻이다.

인덱스 연산자 표현식 평가하기

여러분이 좋아할 만한 이야기를 하나 하자면, 인덱스 표현식을 평가하는 것보다 파싱하는 것이 더 어렵다. 그리고 파싱은 이미 끝냈다. 이제 남은 문제는 배열 요소에 접근해서 가져올 때, 오프바이원(off-by-one) 에러에 대비하는 일뿐이다. 그러면 오프바이원(off-by-one) 에러를 위한 테스트 스윗에 테스트를 몇 개 추가해보도록 하자.

```
// evaluator/evaluator_test.go

func TestArrayIndexExpressions(t *testing.T) {
    tests := []struct {
        input    string
        expected interface{}
    }{
        {
            "[1, 2, 3][0]",
            1,
        },
        {
            "[1, 2, 3][1]",
            2,
        },
        {
            "[1, 2, 3][2]",
            3,
        },
        {
            "let i = 0; [1][i];",
            1,
        },
        {
            "[1, 2, 3][1 + 1];",
            3,
        },
        {
            "let myArray = [1, 2, 3]; myArray[2];",
```

```
                3,
            },
            {
                "let myArray = [1, 2, 3]; myArray[0] + myArray[1] + myArray[2];",
                6,
            },
            {
                "let myArray = [1, 2, 3]; let i = myArray[0]; myArray[i]",
                2,
            },
            {
                "[1, 2, 3][3]",
                nil,
            },
            {
                "[1, 2, 3][-1]",
                nil,
            },
        }

        for _, tt := range tests {
            evaluated := testEval(tt.input)
            integer, ok := tt.expected.(int)
            if ok {
                testIntegerObject(t, evaluated, int64(integer))
            } else {
                testNullObject(t, evaluated)
            }
        }
    }
```

테스트가 다소 과하다는 걸 인정한다. 코드에서 암묵적으로 테스트하는 많은 것이 이미 테스트한 적이 있는 것들이다. 그런데 테스트 작성이 너무 쉬운 것을 어떡하겠는가! 그리고 가독성도 뛰어나다. 나는 이 테스트 코드가 너무 좋다.

각각의 테스트가 보장하려는 동작을 생각해보자. 그러면 아마 우리가 이야기한 적이 없는 동작을 포함하고 있다는 것을 알 수 있다. 바로 인덱스가 배열이 가진 경계를 넘어갈 때, NULL을 반환하도록 한다는 것이다. 다른 언어에서는 이런 경우에 에러를 발생시키거나 null 값을 반환한다. 나는 NULL을 반환하도록 만들려 한다.

기대했던 대로 테스트는 실패한다. 실패 정도가 아니라 터져버린다.

```
$ go test ./evaluator
--- FAIL: TestArrayIndexExpressions (0.00s)
evaluator_test.go:492: object is not Integer. got=<nil> (<nil>)
evaluator_test.go:492: object is not Integer. got=<nil> (<nil>)
evaluator_test.go:492: object is not Integer. got=<nil> (<nil>)
evaluator_test.go:492: object is not Integer. got=<nil> (<nil>)
evaluator_test.go:492: object is not Integer. got=<nil> (<nil>)
evaluator_test.go:492: object is not Integer. got=<nil> (<nil>)
panic: runtime error: invalid memory address or nil pointer dereference
[signal SIGSEGV: segmentation violation code=0x1 addr=0x28 pc=0x70057]
[redacted: backtrace here]
FAIL    monkey/evaluator    0.011s
```

어떻게 해야 문제를 해결하고, 인덱스 표현식을 평가하도록 만들 수 있을까? 앞서 보았듯이, 인덱스 연산자의 왼쪽 피연산자는 표현식이면 충분하고, 인덱스 자체도 표현식이면 된다. 따라서 인덱스로 접근하는 동작을 평가하려면, 먼저 양쪽 피연산자를 모두 평가해야 한다. 그렇지 않으면 식별자나 함수 호출을 대상으로 인덱스로 접근하는 일이 발생할 수 있고, 따라서 프로그램이 동작하지 않을 수 있다.

아래 코드는 *ast.IndexExpression을 처리할 case를 추가한 모습으로, 의도한 형태로 Eval을 호출하고 있다.

```
// evaluator/evaluator.go

func Eval(node ast.Node, env *object.Environment) object.Object {
    // [...]

    case *ast.IndexExpression:
        left := Eval(node.Left, env)
        if isError(left) {
            return left
        }
        index := Eval(node.Index, env)

        if isError(index) {
            return index
        }
        return evalIndexExpression(left, index)
```

```
    }

    // [...]
}
```

여기서는 위에서 사용한 evalIndexExpression 함수를 정의하고 있다.

```
// evaluator/evaluator.go

func evalIndexExpression(left, index object.Object) object.Object {
    switch {
    case left.Type() == object.ARRAY_OBJ && index.Type() == object.INTEGER_OBJ:
        return evalArrayIndexExpression(left, index)
    default:
        return newError("index operator not supported: %s", left.Type())
    }
}
```

if-조건식으로 switch 문이 할 일을 대신할 수 있지만,[4] 이번 장 후반부에 case를 몇 개 더 추가할 예정이어서 switch 문을 사용했다. 그리고 에러 처리(이를 검사할 테스트도 추가해 놓았다)를 제외하면 딱히 눈여겨볼 만한 코드는 없다. 위 코드에서 가장 핵심적인 부분은 evalArrayIndexExpression을 호출하는 행이다.

```
// evaluator/evaluator.go

func evalArrayIndexExpression(array, index object.Object) object.Object {
    arrayObject := array.(*object.Array)
    idx := index.(*object.Integer).Value
    max := int64(len(arrayObject.Elements) - 1)
    if idx < 0 || idx > max {
        return NULL
    }
    return arrayObject.Elements[idx]
}
```

4 (옮긴이) Go 언어에서는 조건식이 없는 switch 문을 쓸 수 있다. 조건식이 없는 경우 switch true와 동일하다.

코드를 보면, 배열에서 특정 인덱스로 접근해서 실제로 요소를 가져온다. 타입을 단정하고 변환하는 코드를 제외하면, evalArrayIndexExpression 함수가 하는 일은 아주 직관적이다. 주어진 인덱스가 범위를 벗어나는지 검사하고, 벗어난다면 NULL을 반환하고 그렇지 않으면 해당 요소를 반환한다. 테스트에서 명시했던 것처럼 말이다. 이제 테스트는 통과한다.

```
$ go test ./evaluator
ok   monkey/evaluator   0.007s
```

호흡을 한번 가다듬고 아래와 같이 실행해보자.

```
$ go run main.go
Hello mrnugget! This is the Monkey programming language!
Feel free to type in commands
>> let a = [1, 2 * 2, 10 - 5, 8 / 2];
>> a[0]
1
>> a[1]
4
>> a[5 - 3]
5
>> a[99]
null
```

배열에서 요소를 가져오는 동작이 잘 작동한다. 훌륭하다! 언어에 기능을 추가하는 일이 이렇게 쉬운 일이라니, 놀랍지 않은가!

배열을 활용하는 내장 함수 추가하기

이제 배열 리터럴로 배열을 만들 수 있게 됐다. 또한 인덱스 표현식으로 배열에 단일 요소로 접근할 수 있게 됐다. 이 두 가지 기능만으로도 사실 배열을 유용하게 쓸 수 있다. 그러나 사용성을 높이려면, 작업의 편의성을 더해줄 내장 함수를 몇 개 더 추가해야 한다. 그럼 시작해보자.

이번 섹션에서는 테스트 코드와 테스트 케이스를 보여주지 않으려 한다. 왜냐하면 특정 테스트는 특별히 새로운 정보를 주지 않음에도 지면을 너무 많이 차지하기 때문이다. 우리가 작성한 내장 함수용 테스트 '프레임워크'는 TestBuiltinFunctions에 잘 만들어져 있고, 추가된 테스트는 기존 스키마를 그대로 따른다. 테스트 코드를 확인하고 싶다면 별도로 제공한 코드를 찾아보면 된다.

우리의 목표는 내장 함수를 새로 추가하는 것이다. 그러나 추가하기에 앞서 기존 함수를 좀 변경해보자. 아직은 문자열밖에 지원하지 않는 내장 함수 len을 배열에서도 사용할 수 있게 바꿔보자.

```
// evaluator/builtins.go

var builtins = map[string]*object.Builtin{
    "len": &object.Builtin{
        Fn: func(args ...object.Object) object.Object {
            if len(args) != 1 {
                return newError("wrong number of arguments. got=%d, want=1",
                    len(args))
            }

            switch arg := args[0].(type) {
            case *object.Array:
                return &object.Integer{Value: int64(len(arg.Elements))}
            case *object.String:
                return &object.Integer{Value: int64(len(arg.Value))}
            default:
                return newError("argument to len not supported, got %s",
                    args[0].Type())
            }
        },
    },
}
```

*object.Array를 처리할 case만 추가하면 된다. 너무나 간단하지 않은가! 그러면 이제 다른 내장 함수를 추가해보자.

가장 먼저 추가할 내장 함수는 first이다. first는 주어진 배열의 첫 번째 요소를 반환한다. myArray[0] 표현식이 하는 일과 같다. 그러나 first가 두말할 것 없이 더 깔끔하다. 아래 코드는 내장 함수 first를 구현하고 있다.

```
// evaluator/builtins.go

var builtins = map[string]*object.Builtin{
    // [...]

    "first": &object.Builtin{
        Fn: func(args ...object.Object) object.Object {
            if len(args) != 1 {
                return newError("wrong number of arguments. got=%d, want=1",
                    len(args))
            }
            if args[0].Type() != object.ARRAY_OBJ {
                return newError("argument to first must be ARRAY, got %s",
                    args[0].Type())
            }

            arr := args[0].(*object.Array)
            if len(arr.Elements) > 0 {
                return arr.Elements[0]
            }

            return NULL
        },
    },
}
```

잘 동작한다! first 다음으로는 뭘 만들어야 할까? first(첫 번째)를 만들었으니 last(마지막)도 있어야 하지 않을까? 다음으로 추가할 내장 함수는 last이다.

last 함수는 주어진 배열의 마지막 요소를 반환한다. 인덱스 연산자로 이를 표현하면, myArray[len(myArray)-1]와 같다. last를 구현하는 것 역시 first만큼 쉽다. 아래 코드를 보자.

```
// evaluator/builtins.go

var builtins = map[string]*object.Builtin{
    // [...]

    "last": &object.Builtin{
        Fn: func(args ...object.Object) object.Object {
            if len(args) != 1 {
                return newError("wrong number of arguments. got=%d, want=1",
```

```
                len(args))
        }
        if args[0].Type() != object.ARRAY_OBJ {
            return newError("argument to last must be ARRAY, got %s",
                args[0].Type())
        }

        arr := args[0].(*object.Array)
        length := len(arr.Elements)
        if length > 0 {
            return arr.Elements[length-1]
        }

        return NULL
    },
  },
}
```

다음으로 추가할 함수는 Scheme에서는 cdr[5]이라는 이름으로 쓰이는 함수이다. 또 어떤 언어에서는 tail이라는 이름으로 쓰인다. 우리는 rest라는 이름으로 사용하려 한다. rest는 배열의 첫 번째 요소를 제외한 나머지 요소를 포함하는 배열을 새로 만들어서 반환한다. 아래 코드로 동작을 살펴보자.

```
>> let a = [1, 2, 3, 4];
>> rest(a)
[2, 3, 4]
>> rest(rest(a))
[3, 4]
>> rest(rest(rest(a)))
[4]
>> rest(rest(rest(rest(a))))
[]
>> rest(rest(rest(rest(rest(a)))))
null
```

구현은 아주 단순하지만, '새로 할당한' 배열을 반환한다는 점을 명심하

5 (옮긴이) cdr : Lisp류 언어(예를 들면 Scheme)에서 사용하는 기초 연산 중의 하나이다. last와 비슷한 동작을 한다. 앞서 작성한 내장 함수 first에 대응하는 연산으로는 car가 있다.

자. rest 함수에 전달된 배열을 변경해서는 안 된다.

```
// evaluator/builtins.go

var builtins = map[string]*object.Builtin{
    // [...]

    "rest": &object.Builtin{
        Fn: func(args ...object.Object) object.Object {
            if len(args) != 1 {
                return newError("wrong number of arguments. got=%d, want=1",
                    len(args))
            }
            if args[0].Type() != object.ARRAY_OBJ {
                return newError("argument to rest must be ARRAY, got %s",
                    args[0].Type())
            }

            arr := args[0].(*object.Array)
            length := len(arr.Elements)
            if length > 0 {
                newElements := make([]object.Object, length-1, length-1)
                copy(newElements, arr.Elements[1:length])
                return &object.Array{Elements: newElements}
            }

            return NULL
        },
    },
}
```

마지막으로 추가할 내장 함수는 push이다. push 함수는 배열의 끝에 새로운 요소를 추가한다. push 함수 역시 전달받은 배열을 수정하지 않는다는 점에 유의하자. 그리고 추가할 요소를 포함하는 배열을 새로 할당해서 반환한다. Monkey 언어에서 배열은 불변성을 가진다. 아래는 push 함수를 사용한 모습이다.

```
>> let a = [1, 2, 3, 4];
>> let b = push(a, 5);
>> a
[1, 2, 3, 4]
>> b
```

```
[1, 2, 3, 4, 5]
```

아래 코드는 push 함수를 구현하고 있다.

```
// evaluator/builtins.go

var builtins = map[string]*object.Builtin{
    // [...]

    "push": &object.Builtin{
        Fn: func(args ...object.Object) object.Object {
            if len(args) != 2 {
                return newError("wrong number of arguments. got=%d, want=2",
                    len(args))
            }
            if args[0].Type() != object.ARRAY_OBJ {
                return newError("argument to push must be ARRAY, got %s",
                    args[0].Type())
            }

            arr := args[0].(*object.Array)
            length := len(arr.Elements)

            newElements := make([]object.Object, length+1, length+1)
            copy(newElements, arr.Elements)
            newElements[length] = args[1]

            return &object.Array{Elements: newElements}
        },
    },
}
```

배열 시연하기

배열 리터럴, 인덱스 연산자, 배열을 활용하는 내장 함수도 몇 개 구현해 놓았다. 이제 이것들을 엮어서 재미난 것을 만들어보려 한다.

first, rest, push로 map 함수를 만들어보자.[6]

```
let map = fn(arr, f) {
```

6 (옮긴이) Monkey REPL에서는 여러 줄에 걸쳐서 코드를 작성하는 것이 불가능하기 때문에, 위 코드 전체를 한 줄에 입력해야 map 함수를 실행할 수 있다. 아래 나올 reduce 역시 같은 방식으로 REPL에 입력해야 한다.

```
    let iter = fn(arr, accumulated) {
        if (len(arr) == 0) {
            accumulated
        } else {
            iter(rest(arr), push(accumulated, f(first(arr))));
        }
    };

    iter(arr, []);
};
```

구현한 map 함수로 아래와 같은 동작을 해볼 수 있다.

```
>> let a = [1, 2, 3, 4];
>> let double = fn(x) { x * 2 };
>> map(a, double);
[2, 4, 6, 8]
```

놀랍지 않은가? 아직 끝이 아니다. 앞서 언급한 내장 함수들로 reduce 함수도 만들 수 있다.

```
let reduce = fn(arr, initial, f) {
    let iter = fn(arr, result) {
        if (len(arr) == 0) {
            result
        } else {
            iter(rest(arr), f(result, first(arr)));
        }
    };

    iter(arr, initial);
};
```

이어서 reduce 함수로 sum 함수를 정의해보자.

```
let sum = fn(arr) {
    reduce(arr, 0, fn(initial, el) { initial + el });
};
```

훌륭하게 작동한다.

```
>> sum([1, 2, 3, 4, 5]);
```

```
15
```

아는지 모르겠지만, 나는 칭찬에 관대한 사람이 아니다. 그러나 이번에는 한마디 해야겠다. 우리가 여태 구현한 Monkey, 우리가 만들어낸 인터프리터 너무나 훌륭하지 않은가! `map` 함수, `reduce` 함수까지 있다고? 정말이지, 나는 여러분이 너무나 자랑스럽다.

심지어 이게 전부가 아니다. 우리는 더 많은 동작을 만들 수 있다. 독자 여러분이 배열 데이터 타입과 내장 함수로 할 수 있는 일을 더 찾아보길 바란다. 한편 그전에 할 일이 있다. 잠시 시간을 내서 여러분의 친구, 가족들에게 여러분이 만든 것을 자랑하고 칭찬을 받아야 한다. 그럼 여러분이 다시 돌아올 때까지 기다리겠다. 돌아오면, 이어서 새로운 데이터 타입을 추가해보기로 하자.

해시

다음으로 추가할 데이터 타입은 '해시(hash)'이다. 해시는 다른 언어에서 해시, 맵(map), 해시 맵(hash map), 딕셔너리(dictionary)라는 이름으로 쓰인다. 해시는 키(key)를 밸류(value)[7]에 대응해 사용하는 자료구조이다.

Monkey에서 해시를 만들려면, 해시 리터럴(hash literal)을 사용하면 된다. 해시 리터럴은 콤마로 구분된 키-밸류 쌍의 리스트를 중괄호(curly braces)로 감싸서 나타낸다.

```
{<key>:<value>, <key>:<value>, … }
```

각각의 키-밸류 쌍은 콜론(:)으로 키와 밸류를 구별한다. 아래는 해시 리터럴을 활용하는 예시를 보여준다.

```
>> let myHash = {"name": "Jimmy", "age": 72, "band": "Led Zeppelin"};
>> myHash["name"]
```

7 (옮긴이) 이번 섹션 이후로 해시에 포함된 값일 때, 'value'를 '값'으로 번역하기보다는 의도적으로 '밸류'라는 단어를 사용해 의미를 강조하겠다.

```
Jimmy
>> myHash["age"]
72
>> myHash["band"]
Led Zeppelin
```

myHash는 키-밸류 쌍을 세 개 담고 있다. 키는 문자열이다. 위의 예시처럼, 인덱스 연산자 표현식으로 해시에서 밸류를 꺼내올 수 있다. 마치 배열에서 했던 것처럼 말이다. 한편 배열에서는 인덱스 표현식이 문자열이면 동작하지 않았지만, 위 예제에서는 인덱스값이 모두 문자열이다. 또한 해시 키로 문자열 데이터 타입만 사용할 수 있는 것이 아니다.

```
>> let myHash = {true: "yes, a boolean", 99: "correct, an integer"};
>> myHash[true]
yes, a boolean
>> myHash[99]
correct, an integer
```

문자열뿐만 아니라, 정수 리터럴, 불 리터럴 등 어떤 표현식이든 인덱스 연산자 표현식으로 사용할 수 있다.

```
>> myHash[5 > 1]
yes, a boolean
>> myHash[100 - 1]
correct, an integer
```

표현식이 문자열, 정수, 불로 평가되기만 한다면, 해시 자료구조의 키로 사용할 수 있다. 위에서 `5 > 1`은 불 `true`로 평가되고, `100 - 1`은 정수 `99`로 평가된다. 두 값 모두 해시 키로 유효한 값이며, `myHash` 안의 밸류에 대응한다.

이젠 놀랍지도 않겠지만, Monkey 언어의 데이터 타입인 해시는 Go 언어의 `map`을 기반 자료구조로 삼는다. 한편 우리가 문자열, 불, 정수를 모두 키로 사용하기에, 아주 고전적인 방식으로 `map`을 활용해서 동작을 구현해야 한다. 자세한 얘기는 객체 시스템을 확장할 때 다시 이야기하기로 하자. 우선은 해시 리터럴을 토큰으로 바꾸는 작업부터 해보자.

해시 리터럴 렉싱하기

해시 리터럴을 토큰으로 바꾸려면 어떻게 해야 할까? 어떤 토큰을 렉서가 인식해서 만들어내야 나중에 파서가 처리하는 데 문제가 없을까? 아래 Monkey 코드를 보자. 위에서 사용한 해시 리터럴을 그대로 가져왔다.

```
{"name": "Jimmy", "age": 72, "band": "Led Zeppelin"}
```
[8]

문자열과 정수 리터럴 외에도 토큰으로 인식해야 할 문자가 네 개가 있다.

- `{` - 여는 중괄호(opening curly braces)
- `}` - 닫는 중괄호(closing curly braces)
- `,` - 콤마(comma)
- `:` - 콜론(colon)

앞의 세 개는 이미 렉서에 정의되어 있다. `token.LBRACE`, `token.RBRACE`, `token.COMMA`로 토큰을 만들어낼 수 있다. 달리 말하면, 우리가 이번 섹션에서 할 일은 콜론(`:`)만 토큰으로 바꾸면 된다.

그러면 가장 먼저 `token` 패키지에 필요한 토큰 타입부터 정의해보자.

```
// token/token.go

const (
    // [...]
    COLON = ":"
    // [...]
)
```

다음으로는 `Lexer`의 `NextToken` 메서드의 테스트 코드에 `token.COLON`이 동작하도록 테스트를 하나 추가하자.

8 (옮긴이) 위 코드에서 데이터의 "Jimmy"는 영국 록 밴드 레드 제플린(Led Zeppelin)의 기타리스트인 지미 페이지(Jimmy Page)이다.

```
// lexer/lexer_test.go

func TestNextToken(t *testing.T) {
input := `let five = 5;
let ten = 10;

let add = fn(x, y) {
    x + y;
};

let result = add(five, ten);
!-/*5;
5 < 10 > 5;

if (5 < 10) {
    return true;
} else {
    return false;
}

10 == 10;
10 != 9;

"foobar"
"foo bar"
[1, 2];
{"foo": "bar"}
`
    tests := []struct {
        expectedType    token.TokenType
        expectedLiteral string
    }{
        // [...]
        {token.LBRACE, "{"},
        {token.STRING, "foo"},
        {token.COLON, ":"},
        {token.STRING, "bar"},
        {token.RBRACE, "}"},
        {token.EOF, ""},
    }
    // [...]
}
```

테스트 입력에 콜론(:) 하나만 추가해 테스트할 수도 있지만, 나중에 테스트 코드를 다시 읽고 디버깅할 때 해시를 다루는 문맥이라는 것을 강조하기 위해서 해시 리터럴을 통째로 추가했다.

콜론(:)을 token.COLON으로 바꾸는 코드는 아래와 같이 아주 단순하다.

```
// lexer/lexer.go

func (l *Lexer) NextToken() token.Token {
    // [...]
    case ':':
        tok = newToken(token.COLON, l.ch)
    // [...]
}
```

코드 두 줄을 추가해서, 렉서가 token.COLON을 인식하도록 만들었다.

```
$ go test ./lexer
ok   monkey/lexer   0.006s
```

이제 렉서는 token.LBRACE, token.RBRACE, token.COMMA는 물론이거니와 token.COLON도 반환할 수 있게 됐다. 이제 해시 리터럴을 파싱하기 위해 필요한 작업은 모두 끝마쳤다.

해시 리터럴 파싱하기

파서에 작업하기에 앞서 해시 리터럴이 갖는 문법 구조를 살펴보자.

{ <expression> : <expression>, <expression> : <expression>, … }

콤마로 구분된 키-밸류 쌍의 리스트이다. 각 쌍은 표현식 두 개로 구성된다. 하나는 키가 될 값을 만들어내고, 나머지 하나는 밸류가 될 값을 만들어낸다. 키와 밸류는 콜론(:)으로 구별한다. 그리고 키-밸류 쌍의 리스트를 중괄호(curly braces)로 감싼다.

우리는 해시 리터럴을 AST 노드로 변환할 때, 키-밸류 쌍을 추적할 필요가 있다. 어떻게 추적해야 할까? 물론 map을 쓸 것이다. 그런데 이 map

에 사용할 키와 밸류는 어떤 타입이 되어야 할까?

앞서 언급한 적이 있지만, 해시의 키로 사용할 수 있는 데이터 타입은 문자열, 정수, 불(Boolean)이다. 그러나 우리는 파서 코드에서 데이터 타입을 강제할 수는 없다. 대신에 평가 단계에서 해시 키 타입이 유효한지 검사할 것이고, 필요하다면 에러를 만들어낼 것이다.

평가 단계에서 유효성을 검사하는 이유는, 수많은 표현식이 리터럴이 아니더라도 문자열, 정수, 불을 만들어내기 때문이다. 해시 키의 데이터 타입을 파싱 단계에서 강제하면 아래와 같은 동작이 불가능해진다.

```
let key = "name";
let hash = {key: "Monkey"};
```

key는 "name"으로 평가된다. 따라서 식별자임에도 해시의 키로 유효하다. 이렇게 식별자를 해시의 키로 사용하려면, 어떤 표현식도 키와 밸류가 될 수 있도록 허용해야 한다. 적어도 파싱 단계에서는 허용해야 한다. 이러한 제약사항을 `ast.HashLiteral` 구조체에 표현하면 아래와 같다.

```
// ast/ast.go

type HashLiteral struct {
    Token token.Token // '{' 토큰
    Pairs map[Expression]Expression
}

func (hl *HashLiteral) expressionNode()      {}
func (hl *HashLiteral) TokenLiteral() string { return hl.Token.Literal }
func (hl *HashLiteral) String() string {
    var out bytes.Buffer

    pairs := []string{}
    for key, value := range hl.Pairs {
        pairs = append(pairs, key.String()+":"+value.String())
    }

    out.WriteString("{")
    out.WriteString(strings.Join(pairs, ", "))
    out.WriteString("}")
```

```
    return out.String()
}
```

해시 리터럴의 구조를 명확히 했고, ast.HashLiteral을 정의했으니 파서가 해시 리터럴을 잘 처리하도록 테스트를 작성해보자.

```
// parser/parser_test.go

func TestParsingHashLiteralsStringKeys(t *testing.T) {
    input := `{"one": 1, "two": 2, "three": 3}`

    l := lexer.New(input)
    p := New(l)
    program := p.ParseProgram()
    checkParserErrors(t, p)

    stmt := program.Statements[0].(*ast.ExpressionStatement)
    hash, ok := stmt.Expression.(*ast.HashLiteral)
    if !ok {
        t.Fatalf("exp is not ast.HashLiteral. got=%T", stmt.Expression)
    }

    if len(hash.Pairs) != 3 {
        t.Errorf("hash.Pairs has wrong length. got=%d", len(hash.Pairs))
    }

    expected := map[string]int64{
        "one":   1,
        "two":   2,
        "three": 3,
    }

    for key, value := range hash.Pairs {
        literal, ok := key.(*ast.StringLiteral)
        if !ok {
            t.Errorf("key is not ast.StringLiteral. got=%T", key)
        }

        expectedValue := expected[literal.String()]

        testIntegerLiteral(t, value, expectedValue)
    }
}
```

당연하지만, 빈 해시 리터럴도 바르게 파싱할 수 있어야 한다. 프로그래밍 세계에서 이런 경계 조건을 놓치면 오랜 고뇌와 탈모로 이어진다.

```
// parser/parser_test.go

func TestParsingEmptyHashLiteral(t *testing.T) {
    input := "{}"

    l := lexer.New(input)
    p := New(l)
    program := p.ParseProgram()
    checkParserErrors(t, p)

    stmt := program.Statements[0].(*ast.ExpressionStatement)
    hash, ok := stmt.Expression.(*ast.HashLiteral)
    if !ok {
        t.Fatalf("exp is not ast.HashLiteral. got=%T", stmt.Expression)
    }

    if len(hash.Pairs) != 0 {
        t.Errorf("hash.Pairs has wrong length. got=%d", len(hash.Pairs))
    }
}
```

나는 TestHashLiteralStringKeys와 비슷한 테스트를 두 개 더 추가했다. 하나는 해시의 키로 정수를 사용하고, 나머지 하나는 불(Boolean)을 사용한다.[9] 각각 파서가 *ast.IntegerLiteral, *ast.Boolean으로 바르게 변환하는지 확인하기 위한 테스트이다. 그리고 다섯 번째 테스트 함수는 해시 리터럴에 포함된 밸류가 어떤 표현식도 될 수 있다는 것을 보장한다. 심지어 연산자 표현식까지도 말이다. 아래 코드를 보자.

```
// parser/parser_test.go

func TestParsingHashLiteralsWithExpressions(t *testing.T) {
    input := `{"one": 0 + 1, "two": 10 - 8, "three": 15 / 5}`

    l := lexer.New(input)
```

9 (옮긴이) 책과 함께 제공한 소스코드 parser/parser_test.go 안에서 TestParsingHashLiteralsBooleanKeys과 TestParsingHashLiteralsIntegerKeys를 찾아보면 된다.

```
	p := New(l)
	program := p.ParseProgram()
	checkParserErrors(t, p)

	stmt := program.Statements[0].(*ast.ExpressionStatement)
	hash, ok := stmt.Expression.(*ast.HashLiteral)
	if !ok {
		t.Fatalf("exp is not ast.HashLiteral. got=%T", stmt.Expression)
	}

	if len(hash.Pairs) != 3 {
		t.Errorf("hash.Pairs has wrong length. got=%d", len(hash.Pairs))
	}

	tests := map[string]func(ast.Expression){
		"one": func(e ast.Expression) {
			testInfixExpression(t, e, 0, "+", 1)
		},
		"two": func(e ast.Expression) {
			testInfixExpression(t, e, 10, "-", 8)
		},
		"three": func(e ast.Expression) {
			testInfixExpression(t, e, 15, "/", 5)
		},
	}

	for key, value := range hash.Pairs {
		literal, ok := key.(*ast.StringLiteral)
		if !ok {
			t.Errorf("key is not ast.StringLiteral. got=%T", key)
			continue
		}

		testFunc, ok := tests[literal.String()]
		if !ok {
			t.Errorf("No test function for key %q found", literal.String())
			continue
		}

		testFunc(value)
	}
}
```

이제 실행해보면 어떻게 될까? 테스트 함수가 모두 잘 동작할까? 솔직히 말하면 그렇지 않다. 대부분 실패하고 파서 에러를 출력한다. 아래 결과를 확인해보자.

```
$ go test ./parser
--- FAIL: TestParsingEmptyHashLiteral (0.00s)
parser_test.go:1173: parser has 2 errors
parser_test.go:1175: parser error: "no prefix parse function for { found"
parser_test.go:1175: parser error: "no prefix parse function for } found"
--- FAIL: TestParsingHashLiteralsStringKeys (0.00s)
parser_test.go:1173: parser has 7 errors
parser_test.go:1175: parser error: "no prefix parse function for { found"
[... more errors ...]
--- FAIL: TestParsingHashLiteralsBooleanKeys (0.00s)
parser_test.go:1173: parser has 5 errors
parser_test.go:1175: parser error: "no prefix parse function for { found"
[... more errors ...]
--- FAIL: TestParsingHashLiteralsIntegerKeys (0.00s)
parser_test.go:967: parser has 7 errors
parser_test.go:969: parser error: "no prefix parse function for { found"
[... more errors ...]
--- FAIL: TestParsingHashLiteralsWithExpressions (0.00s)
parser_test.go:1173: parser has 7 errors
parser_test.go:1175: parser error: "no prefix parse function for { found"
[... more errors ...]
FAIL
FAIL    monkey/parser   0.008s
```

믿기 힘들겠지만 기쁜 소식이 있다. 테스트를 전부 통과시키는 데 함수 하나만 구현하면 된다는 것이다. 정확히 말하자면 prefixParseFn 하나만 구현하면 된다. 해시 리터럴의 token.LBRACE가 전위 표현식 위치에 있기에 배열 리터럴의 token.LBRACKET처럼, parseHashLiteral 메서드를 prefixParseFn에 등록하면 된다.

```
// parser/parser.go

func New(l *lexer.Lexer) *Parser {
    // [...]
    p.registerPrefix(token.LBRACE, p.parseHashLiteral)
    // [...]
}
```

```
func (p *Parser) parseHashLiteral() ast.Expression {
    hash := &ast.HashLiteral{Token: p.curToken}
    hash.Pairs = make(map[ast.Expression]ast.Expression)

    for !p.peekTokenIs(token.RBRACE) {
        p.nextToken()
        key := p.parseExpression(LOWEST)

        if !p.expectPeek(token.COLON) {
            return nil
        }

        p.nextToken()
        value := p.parseExpression(LOWEST)

        hash.Pairs[key] = value

        if !p.peekTokenIs(token.RBRACE) && !p.expectPeek(token.COMMA) {
            return nil
        }
    }

    if !p.expectPeek(token.RBRACE) {
        return nil
    }

    return hash
}
```

코드가 길어서 조금 위압감을 느낄 수 있다. 하지만 자세히 보면 익숙하지 않은 것이 하나도 없다. 각각의 키-밸류 표현식 쌍을 반복하면서 token.RBRACE가 나오기 전까지 parseExpression 메서드를 각각의 쌍마다 두 번씩 호출할 뿐이다. parseExpression 메서드를 두 번씩 호출하는 동작과 hash.Pairs를 채워나가는 동작이 parseHashLiteral 메서드의 가장 핵심적인 내용이다.

```
$ go test ./parser
ok   monkey/parser   0.006s
```

파서 테스트들이 모두 통과됐다! 우리가 추가한 테스트 숫자로 미루어 봤을 때, 파서가 해시 리터럴을 올바르게 파싱할 것 같다. 달리 말하면,

이제 가장 흥미로운 주제를 다뤄도 좋다는 뜻이다. 객체 시스템에서 해시를 표현하고, 해시 리터럴을 평가하는 일 말이다.

객체 해싱

렉서와 파서를 확장했으니, 객체 시스템에 새로운 데이터 타입을 추가해 해시를 표현해보자. 우린 이미 정수, 문자열, 배열을 객체 시스템에 멋지게 구현했다. 그런데 이런 데이터 타입을 구현할 때, 지금까지는 구조체를 정의하고 `.Value` 필드가 올바른 타입을 갖도록 만들면 충분했다. 그러나 해시를 구현하려면 작업이 약간 더 필요하다.

이제부터 그 이유를 설명해보려 한다. 우선 아래와 같이 새로운 타입인 `object.Hash`를 정의했다고 가정해보자.

```
type Hash struct {
    Pairs map[Object]Object
}
```

Go의 `map`에 기반한 `Hash` 데이터 타입을 구현하는 게 가장 알기 쉬운 선택지이다. 그러나 위와 같이 정의한다면, 어떻게 `Pairs map`을 채울 수 있을까? 더 중요하게는 어떻게 해야 밸류를 꺼내올 수 있을까?

아래 Monkey 코드를 보자.

```
let hash = {"name": "Monkey"};
hash["name"]
```

앞서 정의한 `object.Hash`를 사용해 위 Monkey 코드를 평가한다고 가정해보자. 첫 행에서 해시 리터럴을 평가할 때, 우선 모든 키-밸류 쌍을 가져와서 `map[Object]Object map`에 넣어야 한다. 그러면 `.Pairs` 안에는 아래와 같이 키-밸류 맵핑을 포함하고 있을 것이다.

- 키 : `.Value`가 `"name"`인 `*object.String`
- 밸류 : `.Value`가 `"Monkey"`인 `*object.String`

지금까지는 좋아 보인다. 그러나 문제는 두 번째 행에서 인덱스 표현식으로 "Monkey"라는 문자열에 접근할 때 발생한다.

두 번째 행에서 인덱스 표현식의 "name" 문자열 리터럴은 새롭게 할당된 *object.String으로 평가된다. 심지어 새로 만든 문자열 리터럴은 (Pairs에 포함된 *object.String과 마찬가지로) .Value 필드에 "name" 이라는 값을 가지고 있음에도, 이 객체로는 "Monkey"라는 밸류를 가져올 수 없다.

이런 동작을 보이는 이유는 각각의 "name" 문자열이 서로 다른 메모리 위치를 가리키기 때문이다. 가리키는 메모리 주소의 내용("name")이 같다는 사실은 중요하지 않다. 두 객체의 포인터를 비교해보면 서로 같지 않다는 것을 알 수 있다. 즉, 새로 만든 *object.String을 키로 쓰면, "Monkey"라는 문자열을 꺼내올 수 없다. 이는 Go 언어에서 포인터와 포인터의 비교가 동작하는 방식이다.

아래 코드는 위에서 보여준 object.Hash 구현체가 갖는 문제점을 보여주는 예시 코드이다.

```
name1 := &object.String{Value: "name"}
monkey := &object.String{Value: "Monkey"}

pairs := map[object.Object]object.Object{}
pairs[name1] = monkey

fmt.Printf("pairs[name1]=%+v\n", pairs[name1])
// => pairs[name1]=&{Value:Monkey}

name2 := &object.String{Value: "name"}
fmt.Printf("pairs[name2]=%+v\n", pairs[name2])
// => pairs[name2]=<nil>

fmt.Printf("(name1 == name2)=%t\n", name1 == name2)
// => (name1 == name2)=false
```

이런 문제를 해결할 방안으로, .Pairs에 있는 모든 키를 반복하면서, 각각의 키가 *object.String인지 검사하고, 각 키의 .Value와 인덱스 표현식이 갖는 키의 .Value를 비교하는 방법을 생각해볼 수 있다. 이렇게 한다면, 우리가 원하는 밸류를 찾을 수는 있다. 그러나 탐색 시간이 O(1)에서 O(n)으로 늘어나고, 애초에 해시를 사용하려던 목적이 사라진다.

다른 대안으로는 Pairs를 map[string]Object로 바꾸고 *object.String의 .Value를 키로 사용하는 방법이 있다. 그러나 문자열에는 잘 동작하겠지만 정수와 불을 키로 사용할 수 없게 된다.

우리는 이런 방법을 원하는 게 아니다. 우리는 객체별로 해시를 생성하는 방법이 필요하다. 그렇게 생성한 해시값은 간편하게 비교할 수 있어야 하며 object.Hash의 해시 키로 사용할 수 있어야 한다. *object.String으로 해시 키를 생성할 수 있어야 하며, 비교가 가능한 값이어야 한다. 그리고 같은 .Value 갖는 다른 *object.String 객체(같은 문자열을 갖는 다른 객체)로 만든 해시 키는 동일한 값을 가져야 한다. 한편 *object.String으로 생성한 해시 키는 *object.Integer나 *object.Boolean으로 만든 해시 키와 절대 같아서는 안 된다. 타입 간에는 해시 키가 언제나 달라야 한다.

아래는 의도한 동작을 우리 객체 시스템 기준으로 표현한 테스트 함수이다.

```
// object/object_test.go

package object

import "testing"

func TestStringHashKey(t *testing.T) {
    hello1 := &String{Value: "Hello World"}
    hello2 := &String{Value: "Hello World"}
    diff1 := &String{Value: "My name is johnny"}
    diff2 := &String{Value: "My name is johnny"}

    if hello1.HashKey() != hello2.HashKey() {
        t.Errorf("strings with same content have different hash keys")
    }

    if diff1.HashKey() != diff2.HashKey() {
        t.Errorf("strings with same content have different hash keys")
    }
```

```
    if hello1.HashKey() == diff1.HashKey() {
        t.Errorf("strings with different content have same hash keys")
    }
}
```

HashKey 메서드는 우리가 만들어야 할 동작을 정확히 보여준다. *object.String은 물론이고 *object.Boolean, *object.Integer를 대상으로 HashKey 메서드는 같은 동작을 보여야 한다. 이것이 각각의 타입별로 테스트 함수[10]를 동일하게 작성한 이유이다.

테스트를 통과하게 만들려면, HashKey 메서드를 타입마다 구현해야 한다.

```
// object/object.go

import (
    // [...]
    "hash/fnv"
)

type HashKey struct {
    Type  ObjectType
    Value uint64
}

func (b *Boolean) HashKey() HashKey {
    var value uint64

    if b.Value {
        value = 1
    } else {
        value = 0
    }

    return HashKey{Type: b.Type(), Value: value}
}

func (i *Integer) HashKey() HashKey {
    return HashKey{Type: i.Type(), Value: uint64(i.Value)}
}
```

10 (옮긴이) 제공된 테스트 코드 TestBooleanHashKey와 TestIntegerHashKey를 말함.

```
func (s *String) HashKey() HashKey {
    h := fnv.New64a()
    h.Write([]byte(s.Value))

    return HashKey{Type: s.Type(), Value: h.Sum64()}
}
```

모든 HashKey 메서드는 HashKey 타입 객체를 반환한다. 정의에서 볼 수 있지만, HashKey는 그리 특별할 게 없는 객체이다. Type 필드는 ObjectType(기반 타입이 string)이기 때문에, 타입별로 HashKey가 갖는 '범위'를 효과적으로 제한할 수 있다. Value 필드에는 정수 타입을 갖는 실제 해시 키값을 담는다. HashKey는 그저 문자열 하나와 정수 하나만으로 구성되기에 == 연산자로 다른 HashKey와 쉽게 비교할 수 있다.[11] 따라서 Go 언어 map에 키로 사용할 수 있다.

한편 작은 결점이 있는데, .Value가 다른 두 개의 문자열이, 같은 해시값을 가질 수 있다는 것이다. 이것은 hash/fnv 패키지가 서로 다른 두 개의 문자열로 생성한 두 해시값(정수)이 같을 때 발생하며, 이런 현상을 해시 충돌(hash collision)이라 부른다. 우리가 해시 충돌을 직접 경험할 확률은 낮지만, '체이닝(separate chaining)'[12]과 '오픈 어드레싱(open addressing)'[13]과 같은 해시 충돌 문제를 해결하는 잘 알려진 기법이 있다는 것은 짚고 넘어갈 필요가 있다. 한편 이를 구현하는 것은 책이 다루는 범위를 넘어가기에 구현하지는 않을 것이다. 그러나 호기심 많은 어떤 독자에게는 좋은 경험이 될 수 있다고 생각한다.

11 (옮긴이) Go 언어에서는 두 구조체 간에 타입이 같으면 동등성을 비교할 수 있으며, 비어 있지 않은 필드가 모두 같다면 두 구조체는 같다(참고 *http://golang.org/ref/spec#Comparison_operators*).

12 (옮긴이) 체이닝(separate chaining): 버킷(bucket)을 일종의 리스트로 관리해 해시 충돌을 해결하는 전략이다. 해시값이 같다면 같은 버킷에 들어가게 되고, 버킷은 리스트로 관리되므로 기존 리스트에 해시값이 같은 엔트리를 연결해서(chaining) 처리한다.

13 (옮긴이) 오픈 어드레싱(open addressing): 버킷 하나에 엔트리 하나를 넣는다. 엔트리를 버킷에 넣으려 할 때, 이미 버킷에 채워져 있다면 빈 버킷을 찾아서 넣는다. 빈 버킷을 찾는 전략(probe sequence)에 따라 구현체가 달라진다.

앞서 보여준 문제점은 새로 정의한 HaskKey 구조체와 HashKey 메서드로 해결이 가능하다.

```
name1 := &object.String{Value: "name"}
monkey := &object.String{Value: "Monkey"}

pairs := map[object.HashKey]object.Object{}
pairs[name1.HashKey()] = monkey

fmt.Printf("pairs[name1.HashKey()]=%+v\n", pairs[name1.HashKey()])
// => pairs[name1.HashKey()]=&{Value:Monkey}

name2 := &object.String{Value: "name"}
fmt.Printf("pairs[name2.HashKey()]=%+v\n", pairs[name2.HashKey()])
// => pairs[name2.HashKey()]=&{Value:Monkey}

fmt.Printf("(name1 == name2)=%t\n", name1 == name2)
// => (name1 == name2)=false

fmt.Printf("(name1.HashKey() == name2.HashKey())=%t\n",
    name1.HashKey() == name2.HashKey())
// => (name1.HashKey() == name2.HashKey())=true
```

위 코드는 우리가 원하는 동작을 그대로 보여준다. 처음에 생각나는 대로 정의한 Hash가 안고 있던 문제를, HashKey 구조체와 HashKey 메서드 구현체가 해결해냈다. 따라서 테스트도 자연스레 통과한다.

```
$ go test ./object
ok   monkey/object 0.008s
```

이제 우리는 object.Hash를 정의할 수 있게 됐고, HashKey라는 타입을 사용할 수 있다.

```
// object/object.go

const (
    // [...]
    HASH_OBJ = "HASH"
)

type HashPair struct {
```

```
    Key   Object
    Value Object
}
type Hash struct {
    Pairs map[HashKey]HashPair
}

func (h *Hash) Type() ObjectType { return HASH_OBJ }
```

위 코드는 객체 시스템에 Hash와 HashPair라는 정의를 추가한다. HashPair는 Hash.Pairs에 밸류로 들어갈 타입이다. 한편 map[HashKey]Object 타입으로 사용하지 않고, HashPair를 굳이 정의해서 쓰는지 궁금할 수 있다.

이유는 Hash의 Inspect 메서드 때문이다. 우리가 나중에 REPL에서 Monkey 해시를 출력했을 때, 해시 안에 포함된 키뿐만 아니라 밸류도 함께 출력되기를 원한다. HashKey만 출력하는 것은 그다지 쓸모 있지 않다. 따라서 HashPair를 값으로 사용하여 HashKey를 만들어낸 객체를 추적해야 한다. HashPair 안을 열어 보아야 원본 키 객체와 키에 대응하는 밸류 객체를 얻어낼 수 있다. 이런 방식으로 키 객체들의 Inspect 메서드를 호출해 *object.Hash의 Inspect 출력을 만든다. 아래는 지금까지 말한 내용을 담고 있는 Inspect 메서드이다.

```
// object/object.go

func (h *Hash) Inspect() string {
    var out bytes.Buffer

    pairs := []string{}
    for _, pair := range h.Pairs {
        pairs = append(pairs, fmt.Sprintf("%s: %s",
            pair.Key.Inspect(), pair.Value.Inspect()))
    }

    out.WriteString("{")
    out.WriteString(strings.Join(pairs, ", "))
    out.WriteString("}")

    return out.String()
}
```

Inspect 메서드를 구현한 이유는 HashKey를 만들어낸 객체를 추적하는 데 유용하기 때문만은 아니다. 만약 우리가 Monkey 언어 해시를 대상으로 사용할 range 함수 같은 것을 구현하고자 한다면 꼭 필요한 메서드이다. range 함수는 해시 안에 키와 밸류를 순회하기 위한 함수이다. 또는 주어진 해시에서 첫 번째 키와 밸류를 배열로 반환하는 firstPair 같은 메서드를 구현할 때도 필요하다. 무엇을 만들든 간에, 키를 추적하는 동작은 아주 유용하다. 물론 지금은 Inspect 메서드만 그 덕을 보고 있지만 말이다.

모든 object.Hash 구현이 끝났다. 그러나 마침 object 패키지에서 작업하고 있으니 할 일을 조금 더 해보자.

```
// object/object.go

type Hashable interface {
    HashKey() HashKey
}
```

해시 리터럴이나 해시 인덱스 표현식을 평가할 때, 주어진 객체가 해시 키로 적절한지 평가기가 판단할 수 있도록 위와 같은 Hashable 인터페이스를 사용할 수 있다.

물론 현재는 *object.String, object.Boolean, *object.Integer에만 구현되어 있다.

다음으로 넘어가기 전에 만들어볼 만한 것이 하나 있다. 반환값을 캐싱해서 HashKey 메서드의 성능을 최적화하는 일이다. 그러나 이는 성능을 중요하게 생각하는 독자들을 위해 연습문제로 남겨두겠다.

해시 리터럴 평가

이제 해시 리터럴을 평가해볼 때가 됐다. 맥 빠지는 얘기지만, 해시 데이터 타입을 추가하는 데 있어 어려운 구현은 이미 끝났다. 이제부터는 바람이 부는 대로 순항하면 된다. 이제 시원한 바람을 맞으며 테스트 코드를 짜보자.

```
// evaluator/evaluator_test.go

func TestHashLiterals(t *testing.T) {
    input := `let two = "two";
    {
        "one": 10 - 9,
        two: 1 + 1,
        "thr" + "ee": 6 / 2,
        4: 4,
        true: 5,
        false: 6
    }`

    evaluated := testEval(input)
    result, ok := evaluated.(*object.Hash)
    if !ok {
        t.Fatalf("Eval didn't return Hash. got=%T (%+v)", evaluated,
            evaluated)
    }

    expected := map[object.HashKey]int64{
        (&object.String{Value: "one"}).HashKey():   1,
        (&object.String{Value: "two"}).HashKey():   2,
        (&object.String{Value: "three"}).HashKey(): 3,
        (&object.Integer{Value: 4}).HashKey():      4,
        TRUE.HashKey():                             5,
        FALSE.HashKey():                            6,
    }

    if len(result.Pairs) != len(expected) {
        t.Fatalf("Hash has wrong num of pairs. got=%d",
            len(result.Pairs))
    }

    for expectedKey, expectedValue := range expected {
        pair, ok := result.Pairs[expectedKey]
        if !ok {
            t.Errorf("no pair for given key in Pairs")
        }

        testIntegerObject(t, pair.Value, expectedValue)
    }
}
```

테스트 함수는 Eval 함수가 *ast.HashLiteral을 만났을 때 해야 하는 일을 잘 보여주고 있다. *object.Hash를 새로 할당해 Pairs 필드에 HashKey로 대응하는 HashPair가 올바른 개수를 갖도록 평가하면 된다.

테스트 함수가 보여주는 요구 사항이 몇 가지 더 있는데, 바로 문자열, 식별자, 중위 연산자 표현식, 불, 정수 모두를 해시 키로 사용할 수 있다. 즉, 표현식이기만 하면 된다. 그리고 Hashable 인터페이스를 구현하는 객체라면 어떤 객체든 해시 키로 사용할 수 있다.

다음은 밸류에 대한 테스트이다. 밸류 역시 표현식으로 만들 수 있다. 테스트에서는 10 - 9는 1, 6 / 2는 3 등, 기대한 값으로 평가되도록 단정하고 있다.

예상대로 테스트는 실패한다.

```
$ go test ./evaluator
--- FAIL: TestHashLiterals (0.00s)
evaluator_test.go:522: Eval didn't return Hash. got=<nil> (<nil>)
FAIL
FAIL    monkey/evaluator    0.008s
```

테스트는 실패했지만 우리는 테스트를 통과하게 만드는 방법을 잘 알고 있다. Eval 함수를 확장해서 *ast.HashLiteral을 처리할 수 있는 case를 추가하면 된다.

```
// evaluator/evaluator.go

func Eval(node ast.Node, env *object.Environment) object.Object {
    // [...]
    case *ast.HashLiteral:
        return evalHashLiteral(node, env)
    // [...]
}
```

evalHashLiteral 함수의 코드가 좀 길어 보이지만 그렇다고 위축될 것 없다. 사실 그렇게 길지도 않고 어렵지도 않다.

```go
// evaluator/evaluator.go

func evalHashLiteral(
    node *ast.HashLiteral,
    env *object.Environment,
) object.Object {
    pairs := make(map[object.HashKey]object.HashPair)

    for keyNode, valueNode := range node.Pairs {
        key := Eval(keyNode, env)
        if isError(key) {
            return key
        }

        hashKey, ok := key.(object.Hashable)
        if !ok {
            return newError("unusable as hash key: %s", key.Type())
        }

        value := Eval(valueNode, env)
        if isError(value) {
            return value
        }

        hashed := hashKey.HashKey()
        pairs[hashed] = object.HashPair{Key: key, Value: value}
    }

    return &object.Hash{Pairs: pairs}
}
```

우리가 node.Pairs를 반복 순회할 때, keyNode를 가장 먼저 평가해야 한다. Eval 함수가 만들어낸 결과가 에러인지 검사하면, 평가 결과가 object.Hashable 인터페이스 타입을 갖도록 단정한다. 만약 object.Hashable 인터페이스 타입이 아니라면 해시 키로 사용할 수 없기 때문이다. Hashable 인터페이스를 추가한 이유가 바로 이런 형태로 활용하기 위해서이다.

그리고 나서 Eval을 한 번 더 호출한다. 이번에는 valueNode를 평가하기 위해서다. 만약 Eval을 호출했는데 에러가 발생하지 않았다면, pairs 맵에 새로 생성한 키-밸류 쌍을 추가한다. 추가할 때, hashKey 객체의

HashKey 메서드를 호출해서 pairs 맵의 키로 사용할 hashed를 만들어 낸다. 그리고 HashPair를 초기화하고, .Key와 .Value가 평가된 key와 Value를 가리키게 만든 다음에 pairs에 추가한다.

이렇게 작업을 모두 끝마쳤고 테스트는 이제 통과했다.

```
$ go test ./evaluator
ok   monkey/evaluator   0.007s
```

테스트를 모두 통과했다는 말은, REPL에서 해시 리터럴을 사용할 수 있다는 뜻이다.

```
$ go run main.go
Hello mrnugget! This is the Monkey programming language!
Feel free to type in commands
>> {"name": "Monkey", "age": 0, "type": "Language", "status":
"awesome"}
{age: 0, type: Language, status: awesome, name: Monkey}
```

훌륭하다! 그러나 아직 해시에서 요소 단위로 가져올 수는 없다. 당연하지만 요소 단위로 가져올 수 없다면 사용성이 많이 떨어진다.

```
>> let bob = {"name": "Bob", "age": 99};
>> bob["name"]
ERROR: index operator not supported: HASH
```

이제부터는 인덱스 표현식으로 해시 요소를 가져오는 동작을 구현해 보자.

해시 인덱스 표현식 평가하기

앞서 우리는 evalIndexExpression 메서드에 switch 문을 추가한 적이 있다. 그때 나는 뒤에서 나올 섹션에서 case를 하나 더 추가할 것이라고 말했다. 여기가 바로 그곳이다.

그러나 다른 무엇보다 테스트 함수부터 작성해야 한다. 테스트 함수는 해시 안에 있는 밸류를 인덱스 표현식으로 잘 가져오는지 확인해야 한다.

```go
// evaluator/evaluator_test.go

func TestHashIndexExpressions(t *testing.T) {
	tests := []struct {
		input    string
		expected interface{}
	}{
		{
			`{"foo": 5}["foo"]`,
			5,
		},
		{
			`{"foo": 5}["bar"]`,
			nil,
		},
		{
			`let key = "foo"; {"foo": 5}[key]`,
			5,
		},
		{
			`{}["foo"]`,
			nil,
		},
		{
			`{5: 5}[5]`,
			5,
		},
		{
			`{true: 5}[true]`,
			5,
		},
		{
			`{false: 5}[false]`,
			5,
		},
	}

	for _, tt := range tests {
		evaluated := testEval(tt.input)
		integer, ok := tt.expected.(int)
		if ok {
			testIntegerObject(t, evaluated, int64(integer))
		} else {
			testNullObject(t, evaluated)
		}
	}
}
```

TestArrayIndexExpressions에서와 마찬가지로, 인덱스 연산자 표현식이 올바른 값을 만드는지 확인해야 한다 TestHashIndexExpressions에서는 인덱스 연산자의 피연산자가 해시로 바뀌었을 뿐이다. 각각의 테스트 케이스는 문자열, 정수, 불을 키로 사용해서 해시에서 밸류를 가져온다. 따라서 위 테스트가 본질적으로 검사하고자 하는 것은 다양한 데이터 타입으로 구현된 HashKey 메서드가 올바르게 호출됐는가이다.

그리고 object.Hashable 인터페이스를 구현하고 있지 않은 객체가 해시의 키로 사용됐을 때는 에러를 발생하는지 확인한다. 이 동작은 TestErrorHandling 테스트 함수를 별도로 작성해서 테스트할 것이다.

```
// evaluator/evaluator_test.go

func TestErrorHandling(t *testing.T) {
    tests := []struct {
        input           string
        expectedMessage string
    }{
        // [...]
        {
            `{"name": "Monkey"}[fn(x) { x }];`,
            "unusable as hash key: FUNCTION",
        },
    }
    // [...]
}
```

테스트를 실행하면, 예상대로 실패한다.

```
$ go test ./evaluator
--- FAIL: TestErrorHandling (0.00s)
evaluator_test.go:237: wrong error message.\
expected="unusable as hash key: FUNCTION",\
got="index operator not supported: HASH"
--- FAIL: TestHashIndexExpressions (0.00s)
evaluator_test.go:597: object is not Integer.\
got=*object.Error (&{Message:index operator not supported: HASH})
evaluator_test.go:625: object is not NULL.\
got=*object.Error (&{Message:index operator not supported: HASH})
evaluator_test.go:597: object is not Integer.\
got=*object.Error (&{Message:index operator not supported: HASH})
```

```
evaluator_test.go:625: object is not NULL.\
got=*object.Error (&{Message:index operator not supported: HASH})
evaluator_test.go:597: object is not Integer.\
got=*object.Error (&{Message:index operator not supported: HASH})
evaluator_test.go:597: object is not Integer.\
got=*object.Error (&{Message:index operator not supported: HASH})
evaluator_test.go:597: object is not Integer.\
got=*object.Error (&{Message:index operator not supported: HASH})
FAIL
FAIL    monkey/evaluator    0.009s
```

테스트가 실패했으니, 테스트를 통과하게 만들면 된다. evalIndexExpression 안 switch 문에 새로운 case를 추가해보자.

```
// evaluator/evaluator.go

func evalIndexExpression(left, index object.Object) object.Object {
    switch {
    case left.Type() == object.ARRAY_OBJ && index.Type() == object.
        INTEGER_OBJ:
        return evalArrayIndexExpression(left, index)
    case left.Type() == object.HASH_OBJ:
        return evalHashIndexExpression(left, index)
    default:
        return newError("index operator not supported: %s", left.Type())
    }
}
```

추가한 case 안에서 새로 작성한 함수인 evalHashIndexExpression을 호출한다. 앞서 여러 테스트와 해시 리터럴을 평가할 때, object.Hashable 인터페이스의 용도를 테스트했기에 evalHashIndexExpression이 어떻게 동작하는지 이미 잘 알고 있다. 따라서 여기서 눈여겨볼 만한 코드는 없다.

```
// evaluator/evaluator.go

func evalHashIndexExpression(hash, index object.Object) object.Object {
    hashObject := hash.(*object.Hash)

    key, ok := index.(object.Hashable)
    if !ok {
```

```
        return newError("unusable as hash key: %s", index.Type())
    }

    pair, ok := hashObject.Pairs[key.HashKey()]
    if !ok {
        return NULL
    }

    return pair.Value
}
```

evalHashIndexExpression을 switch 문에 추가하면 테스트를 통과하게 된다.

```
$ go test ./evaluator
ok   monkey/evaluator   0.007s
```

이제 해시에서 밸류를 가져오는 동작이 잘 동작한다. 믿지 못하겠는가? 테스트가 우리에게 거짓말을 하는 걸까? 내가 테스트 결과를 속였을까? 지금까지 우리가 구현한 것이 모두 거짓일까? 아니다. 아래를 보자.

```
$ go run main.go
Hello mrnugget! This is the Monkey programming language!
Feel free to type in commands
>> let people = [{"name": "Alice", "age": 24}, {"name": "Anna", "age":
28}];
>> people[0]["name"];
Alice
>> people[1]["age"];
28
>> people[1]["age"] + people[0]["age"];
52
>> let getName = fn(person) { person["name"]; };
>> getName(people[0]);
Alice
>> getName(people[1]);
Anna
```

그랜드 피날레

우리가 만든 Monkey 인터프리터가 이제는 완전히 동작한다. 산술 연산, 변수 바인딩, 함수, 함수의 적용(application), 조건식(conditionals), 리턴문 그리고 고차 함수(higher-order functions), 클로저와 같은 고급 개념도 지원한다. 그리고 정수, 불, 문자열, 배열, 해시와 같이 다양한 타입을 지원한다. 여러분은 자부심을 가져도 좋다.

그런데 우리 인터프리터는 모든 프로그래밍 언어가 테스트할 때 사용하는 가장 기본적인 기능을 아직 갖추지 못하고 있다. 바로 무언가를 '출력'하는 기능이다. 아직 Monkey 인터프리터는 바깥 세상과 통신하지 못한다. 심지어 Bash나 Brainfuck 같은 악명 높은 프로그래밍 언어조차 출력 기능이 있다. 이제 마지막 내장 함수인 `puts` 함수를 만들어보자.

`puts` 함수는 주어진 인수를 STDOUT의 다음 줄에 출력한다. `puts` 함수는 인수로 전달된 객체로 `Inspect` 메서드를 호출한 결괏값을 출력한다. `Inspect` 메서드는 `Object` 인터페이스의 일부이므로, 우리 객체 시스템에 있는 모든 객체가 `Inspect` 메서드를 갖고 있다. `puts` 함수를 사용하는 방법은 아래와 같다.

```
>> puts("Hello!")
Hello!
>> puts(1234)
1234
>> puts(fn(x) { x * x })
fn(x) {
(x * x)
}
```

`puts` 함수는 가변 인수 함수이다. 입력받을 인수 개수에는 제한이 없으며, 각각의 인수를 한 행에 하나씩 출력한다.

```
>> puts("hello", "world", "how", "are", "you")
hello
world
how
are
you
```

당연하지만, puts 함수는 출력하는 기능이 전부이다. 값을 만들어내지 않는다. 따라서 우리는 puts 함수가 NULL을 반환하게 만들어야 한다.

```
>> let putsReturnValue = puts("foobar");
foobar
>> putsReturnValue
null
```

따라서 우리 REPL에서 puts 함수를 사용하면 원래 출력은 물론이고, null 역시 출력되어야 한다. 따라서 아래와 같이 동작할 것이다.

```
>> puts("Hello!")
Hello!
null
```

이제 우리의 마지막 임무인 puts 함수 구현에 대한 정보와 명세가 충분히 전달된 것 같다. 준비됐는가?

아래 코드를 보자. 이 순간만을 위해 달려왔다. 아래 코드는 puts 함수 구현을 보여준다. 구현은 끝났으며 잘 동작한다.

```
// evaluator/builtins.go

import (
    "fmt"
    "monkey/object"
)

var builtins = map[string]*object.Builtin{
    // [...]
    "puts": &object.Builtin{
        Fn: func(args ...object.Object) object.Object {
            for _, arg := range args {
                fmt.Println(arg.Inspect())
            }

            return NULL
        },
    },
}
```

puts 함수를 추가했다. 정말 이제 다 했다. 여태껏 해온 작은 축하와 격려에 넌덜머리가 난 독자도 있으리라. 그러나 지금 이 순간은 회포를 풀며 즐거워해야 할 시간이다. 우리는 3장에서 Monkey 프로그래밍 언어에 생명을 부여했다. 그렇게 Monkey 언어는 숨을 쉬기 시작했고 마지막 섹션인 지금 Monkey 언어가 말을 하도록 만들어 주었다. 마침내 Monkey가 진짜 프로그래밍 언어가 됐다.

```
$ go run main.go
Hello mrnugget! This is the Monkey programming language!
Feel free to type in commands
>> puts("Hello World!")
Hello World!
null
>>
```

Writing An Interpreter In Go

더 읽을거리

잃어버린 챕터

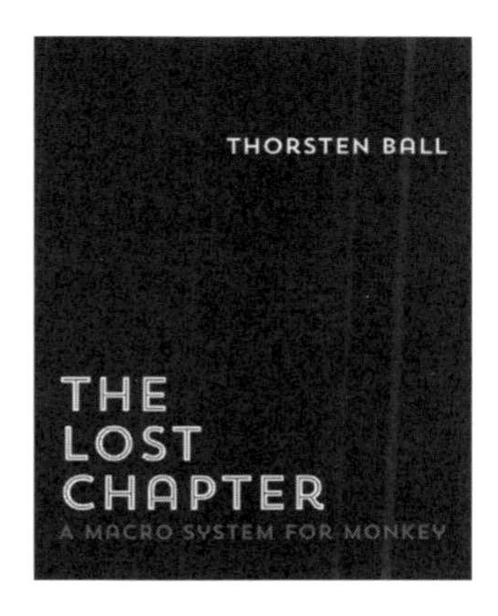

《밑바닥부터 만드는 인터프리터 in Go》의 첫 번째 버전이 출판되고, 거의 반년이 지나서 나는 새로운 장을 하나 추가했다. 바로 〈잃어버린 챕터: Monkey 매크로 시스템〉이며 온라인상에서 무료로 이용할 수 있다. *https://interpreterbook.com/lost*에서 eBook으로 읽거나 다운로드받을 수 있다.[1]

1 (옮긴이) 〈잃어버린 챕터: Monkey 매크로 시스템〉은 아직 한글 번역본이 없지만, 이 책을 잘 따라 온 독자라면 소스를 보며, 충분히 도전할 수 있으리라 생각된다.

《밑바닥부터 만드는 컴파일러 in Go》

《밑바닥부터 만드는 컴파일러 in Go》는 《밑바닥부터 만드는 인터프리터 in Go》의 후속편이며 Monkey 언어가 진화한 모습을 담고 있다. 이 책에서는 바이트코드 컴파일러와 가상 머신으로 만들어진 Monkey를 볼 수 있다. 같은 코드 베이스로 되어 있고, 같은 방식으로 진행되기 때문에 전편과 매끄럽게 이어진다. 다른 점이라면, Monkey는 무려 세 배나 빨라진다.

참고문헌

책

- Abelson, Harold and Sussman, Gerald Jay with Sussman, Julie. 1996. *Structure and Interpretation of Computer Programs, Second Edition*. MIT Press.[1]
- Appel, Andrew W.. 2004. *Modern Compiler Implementation in C*. Cambridge University Press.
- Cooper, Keith D. and Torczon Linda. 2011. *Engineering a Compiler, Second Edition*. Morgan Kaufmann.[2]
- Grune, Dick and Jacobs, Ceriel. 1990. Parsing Techniques. *A Practical Guide*. Ellis Horwood Limited.
- Grune, Dick and van Reeuwijk, Kees and Bal Henri E. and Jacobs, Ceriel J.H. Jacobs and Langendoen, Koen. 2012. *Modern Compiler Design, Second Edition*. Springer

1 이 책의 한국어판은 《컴퓨터 프로그램의 구조와 해석》(인사이트, 김재우 외 옮김, 2016)
2 《컴파일러 개론》(홍릉과학출판사, 김선욱 옮김, 2005)

- Nisan, Noam and Schocken, Shimon. 2008. *The Elements Of Computing Systems*. MIT Press.[3]

논문

- Ayock, John. 2003. A Brief History of Just-In-Time. In ACM Computing Surveys, Vol. 35, No. 2, June 2003
- Ertl, M. Anton and Gregg, David. 2003. The Structure and Performance of Efficient Interpreters. In Journal Of Instruction-Level Parallelism 5 (2003)
- Ghuloum, Abdulaziz. 2006. An Incremental Approach To Compiler Construction. In Proceedings of the 2006 Scheme and Functional Programming Workshop.
- Ierusalimschy, Robert and de Figueiredo, Luiz Henrique and Celes Waldemar. The Implementation of Lua 5.0. *https://www.lua.org/doc/jucs05.pdf*
- Pratt, Vaughan R. 1973. Top Down Operator Precedence. Massachusetts Institute of Technology.
- Romer, Theodore H. and Lee, Dennis and Voelker, Geoffrey M. and Wolman, Alec and Wong, Wayne A. and Baer, Jean-Loup and Bershad, Brian N. and Levy, Henry M.. 1996. The Structure and Performance of Interpreters. In ASPLOS VII Proceedings of the seventh international conference on Architectural support for programming languages and operating systems.
- Dybvig, R. Kent. 2006. The Development of Chez Scheme. In ACM ICFP '06

3 《밑바닥부터 만드는 컴퓨팅 시스템》(인사이트, 김진홍 옮김, 2019)

웹

- Jack W. Crenshaw - Let's Build a Compiler! - *http://compilers.iecc.com/crenshaw/tutorfinal.pdf*
- Douglas Crockford - Top Down Operator Precedence - *http://javascript.crockford.com/tdop/tdop.html*
- Bob Nystrom - Expression Parsing Made Easy - *http://journal.stuffwithstuff.com/2011/03/19/pratt-parsers-expression-parsing-made-easy/*
- Shriram Krishnamurthi and Joe Gibbs Politz - Programming Languages: Application and Interpretation - *http://papl.cs.brown.edu/2015/*
- A Python Interpreter Written In Python - *http://aosabook.org/en/500L/a-python-interpreter-written-in-python.html*
- Dr. Dobbs - Bob: A Tiny Object-Oriented Language - *http://www.drdobbs.com/open-source/bob-a-tiny-object-oriented-language/184409401*
- Nick Desaulniers - Interpreter, Compiler, JIT - *https://nickdesaulniers.github.io/blog/2015/05/25/interpreter-compiler-jit/*
- Peter Norvig - (How to Write a (Lisp) Interpreter (in Python)) - *http://norvig.com/lispy.html*
- Mihai Bazon - How to implement a programming language in JavaScript - *http://lisperator.net/pltut/*
- Mary Rose Cook - Little Lisp interpreter - *https://www.recurse.com/blog/21-little-lisp-interpreter*
- Peter Michaux - Scheme From Scratch - *http://peter.michaux.ca/articles/scheme-from-scratch-introduction*
- Make a Lisp - *https://github.com/kanaka/mal*

- Matt Might - Compiling Scheme to C with closure conversion - *http://matt.might.net/articles/compiling-scheme-to-c/*
- Rob Pike - Implementing a bignum calculator - *https://www.youtube.com/watch?v=PXoG0WX0r_E*
- Rob Pike - Lexical Scanning in Go - *https://www.youtube.com/watch?v=HxaD_trXwRE*

소스코드

- The Wren Programming Language - *https://github.com/munificent/wren*
- Otto - A JavaScript Interpreter In Go - *https://github.com/robertkrimen/otto*
- The Go Programming Language - *https://github.com/golang/go*
- The Lua Programming Language (1.1, 3.1, 5.3.2) - *https://www.lua.org/versions.html*
- The Ruby Programming Language - *https://github.com/ruby/ruby*
- c4 - C in four functions - *https://github.com/rswier/c4*
- tcc - Tiny C Compiler - *https://github.com/LuaDist/tcc*
- 8cc - A Small C Compiler - *https://github.com/rui314/8cc*
- Fedjmike/mini-c - *https://github.com/Fedjmike/mini-c*
- thejameskyle/the-super-tiny-compiler - *https://github.com/thejameskyle/the-super-tiny-compiler*
- lisp.c - *https://gist.github.com/sanxiyn/523967*